建成环境更新的评价方法及实证研究

马航◎编著

中国建筑工业出版社

图书在版编目（CIP）数据

建成环境更新的评价方法及实证研究／马航编著.
北京：中国建筑工业出版社，2024. 7. -- ISBN 978-7
-112-30069-3

Ⅰ. TU984

中国国家版本馆CIP数据核字第2024A2Z765号

责任编辑：费海玲　张幼平
文字编辑：张文超
责任校对：赵　力

建成环境更新的评价方法及实证研究

马航　编著

＊

中国建筑工业出版社出版、发行（北京海淀三里河路9号）

各地新华书店、建筑书店经销

北京光大印艺文化发展有限公司制版

天津画中画印刷有限公司

＊

开本：787毫米×1092毫米　1/16　印张：15　字数：324千字

2024年8月第一版　2024年8月第一次印刷

定价：**69.00**元

ISBN 978-7-112-30069-3

（43135）

版权所有　翻印必究

如有内容及印装质量问题，请与本社读者服务中心联系

电话：（010）58337283　QQ：2885381756

（地址：北京海淀三里河路9号中国建筑工业出版社604室　邮政编码：100037）

前　言

　　建成环境更新是城市新陈代谢的一个必然过程，是城乡物质结构变迁的一种表现形态。建成环境更新不同于传统意义上的"旧城改造"或"旧城改建"，其内涵不只关注"拆旧建新"或是城乡物质环境的改善，而且更多反映综合性的可持续发展目标，旨在通过一种综合性的、整体性的理念和行为来解决各种各样的城市问题，强调在经济、社会、物质环境等各个方面对处于变化中的城市作出长远的、持续性的改善和提高。

　　在建成环境更新实践中，我们经常会面临这样的问题：哪些地方需要更新？哪个更新方案是最优的？这些问题都涉及一个基本的思考，即"建成环境更新评价"。建成环境更新评价的主要任务是对更新地区的社会、经济和物质环境等状况进行评价，为更新目标、更新策略以及更新规划的制订提供必要的信息，并为更新管理决策与相关政策制定提供参考。

　　综合评价方法是一个多学科交叉融合、相互渗透、多点支撑的新兴研究领域。近年来，国内出现了不少应用多种方法研究多指标综合评价问题的案例。然而在研究中还存在一些问题，主要表现在3个方面。第一，在理论发展和实践应用之间还存在空白，缺少应用理论基础研究；第二，各方法往往在结合现实问题时被独立地运用，缺少系统化综合研究和集成研究；第三，综合评价方法在建成环境更新领域的实证应用更为少见。这些研究问题都将在本书中被一一解答。

　　本书分为7章。首先，第1章为绪论，阐述建成环境更新评价的研究背景和基本理论，以及相关概念与内涵；第2章为相关研究综述与研究方法，主要对相关文献进行评述，分析研究趋势，归纳相关研究方法。然后，从两个视角分别提出典型案例评价体系的构建及其方法，其中更新对象客观价值评估篇包括第3章和第4章的内容，使用者主观评价篇包括第5章和第6章的内容。其中，第3章为村落乡村性传承评价，以福建非"世遗"土楼文化遗产价值评估与江西李渡古镇乡村传承性评价为例，主要论述评价体系构建的思路与过程；第4章为存量空间价值评估，以武夷山市棚户区存量空间价值评价与深汕特别合作区乡村发展潜力评估为例，主要介绍评价体系的构建过程及其应用；第 5 章为公共空间活力评价，以深圳官湖村公共空间活力评价与深圳南头古城公共空间活力评价为例，对旅游村和城中村公共空间活力评价方法进行比较分析；第 6 章为古镇及民宿区游客满意度评价，以沙湾古镇与深圳较场尾民宿区为例，对历史古镇和旅游村游客满意度评价方法进行比较分析。最后，第 7 章为实践应用，主要介绍两项建成环境更新的实践项目。

本书主要著作人为马航。马航承担了全书的主要框架制定和统筹，主要内容撰写、修正及校对审核工作。第 1 章、第 2 章写作人：马航。第 3 章写作人：李姗婷、田雪沁。第 4 章写作人：熊星宇、袁琳。第 5 章写作人：阿龙多琪、叶攀。第 6 章写作人：于鑫、迟多。第 7 章组稿人：刘培烨、程婧媛、牛宇轩。其中，程婧媛、闫楚倩、牛宇轩负责文字校对，唐先越、龚欣雨负责图片修改。

本书可供本科生、研究生、教师、科研工作者参考，由于作者水平有限，书中不足之处在所难免，望读者不吝赐教。

马航

2023 年 10 月 16 日于深圳荔香公园旁

目 录

基础篇

方法篇 更新对象客观评价

方法篇　使用者主观评价

实践篇

基础篇

第1章 绪论

本章的主要内容包括建成环境更新评价的研究背景、建成环境更新基本理论与相关概念辨析。

1.1 研究背景

本节的主要内容包括建成环境更新概念的内涵、建成环境更新评价的必要性、综合评价的概念与基本条件。

1.1.1 建成环境更新概念的内涵

建成环境更新主要聚焦在城乡更新领域，城乡更新（urban-countryside renewal）概念是由城市更新（urban regeneration）演化而来，许多相关概念——城市复兴（urban renaissance）、城市振兴（urban revitalization）、城市再开发（urban redevelopment）、城市重建（urban renewal）等——被频繁使用，但实质上却各自具有不同的内涵。其中，城市更新主要是针对城市衰退现象而言的城市再生；城市复兴是带有乌托邦色彩的城市理想；城市振兴是对一定的区域赋予新生；城市再开发侧重强调政府与私人机构联合的城市改造；城市重建指的是"推土机式"的大拆大建，带有一定的贬义色彩。[①]

建成环境更新概念是在城市更新概念基础上扩展到乡村范围，对城乡中衰落的区域进行拆迁、改造、投资和建设，以全新的城市功能替换功能性衰退的物质空间，使之重新发展和繁荣。它包括两方面的内容，一方面是对客观存在实体，如建筑物等"硬件"的改造；另一方面是对各种生态环境、空间环境、文化环境、视觉环境、游憩环境等的改造与延续，包括邻里的社会网络结构、情感依恋等"软件"的延续与更新。

1.1.2 建成环境更新评价的必要性

1. 缺乏系统性的城市更新评价体系

人类社会究竟是先有城市还是先有乡村，或者二者有着某种共同的起源，目前没有找到足够多的证据证明某一立场的科学性。但有一点可以明确，那就是城乡之间难以真

---

① 丁凡，伍江. 城市更新相关概念的演进及在当今的现实意义［J］. 城市规划学刊. 2017（6）：87-95.

正地相互分离。[①] 建成环境更新是城市与乡村发展到一定阶段必然经历的再开发过程，同时也是一个多方利益不断博弈的过程，建成环境更新具有反馈调整的长远规划机制。在过去的 30 年里，我国经济迅猛发展，城市化进程持续加快，土地资源的稀缺问题日益明显。2012 年，我国城市建成区总面积已达 35633km²，比 1990 年增加 22485km²，年均增速达到 4.64%，高于城镇化率的 1.48%，北上广深等一线城市的建设用地总量已经接近"天花板"。建成环境更新将无疑成为我国今后城镇建设的热点与重点，对土地存量进行更新与优化是城市发展模式转型的重要手段。然而在过去的建成环境更新实践中，过度重视经济利益，导致了评价反馈调整机制的缺失。在可持续发展理论的指导下，越来越多的学者意识到建成环境更新评价体系的重要研究意义。建成环境更新作为解决各种城市问题的主要途径，已由早期单一的物质环境改变发展成为实现城市各项经济、社会、环境复兴的多目标复杂体系。[②] 这就意味着建成环境更新的评价维度由原来评价空间的单一维度，向不同倾向乃至多价值维度转变。近年来，通过文献检索"建成环境更新评价"可发现国内学术界的相关研究文献数量正在呈现逐年上升的趋势。

2. 缺失实施乡村振兴战略的评价体系

实施乡村振兴战略，是以习近平同志为核心的党中央着眼党和国家事业全局，深刻把握现代化建设规律和城乡关系变化特征，顺应亿万农民对美好生活的向往，对"三农"工作作出的重大决策部署，是新时代做好"三农"工作的总抓手。2018 年 9 月 26 日，中共中央、国务院发布《乡村振兴战略规划（2018—2022 年）》从农村基建重点、民生领域、多元资金投入方面进行了战略部署。深入推进实施乡村振兴战略，不仅需要扎实推进乡村振兴政策的执行，还迫切需要对乡村振兴战略的实施进程和成果进行量化评价，以及高效地对乡村振兴的进展和成效作出准确的判断。因此，推进和实施乡村振兴战略，必须构建科学完备的评价体系。另外，农村居民点整理对解决城乡土地利用矛盾具有重要意义，而现有研究对城乡边缘区的农村居民点重视不足，其发展潜力评价体系不够客观和全面。同样需要结合城乡边缘区的特殊性，探索一套能够兼顾城市发展和保留乡村特色的农村居民点规划方法。

1.1.3 综合评价的概念与基本条件

1. 概念

所谓评价，是通过对照某些标准来判断观测结果，并赋予这种结果以一定的意义和价值的过程。一般而言，观测结果仅能反映现状，只有通过评价后，才能对现状的意义加以判断。单一因素的评价易于实现，只要按一定的准则赋予研究对象以评价等级或分数，依据等级或分数高低便可排出优劣顺序。但是在实际更新工作中，对于同时受到多

---

① 赵旭东，等. 城乡中国 ［M］. 北京：清华大学出版社，2018.
② 严若谷，周素红，闫小培. 西方城市更新研究的知识图谱演化 ［J］. 人文地理，2011（6）：83-88.

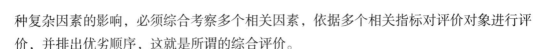

种复杂因素的影响，必须综合考察多个相关因素，依据多个相关指标对评价对象进行评价，并排出优劣顺序，这就是所谓的综合评价。

根据评价手段，综合评价可分为定量评价与定性评价，其中定量评价较为客观、全面，更易为人们所接受。根据评价的阶段性，可分为更新前预评价、更新后评价等。根据评价的对象，可分为公共空间活力评价、游客满意度评价、乡村性传承评价、灾后重建评价、棚户区改造前评价等。

2. 进行综合评价的基本条件

首先要有一个来源可靠的、数量充足的信息源。信息，指音讯、消息、通信系统传输和处理的对象，泛指人类社会传播的一切内容。人通过获得、识别自然界和社会的不同信息来区别不同事物，得以认识和改造世界。来源可靠的、数量充足的信息源可以提供确定因素，消除不确定因素。缺乏这种信息，便无法认识事物间的相互联系，也无法探求事物的规律。这些信息，有反映现状的，有反映历史的，有定量的，也有定性的。从某种意义上讲，综合评价就是信息管理的全过程，即信息的收集、处理和分析的过程，只有在充分获得相关评价对象及其相关因素的信息基础上，才有可能做出较为可靠的评价。信息越多越真实，评价的准确性与可靠性越高。

（1）信息的收集

信息来自一手材料与二手材料。一手材料，包括以各种形式直接收集到的信息，主要来源于各种统计报表、专题调查、实验数据等，获取第一手材料往往耗时较长、费用较高，但也较为可靠。二手材料，多为已经公布或发表的有关资料，易于获取，其缺点是不宜直接应用，应进行适当的修正或处理。收集的数据，应符合以下 3 个要求：

①完整：内容全面无遗漏，范围齐全，时间连续；

②准确：资料应准确反映实际情况，各项目之间无矛盾，各数字无不合理现象；

③及时：有明确的时间限制，从某种意义上说，信息的价值取决于提供信息的时间。

（2）综合评价的一般步骤

对建成环境更新进行多因素综合评价的过程，实质上就是一个科学研究与决策的过程，原则上应包括评价设计、收集资料、整理资料和分析资料等几个阶段，在实施中应着重注意以下两个基本环节：

①确定评价指标：根据评价目的选择适当的评价指标，考察各指标间的内在联系，选择可以反映事物本质的评价指标，这些指标应当明确、具体、可行、可靠；

②确定指标权重：根据评价目的，确定评价指标在对事物评价中的相对重要性，即各指标的权重。

（3）综合评价的构成要素

综合评价是依据被评价对象过去或当前的相关信息，对被评价对象进行客观、公正、合理的全面评价。通常的综合评价问题都包含多个同类的被评价对象，每个被评价对象往往都涉及多个属性（指标），这类问题被称为多属性（指标）的综合评价问题。

一般地，构成综合评价问题的要素包括以下两个方面：

①评价目的：首先必须要明确评价目的，这是评价的根本方针。对某一事物开展综合评价，首先要明确为什么要综合评价、评价事物的哪些方面、评价的精确度要求是什么等；

②评价对象：评价对象可能是人、事、物，也可能是组合要素。评价对象系统的特点直接决定着评价的内容、方式以及方法。

1.2 建成环境更新基本理论

建成环境更新基本理论主要包括动力机制类理论（城市社会学理论、城市经济学理论等）、空间认知类理论（城市触媒理论、城市艺术理论等）两类理论。

1.2.1 动力机制类理论

1. 场域理论

在皮埃尔·布迪厄（Pierre Bourdieu）跨越诸多学科边界的繁杂理论体系中，场域是一个贯穿始终的核心概念，而围绕这一核心展开的场域理论成为布迪厄理论的精髓。其中与建成环境更新场域逻辑相关的主要包含以下 4 个含义。

（1）场域是客观社会关系的网络结构

布迪厄场域理论受物理学中引力磁场概念的启示，认为"从分析的角度，一个场域可定义为一个网络，或一个结构，或不同位置势能间的客观关系，这些位置是被客观确定的，场域的存在被占据者所决定，由它们在结构中当前和潜在的权力或资本所决定，要求获得特定的利益，以及获得与其他位置之间的客观关系，这些关系包括了控制、附属以及同族等"。① 这种关系是独立于行动者意志的客观存在，又与行动者所处位置、所掌握的资本和行动者的禀赋及其采取的策略有关。这种关系网络有其自身的逻辑和运作规律，构成对行动者限制性的行动制约条件。

（2）场域是具有自身动力机制的网络结构

布迪厄认为，一个场域的动力学原则，就在于它的结构形式，同时还特别来源于场域中相互面对的各种特殊力量之间的距离、鸿沟和不对称关系。② 因此，各种特殊力量的关键就是场域中具有资源价值的各种资本，尤其是社会资本。因为社会资本不仅是资源，更重要的是权力，是行动者凭借它在场域中发生作用的权力。社会资本在布迪厄的场域动力机制中具有特别地位，布迪厄认为，社会资本是实际的或潜在的资源的集合

① BOURDIEU P，WACQUANT L. An invitation to reflexive sociology［M］. Chicago：The University of Chicago Press，1992：101.

② 同上

体，这一网络是大家共同熟悉的和得到公认的，而且是一种体制化的网络。

（3）竞争是社会场域的运行逻辑

"资本"（指一个场域中的有效资源）与"惯习"（指场域的行动者自身的思维方式和行为倾向）是描述竞争关系和过程的两个重要概念。

场域中相对位置间的客观性关系使位置（由竞夺各种权力或资本时所处的地位决定）的占据者（可以是社会群体或个体）拥有权力进行资本争夺。争夺的目的是获得更多权力，争夺的方式则受场域运行逻辑和个体本身的惯习影响。因此，社会学中场域的本质是通过诉诸与其他人之间的相对位置来解释个人行动中的规律以及社会运行的逻辑。

（4）利益是布迪厄贯穿场域理论的概念

布迪厄认为，每一个场域都拥有各自特定的利益形式，场域创造并维持着它们。而这些利益是行动者对游戏中彼此争夺目标心照不宣的认可，以及对游戏规则的应用。这里的游戏规则，是场域中的各个行动者在试图改造场域并接受力量关系结构的同时，又不得不承认并接受由客观的相互关系所产生的游戏规则。

传统社会学对社会行为的解释侧重于宏观或微观层面的分析，布迪厄提出的社会场域理论则提供了一个从中观层面理解社会秩序的方法——研究社会场域的同时，并理解社会结构和个体行为；通过阐释资本、惯习及场域的真实规则，揭开社会阶级结构的面纱。这一理论模型能够很好地处理主流社会学中研究者容易忽略规律性模式问题的这一基本弱点。

（5）场域理论与城中村改造

场域理论视角下的城中村是一个相对独立的社会网络。在社会发展中城中村有自己的目标和自身的逻辑与规则，内含丰富的资源与资本，诸多群体或个体的利益附着于这一特定的复杂关系网络中。各种类型的行动者为取得或捍卫资本和权力不断发生争斗，在这一过程中场域改写着面貌，场域在变迁过程中显示出其自身具有推动发展的内在自主性力量。只有充分利用这种力量，社会发展才具有更充分的基础性推动力，这往往是社会发展的一种最为经济的策略。基于以上考虑，场域理论为我们认识城中村，梳理其中诸多群体与个体利益关系提供了理论视角。

城中村是村民等利益主体所依赖的蕴含着丰富资源与资本的特定场域，也是利益主体实现其诉求的途径。在城中村改造过程中，各方要实现其利益诉求，必然需要在一定程度上互相做出妥协，才能达成利益平衡的改造方案。政府在利益关系中拥有最终制度安排的决定权，应当发挥主导作用，关注所有群体的利益诉求，协调城中村改造中经济效益与社会效益的关系、近期利益与长远利益的关系，扶助弱势群体，促进社会公平，推动城中村改造问题的解决。

2. 乡村研究理论

对于乡村的研究方法和研究视角，斐迪南·滕尼斯、莫里斯·弗里德曼、杜赞奇、费孝通、施坚雅以及黄宗智的研究最为经典、最具启发性。

（1）现代与传统关系理论

1887 年，斐迪南·滕尼斯（Ferdinand Tönnies）出版了《共同体与社会》（*Community and Society*），他将人类社会抽象地分成了两种相互对立的类型：以乡村为代表的"礼俗社会"和以城市为代表的"法理社会"。他着重分析了这两种社会类型的特征，并进行了分析比较。在礼俗社会中，亲属关系、邻里关系、朋友关系等自然的社会关系支配一切，人们具有强烈的认同感。在法理社会中，城市生活的主要特点是"分崩离析、肆无忌惮的个人主义和自私自利，甚至相互对立"[①]，尽管人们通过契约、规章产生各种联系，但在本质上手段与目的是相互分离的，因而"社会"是一种机械的合成体。滕尼斯认为，从中世纪向现代的整个文化发展就是从"社区"向"社会"的进化。

（2）宗族理论

莫里斯·弗里德曼（Maurice Freedman）在他的两本著作《中国东南的宗族组织》（*Lineage Organization in Southeastern China*）和《中国宗族与社会：福建和广东》（*Chinese Lineage and Society: Fukien and Kwangtung*）中，提出了宗族研究范式。从方法论角度来看，弗里德曼将村庄嵌于宗族关系中，同时又将宗族关系置于区域社区的大背景中审视，避免了小个案与大社区的内在逻辑冲突，并且建构"国家—宗族"分析框架，从而将国家与乡村社会连接起来。面对复杂的中国社会，弗里德曼暂时只能关注到地方性图景，亦未厘清中国宗族与社会群体网络的具体联系。然而，《中国宗族与社会：福建和广东》一书仍应被视作他从整体上把握中国宗族乃至社会的尝试。

（3）文化网络理论

在杜赞奇（Prasenjit Duara）的著作《文化、权利与国家：1900—1942 年的华北农村》（*Culture, Power, and the State: Rural North China, 1900–1942*）中，他从"权利的文化网络"的视角考察了中国 20 世纪上半叶的华北农村，建立了文化网络的研究范式。他认为市场并不是决定乡村大众交易活动的唯一因素，村民之间的纽带在提供多种服务、促进交易方面起着重要的作用。从文化网络的视角来看，正是"市场体系与村民纽带联合决定了乡村经济交往"。[②] 文化网络承载了乡村社会生活，也影响着乡村政治作用的发挥。

3.城市经济学理论

（1）级差地租理论

英国古典政治经济学创始人威廉·配第（William Petty）在 1662 年的《赋税论》（*A Treatise of Taxes and Contribution*）中提出："劳动是财富之父，土地是财富之母"[③]。

① 滕尼斯. 共同体与社会［M］. 北京：商务印书馆，1999.

② 杜赞奇. 文化、权利与国家：1900—1942 年的华北农村［M］. 王福明，译. 南京：江苏人民出版社，2010.

③ 配第. 配第经济著作选集（赋税论）［M］. 陈东野，马清槐，周锦如，译. 北京：商务印书馆，1981：42.

"地租"一词来源于拉丁文"Rendita"，其原意为报酬和收入，被广泛应用于物权所有人将土地、房屋、资源或者其他财物租给其他人使用所获得的报酬。

配第首次提出"级差地租"的概念，并初步论证了级差地租Ⅰ和级差地租Ⅱ的形态。[①] 级差地租是超额利润转化而来的，由等量资本投在等面积土地上所产生的不同生产率的形式，是个别生产价格与社会生产价格的差额构成的超额利润转化的地租形式。级差地租形成的条件是土地本身在地理位置、肥沃程度等方面具有差异，正是这种差异导致等量资本投入生产条件不同而面积相同的土地上所产生的劳动生产率和产量收益的不同。

（2）租隙理论

尼尔·史密斯（Neil Smith）的租隙理论运用马克思的相对地租概念，从固定资本角度提出了一种城市更新的解释框架。

租隙（Rent Gap）的基本定义是指潜在地租水平与现行资本化地租的差异。所谓潜在地租（potential ground rent）指的是土地在最高及最佳使用下资本化的总和，而资本化地租（capitalized ground rent）则为现行土地使用下的地租实际总量。史密斯认为就长期而言，在一个增长的城市中，土地的潜在地租将会持续增加，而建筑物因破败产生了降低资本化地租的作用，致使潜在地租与资本化地租之间的间隙越来越大，因而该土地的所有者可以通过城市更新获取投机性的利润。

1.2.2 空间认知类理论

1. 城市触媒理论

美国城市设计师韦恩·奥图（Wayne Atto）和唐·洛干（Donn Logan）最早在《美国都市建筑：城市设计的触媒》（*American Urban Architecture: Catalysts in the Design of Cities*）一书中提出城市触媒（urban catalysts）的概念。他们认为，城市触媒类似于化学中的催化剂——一个元素发生变化会产生连锁反应，影响和带动其他元素一起发生变化——形成更大区域的影响。城市触媒，又叫作城市发展催化剂，"触媒"可以是建筑、开放空间，甚至是构筑物，也可以是一个标志性事件、一个特色活动、一种城市建设思潮等。

在城市建设领域，城市触媒在市场经济条件下，通过市场机制和价值规律的作用，对城市建设产生激发、引导和促进作用。城市触媒不是单一产品，而是一个可以鼓励和引导进一步开发的因素。这种积极的影响不仅表现在新城建设上，还表现在旧城更新中。

---

① 配第考察了级差地租的两种形态：第一种是由于土地位置距市场远近不同、土地的肥沃程度不同而产生的，即级差地租Ⅰ；第二种是由于同一块土地连续投入的劳动和资本的生产率不同而引起的，即级差地租Ⅱ。

根据触媒的功能、形态、发挥作用的不同，将更新触媒分为城市空间触媒、经济活动触媒、社会文化触媒等 3 种类型。根据物质形态的特点，触媒分为有形触媒和无形触媒。有形触媒具有明显的物质性，例如公园、建筑综合体、交通建筑等；无形触媒是非物质性元素，例如节庆活动、政策制度等。根据空间形态的不同，有形触媒包括"点触媒""线触媒""面触媒"。"点触媒"是具体的个体项目，来启动或激发其他城市建设；"线触媒"是线性的物质空间，例如商业街、滨水带等；"面触媒"是成片开发的区域，例如商务区、产业园区等。

2. 城市艺术理论

奥地利建筑师、画家和城市规划理论家卡米诺·西特（Camillo Sitte）创立了卡米诺·西特学派，对欧洲城市建设的发展有较大影响。1889 年，西特出版《城市建设艺术》（*The Art of Building Cities*），针对当时城市建设和改建过程中出现平庸和乏味城市空间的现实情况，主张将城市设计建立在对于城市空间感知的严格分析上，并通过大量的欧洲典型案例考察与研究，总结归纳出一系列城市建设的艺术原则与设计规律。西特从城市公共空间的内容、布局、空间感受、尺度、形状、组合 6 方面对精美壮丽的欧洲古代广场进行了提炼，总结了室外空间的美学原则。

1.3　相关概念辨析

本节内容为主要概念辨析，包括城市更新与建成环境更新、存量空间、景区依托型村落、乡村性传承、村落公共空间、公共空间活力等。

1.3.1　城市更新与建成环境更新

1. 城市更新

城市改建、城市更新和城市复兴是经常使用的专用名词，它们之间有一些细微差别。在 20 世纪 60 年代，城市改建主要受公共建设驱动，重点对城市内过度拥挤的贫民窟进行大规模再开发。20 世纪 80 年代的城市更新主要是侧重经济发展和地产开发，使用公共资金来驱动没有明确方向的市场投资，伦敦码头区开发便是典型案例。[①] 2005 年，城市复兴被归入更宽泛的可持续社区议题中。

2. 建成环境更新

建成环境更新是城乡新陈代谢的一个必然过程，是城乡物质结构变迁的一种表现形态。建成环境更新不同于传统意义上的"旧城改造"或"旧城改建"，其内涵不仅关注拆旧建新或是城市物质环境的改善，而且更多反映了综合性的可持续发展目标，

---

① BROHMAN J. New directions in tourism for third world development [J]. Annals of Tourism Research，1996，23（1）：48-70.

旨在通过一种综合性的、整体性的理念和行为来解决各种各样的城市问题，强调在经济、社会、物质环境等各方面对处于变化中的城市做出长远的、持续性的改善和提高。

1.3.2 存量空间

存量空间的概念是相对于传统的增量空间而言的，指的是城市中可通过合理的规划进行优化提升再利用的用地空间，主要包括棚户区、城中村、工业仓储用地、老旧小区以及历史地段等。存量空间价值评估是针对存量用地改造中"地（用地）—物（地面建筑物）"可否变更的问题，建立空间价值评估体系对"地—物"的空间价值进行评估，并分析"地—物"变更的难易程度。

1. 棚户区

棚户区是指城市建成区范围内具有密度大、使用年限久、房屋质量差、基础设施配套不齐全、交通不便利、有很大的治安和消防隐患、环境卫生恶劣等特征的区域。[①] 本书中的棚户区从建筑质量上包括危房、旧房集中的片区，从功能性质上包括古城的传统历史街区、城市边缘的破旧村落、旧厂区等。

棚户区改造模式是指针对棚户区改造中所涉及的如前期规划、投资融资、开发运营等流程，提出的具有科学性和可操作性的解决方案，并能对同类棚户区的改造提供一定的参考。改造模式包括改造主体的确定、资金来源的选择、补偿措施的提出和安置方式的选取等多个方面。

2. 城中村

"城中村"只是对一种现象的描述，并非一个严格的科学概念，因此没有统一的定义。不同学科、不同学者根据研究的需要，往往从不同的研究视角进行界定。学者们从城乡二元结构[②]、失地农民生存逻辑[③]、流动人口的流动机制[④]、产权界定与交易成本[⑤]、空间生产与空间消费[⑥]等角度对城中村的形成机制进行了阐释。早期对城中村的评价主要

---

① JOHANN J. Urban Renewal - A Look Back to the Future. The Importance of Models in Renewing Urban Planning［J］. German Journal of Urban Studies，2006，45（1）：53-56.

② 蓝宇蕴. 城中村：村落终结的最后一环［J］. 中国社会科学院研究生院学报，2001（6）：100-105，112.

③ 马航. 我国城中村现象的经济理性的分析［J］. 城市规划，2007，31（12）：37-40.

④ 蓝宇蕴. 我国"类贫民窟"的形成逻辑：关于城中村流动人口聚居区的研究［J］. 吉林大学社会科学学报，2007，47（5）：147-153.

⑤ 姜崇洲，王彤. 试论促进产权明晰的规划管制改革：兼论"城中村"的改造［J］. 城市规划，2002，26（12）：33-40.

⑥ 马学广. 城中村空间的社会生产与治理机制研究——以广州市海珠区为例［J］. 城市发展研究，2010，17（2）：126-133.

关注城中村引发的社会问题，将其视为城市中的"毒瘤"，主张改造和改制[①]，后来对其客观作用的评价逐渐出现。

1.3.3 景区依托型村落

从不同角度对景区依托型村落的概念进行解析，将其分为两类。一种从规划的角度，认为景区依托型村落是位于景区内部或周边的旅游村[②]，该类村落对景区具有强烈的依赖性，与景区共享旅游客源，在旅游资源与旅游产品方面互为补充，对邻近景区旅游服务功能的完善和环境品质的提升起到重要作用。另一种是从产业角度进行解读，认为景区依托型村落是乡村旅游的发展趋势之一，村落在接待景区外溢游客、缓解旅游景区接待设施压力的同时，利用自身的乡村资源吸引游客停留观光，带动村落的产业升级转型。对于景区依托型村落而言，与其相邻的景区具有强吸引力和广泛的客源是该类村落旅游发展的基础，地缘优势、客源共享、资源互补是其特征。

1.3.4 乡村性传承

乡村性（rurality）的概念产生于 18 世纪，由乡村（rural）衍生而来，是乡村形成的条件和基础。[③] 从旅游开发的角度来看，乡村性是乡村旅游的本质特性，乡村性的评价、保护与传承是乡村旅游可持续发展研究的基础，也是指导乡村旅游开发、经营和管理的重要依据。[④⑤] 从应用对象来看，乡村性适用于广泛的城乡地区，不受城市或者乡村的地域限制，是一个地区的产业发展、人居空间、生态环境和特色文化 4 方面要素现状发展特性的集合。[⑥] 每个地区都可以看作是城市性与乡村性的统一体，两者之间不存在断裂点，城乡之间是连续的。[⑦]

本书探讨的乡村性主要指构成传统村镇地区的特征要素和有别于其他地区的本质属性，也是旅游开发背景下传统村镇实现可持续发展的重要基础，对于识别、优化城乡空间具有重要的作用。

乡村性传承（rurality inheritance）的基本逻辑是基于人类社会动态发展的必要性与

① 田莉. "都市里的乡村"现象评析：兼论乡村—城市转型期的矛盾与协调发展［J］. 城市问题，1998（6）：43-46.

② 孙瑶，马航，乔迅翔. 景区依托型村落功能及空间更新路径：以深圳市较场尾村为例［J］. 现代城市研究，2016（5）：86-91，99.

③ BROHMAN J. New directions in tourism for third world development［J］. Annals of Tourism Research，1996，23（1）：48-70.

④ 冯淑华，沙润. 乡村旅游的乡村性测评模型：以江西婺源为例［J］. 地理研究，2007（3）：616-624.

⑤ 吴丽娟，李洪波. 乡村旅游目的地乡村性非使用价值评估：以福建永春北溪村为例［J］. 地理科学进展，2010，29（12）：1606-1612.

⑥ 韩源. 美丽乡村导向的镇域乡村性评价及发展策略研究［D］. 武汉：华中科技大学，2017.

⑦ 张小林. 乡村概念辨析［J］. 地理学报，1998（4）：79-85.

现实性，部分原有乡村性传统特色可予以保留，而另外一些部分，如卫生差、交通不便、电力供应短缺等特征一般没有保留意义。① 因此，本书中的乡村性传承评价指的是乡村性保存程度和居民接纳水平，主要包含两个相互依存的方面，一是指传统建筑、历史街巷等物质文化的原真性、完整性保存，二是指民俗文化、制度文化等非物质文化的活态性、适应性承接。在旅游开发的背景下，通过对乡村性传承的评价，可以避免村落出现旅游开发过度的问题，同时能最大限度地保留其最具特色的要素，实现可持续发展。

1.3.5　村落公共空间

村落公共空间既是具有边界、尺度、高宽比等空间形态特征的物质空间（容纳村民进行公共集会和日常交流，承担村民主要的生产与生活活动），也是村民生活观、价值观和生活形态的意识形态体现。② 对村落公共空间的定义需要结合物质空间和社会意识综合考虑。

本书中的"村落公共空间"为基于景区依托型村落的研究，既遵从传统村落公共空间具有的共性，也充分考虑景区依托型村落的特殊性。村落公共空间的研究范围是公众日常生活和休闲旅游行为可到达的外部空间环境的总和，包括公共服务设施等。以村落公共空间为载体，村民和游客的交流、互动以及参与的游览活动也被视为公共空间的一部分。

1.3.6　公共空间活力

活力，通常被用来形容一个系统的生存能力和发展潜力。凯文·林奇（Kevin Lynch）从人类学的角度认为，活力代表着整体聚落空间结构形态发展过程中对环境生态能力、生命健康持续能力以及人群发展能力等 3 种能力的支撑程度。③ 一个富有活力的公共空间必然是一个能良性循环、维持空间繁衍发展的系统，是一个可以让人群自由进出、乐于进行各类社会活动、感到放松惬意的场所。④ 公共空间具有活力的关键在于人与空间的良好互动关系。通过良好的环境激发人的自主行为，让不同人群在此场所中均获得归属感。公共空间活力研究进程分为 3 个阶段。第一阶段（2008 年以前）的研究多为以设计师实践经验为基础的公共空间活力营造策略。第二阶段（2008—2016 年）的研究加强了对空间活力理论和活力影响因素的探索，重点关注建成环境方面的相关因

---

①　刘沛林，于海波. 旅游开发中的古村落乡村性传承评价：以北京市门头沟区爨底下村为例［J］. 地理科学，2012，32（11）：1304-1310.

②　张健. 传统村落公共空间的更新与重构：以番禺大岭村为例［J］. 华中建筑，2012，30（7）：144-148.

③　林奇. 城市形态［M］. 林庆怡，陈朝晖，邓华，译. 北京：华夏出版社，2001.

④　GEHL J. Life between buildings［M］. New York：Van Nostrand Reinhold. 1987.

素。第三阶段（2017 年至今），学者通过学科交叉拓展公共空间活力的研究内容，并基于新技术不断验证和纠正过往成果。[①]

本章小结

本章首先提出建成环境更新评价的必要性、综合评价的概念与基本条件，然后将建成环境更新理论分为动力机制类理论与空间使用及认知类理论，阐述各理论与建成环境更新的关联性，最后对城市更新与建成环境更新、存量空间等概念进行辨析。

---

① 阿龙多琪，马航，杨彪. 2000 年以来我国公共空间活力研究进展［J］. 现代城市研究，2020（10）：123–130.

第2章 建成环境更新评价研究综述与研究方法

2.1 相关研究综述

本书从社会、经济、政策、环境、综合评价等多维层面，对目前基于可持续发展的建成环境更新评价研究进行归纳梳理，为今后人居环境可持续更新提供可借鉴的评价方法。建成环境分为城市、乡村、棚户区、城中村等类型，建成环境更新评价相关研究包括更新后评价研究、更新潜力价值评估研究、棚户区改造评价研究等。

2.1.1 更新后评价研究

1. 社会维度评价

从城市社会学的角度，城市更新是通过创造新的社会空间，来保护和实现原有人群的多重利益和权益，是实现更新对象与快速发展的城市顺利接轨的媒介。[①] 张晓探索社会可持续性的概念内涵和特征，并提出社会可持续性的3个维度，即社会公平、社会资本和基本需求的满足，构建一套多维度的城市更新社会可持续性评价框架和指标。[②] 吕斌等构建了历史街区可持续再生规划绩效的社会评估体系，以北京南锣鼓巷地区为例，对主体在该地区可持续再生城市设计实施过程的参与程度、主体对地方形象和城市设计定位的认可度及对城市设计实施效果的满意度等进行评价。[③] 以重庆主城为案例，王一波等对全球经济危机下的大规模更新所带来的社会影响进行了实证，对更新后原住居民日常生活、就业和通勤情况进行了问卷调查和访谈，以验证大事件导向下城市更新负面效应的假设。[④]

---

① 马航. 深圳城中村改造的城市社会学视野分析 [J]. 城市规划, 2007 (1): 26-32.

② 张晓. 城市更新的社会可持续性评价指标体系探索 [C] //《城市时代 协同规划: 2013 中国城市规划年会论文集》编委会. 城市时代 协同规划: 2013 中国城市规划年会论文集 (11- 文化遗产保护与城市更新). 青岛: 青岛出版社, 2013: 8.

③ 吕斌, 王春. 历史街区可持续再生城市设计绩效的社会评估: 北京南锣鼓巷地区开放式城市设计实践 [J]. 城市规划, 2013 (3): 31-38.

④ 王一波, 章征涛. 大事件视角下城市更新的社会绩效评价: 基于重庆主城更新后原住民的实证调查 [J]. 城市发展研究, 2017, 24 (9): 1-6.

（1）注重人的心理及行为模式

从人的心理及行为模式角度，许伟等基于公共虚拟事件评价（Public Virtual Events Evaluation，PVEE）研究方法对武汉汉正街晴川桥桥下空间进行调查、设计与使用预期评价，并根据调查信息和数据的分析整理，为城市公共空间更新提供依据。PVEE 方法是从目标使用者角度出发，对特定地段进行调查分析，根据人与环境的条件进行实验性设计，并对设计结果的使用预期进行系统性评价的研究方法。① 基于当地居民的日常生活行为规律，朱小雷综合运用观察访谈和问卷调查等方法，分析影响本地人的环境取向和影响主观评价的内在因素。通过对目标空间环境进行有效的评价，得出城市环境更新与居民行为心理、生活模式之间的关系。② 钱云等发现在社区"衰败"的时候，问题的核心可能不仅仅是低收入、住房条件差、治安混乱等"消极后果"，更重要的是缺少住房和基础设施维护能力、缺少劳动技能和就业机会、缺少接受良好教育和医疗服务等"不公平的发展机会"，在市场经济环境下，这些天然的劣势迫使整个社区在各方面出现向下的发展趋势，进而走向"循环衰败"。③

社区更新方面，以重庆渝中区嘉陵桥西村和大井巷为例，卢旸引入"社会过程"思维和"价值工程"理念，构建以"过程评估"和"价值判断"为核心的"四位一体"规划评估体系，思考社区更新中各参与主体的价值立场及协同路径。④ 黄瑛运用语义差异法（Semantic Differential，SD）对拉萨宗角禄康公园的规划和改造结果进行分析和评价，以此为基础提出城市历史公园规划设计与改造过程中的"有机更新"理念。⑤ 以湖南株洲建宁老区为例，陈圆圆等基于空间句法分析了老区的可持续再生空间设计方案。⑥

城中村更新方面，王娟采用因子分析和计量模型，从使用者满意度视角对城中村的改造效果进行评价。⑦ 城市公园更新方面，张为先通过观察、访谈及问卷的方式总结出人们的心理和行为模式，以及更新后人们行为发生的变化，界定出游人行为方式的变化

① 许伟，刘炜. 基于 PVEE 方法的城市公共空间更新调查与研究：以武汉汉正街晴川桥引桥空间为例［J］. 华中建筑，2010，28（12）：88-91.

② 朱小雷. 旧城社区公共街角空间的使用后评价：以广州西关为例［J］. 华中建筑，2011，29（10）：78-81.

③ 钱云，景娟. 北京市低收入社区的"循环衰败"及更新改造的多维度评价：以什刹海 - 金鱼池对比分析为例［J］. 现代城市研究，2013（12）：30-36.

④ 卢旸. 基于社会过程思维的城市社区更新规划评估：以重庆市嘉陵桥西村和大井巷为例［D］. 重庆：重庆大学，2017.

⑤ 黄瑛. 有机更新的城市历史公园规划设计与改造：基于拉萨宗角禄康公园改造的 SD 法评价［J］. 南京林业大学学报（自然科学版），2009（6）：135-138.

⑥ 陈圆圆，吕斌. 基于空间句法的旧城区可持续再生空间设计方案评价［J］. 规划师，2014，30（2）：79-84.

⑦ 王娟. 基于村民满意度的城中村改造评价：以郑州市 1425 份村民调查样本为例［J］. 规划师，2015，31（增刊 2）：268-271.

对城市公园场地和布局的影响。①

（2）注重传统文脉和城市肌理

面对历史文化街区的更新评价问题时，陈濛和刘敏等认为应更注重历史文化和风貌指标的权重。②③在对广州小洲村公共空间更新改造的案例中，赵金龙在分析小洲村公共空间演变历程的基础上，运用德尔菲法和层次分析法建立评价指标，从风貌特色、旅游设施和民俗文化3方面对其评价，以此提出具体的更新策略。④卞修金认为运用模糊评价法、层次分析法、统计分析法等评价方法构建历史街区的综合价值评估体系时，应充分考虑基于历史文化建立评价集，根据对象的不同特点建立合理的体系和指标。⑤

2. 经济维度评价

城市更新落实的过程，在某种程度上被认为是政府、市民、更新主体等多方博弈的过程。⑥条件评估法（Contingent Valuation Method，CVM）通过陈述偏好的方式量化评估公共物品相关建设活动的社会收益，是近年来应用较广泛的关于公共物品价值评估的方法。钱欣等对上海城市街头公园——松鹤公园的改造价值评估应用CVM进行实证研究，他们认为这种方法有利于城市规划的科学决策。⑦

3. 政策维度评价

廖远涛等系统梳理了广州城中村改造政策，并对其实施效果进行客观评价。⑧王萌等采用多目标决策的数据包络分析方法，对北京市原西城区旧城改造做出综合绩效评价。⑨李建军等通过构建旧住宅区更新宜居评价体系，对85项指标的城市旧住宅区更新宜居评价体系进行定量评估。⑩赖亚妮等通过对深圳市城市更新单元制度实施以来的2010—2016年间全市城市更新单元项目的立项与实施情况进行全面系统的调查，从

———————

① 张为先. 基于使用后评价的城市公园更新设计研究：以重庆主城区为例［D］. 重庆：重庆大学，2013.

② 陈濛，吴一洲，吴次芳. 历史街区商业化改造绩效评估与优化策略：以宁波三大历史文化街区为例［J］. 规划师，2013，29（10）：86-90，96.

③ 刘敏，张海超. 青岛劈柴院街区保护与更新规划后评价［J］. 青岛理工大学学报，2017，38（1）：50-58.

④ 赵金龙. 广州市小洲村公共空间的现状评价和更新策略研究：［D］. 哈尔滨：哈尔滨工业大学，2014.

⑤ 卞修金. 基于文化空间保护的历史街区更新评价与研究［D］. 北京：北方工业大学，2014.

⑥ 马航. 我国城中村现象的经济理性的分析［J］. 城市规划，2007，31（12）：37-40.

⑦ 钱欣，王德，马力. 街头公园改造的收益评价：CVM价值评价法在城市规划中的应用［J］. 城市规划学刊，2010（3）：41-50.

⑧ 廖远涛，代欣召. 城中村改造的政策及实施评价研究：以广州为例［J］. 现代城市研究，2012，27（3）：53-59.

⑨ 王萌，李燕，张文新，何岑蕙. 基于DEA方法的城市更新绩效评价：以北京市原西城区为例［J］. 城市发展研究，2011，18（10）：90-96.

⑩ 李建军，谢宝炫，马雪莲，等. 宜居城市建设中旧住宅区更新宜居评价体系构建［J］. 规划师，2012，28（6）：13-17.

区位、用地现状和规划这 3 个维度分析城市更新改造的实施效果，探索城市更新项目实施的空间分布规律，为进一步优化城市更新实施路径与完善已有相关政策提供科学依据 [①]。喻博等在收集了 2010 年以来全部已立项的 459 个"三旧"改造项目信息的基础上，提出了一种基于谷歌地图和实地调研相结合的判定项目实施状态的技术方法，通过数理统计和对比分析，对深圳市自城市更新单元制度建立以来"三旧"改造的实施效果进行分析评价 [②]。祝贺等认为 S-CAD 政策分析方法有助于分解并清晰地评价多元政策目标与庞杂政策手段之间的关系，为各地类似的政策体系提供实用的优化工具 [③]。S-CAD 的基本使用方法是首先对政策的立场（value）、目标（goal）、手段（strategy）和结果（result）四种元素进行提取后组成政策逻辑框架，解读政策主导观点（subjectivity），通过对环节之间的联系度进行专家打分和定性分析来评价框架内每一条立场到结果路径的一致性（consistency）、充要性（adequacy）和可行性（dependency）。

4. 环境维度评价

从能源的角度考量城市更新的可行性，赵鹏军等认为要在满足自身经济和社会发展的同时，在交通、生产和房屋建造等方面实现节能减排，并尽量利用可再生或新能源；并且提出了城市形态决定着交通模式，进而影响了交通能耗，同时房屋的布局和建造对城市整体能耗的影响比重较大 [④]。生态容积率（Ecological Area Ratio，EAR）是一种基于绩效评估的生态规划工具，用以测算城市环境的能源与碳排放，杨沛儒探讨了在城市更新开发过程中，生态容积率如何通过减少城市环境的碳排放来应对城市密度增长的问题 [⑤]。王卡等在历史街区更新中引入了绿色评价标准并转换成相应的评价内容 [⑥]。

5. 综合评价

我国城市更新过程中规划方案的选用以及城市政策的制定往往只考虑短期、单一的收益，而未能综合考虑长久的经济、社会及文化等诸多因素，因而产生种种问题。针对这一现象，刘艳和王剑等学者尝试建立针对城市更新项目的经济、社会以及环境 3 要素平衡的多元化、多层次的评价框架 [⑦⑧]。邓堪强以问卷调查、定量测定的方法确定城市更

---

① 赖亚妮，吕亚洁，秦兰. 深圳市 2010—2016 年城市更新活动的实施效果与空间模式分析 [J]. 城市规划学刊，2018（3）：86-95.

② 喻博，赖亚妮，王家远，等. 城市更新单元制度下"三旧"改造的实施效果评价 [J]. 南方建筑，2019（1）：52-57.

③ 祝贺，石炀，王婷. 基于 S-CAD 法的北京历史文化街区公房更新政策评估与优化 [J]. 北京规划建设，2023（3）：123-129.

④ 赵鹏军，吕斌，彭德尔伯里. 基于低碳目标的旧城改造规划理论与实践 [J]. 国际城市规划，2014，29（2）：8-12.

⑤ 杨沛儒. 生态容积率（EAR）：高密度环境下城市再开发的能耗评估与减碳方法 [J]. 城市规划学刊，2014（3）：61-70.

⑥ 王卡，曹震宇. 基于绿色标准的传统街区更新评价 [J]. 建筑与文化，2015（2）：126-127.

⑦ 刘艳，赵民. 城市更新项目的评价方法探究 [J]. 城市建筑，2006（12）：18-20.

⑧ 王剑，袁大昌. 城市更新模式的可持续性评价研究 [J]. 城市建筑，2013（20）：302.

新的经济可持续性、环境可持续性、社会可持续性评价模型，并选择广州市城市更新不同模式的项目进行了可持续性评价。① 丁一等以广州为例，在经济、社会和生态方面选取指标，利用评价模型与 ArcGIS 空间分析技术对评价单元进行单因素量化和更新改造模式综合效益评价。② Grace K.L.Lee 等通过层次分析法对香港的城市更新进行评估，从经济、社会和环境的可持续发展 3 个方面，运用层次分析法确定指标权重，得到城市更新绩效评估体系。③ 张建坤和熊忠阳等以旧城更新改造的可持续发展为目标，以 DPSIR 模型为基础，构建旧城更新改造可持续评价体系，运用多因素综合指数评价法和熵值法，进行实证研究，改进了以往只注重经济指标或只能单因素评价分析的不足，为我国旧城更新改造可持续评价提供了新的思路。其中，DPSIR 模型涵盖经济、社会、环境3 大要素，评价指标分为动力（driving force）、压力（pressure）、状态（status）、影响（impact）和响应（response）5 个子系统。④⑤ 张晓东等从老旧小区特征以及更新的特殊性出发，设置更新提升评价系统 3 级指标，采用属性层次模型（Attribute Hierarchy Model，AHM）确定权重并进行模糊综合评价，对老旧小区更新的多方案比选、更新后的经济效益评价与社会效益开展综合评价。⑥ 许若奇构建城中村更新后评估体系，通过专家打分与客观数据分析，对杭州市 3 处典型城中村更新项目进行评价。⑦ 王娟认为目前的城中村更新改造更多还是政府和开发商意志的呈现，作为更新利益主体之一的村民，其各项权益未被完全保障，进而从村民视角切入，对郑州 24 个城中村进行更新后物质空间、社会、经济、环境 4 个方面的系统评价。⑧

2.1.2　更新潜力价值评估

在价值评估与保护更新方面，王丹等从 7 个维度构建老旧工业厂区再生更新潜力评价体系，并基于多源数据结合大数据 GIS 平台，用组合赋权和 TOPSIS 法（Technique for Order Preference by Similarity to an Ideal Solution，通过与理想解决方案的相似性进行

① 邓堪强. 城市更新不同模式的可持续性评价：以广州为例［D］. 武汉：华中科技大学，2012.

② 丁一，王红梅，沈明，等. 广州市旧城更新改造模式的优选研究［J］. 城市规划，2014，38（5）：15-21，34.

③ LEE G K L，CHAN E H W. The Analytic Hierarchy Process（AHP）Approach for Assessment of Urban Renewal Proposals［J］. Social Indicators Research，2008，89：155-168.

④ 张建坤，冯亚军，刘志刚. 基于 DPSIR 模型的旧城更新改造可持续评价研究：以南京市秦淮区为例［J］. 南京农业大学学报（社会科学版），2010（4）：80-87.

⑤ 熊忠阳，汪洋. 基于 DPSIR 的历史街区可持续更新评价：以武汉市江岸区为例［J］. 土木工程与管理学报，2017，34（6）：141-145+152.

⑥ 张晓东，胡俊成，杨青，等. 基于 AHM 模糊综合评价法的老旧小区更新评价系统［J］. 城市发展研究，2017，24（12）：20-22，27.

⑦ 许若奇. 基于 AHP 法的杭州市典型城中村更新后评估研究［J］. 华中建筑，2019，37（5）：35-38.

⑧ 王娟. 基于村民满意度的城中村改造评价：以郑州市 1425 份村民调查样本为例［J］. 规划师，2015，31（增刊 2）：268-271.

排序的方法）建立评价模型，选取重庆中心城区颇具代表性的 6 个待更新的老旧工业厂区项目进行潜力评价。[①] 许雪琳等针对厦门市域环境与滨海空间特征，建立更新潜力评估框架，基于更新潜力结果，从布局、时序、方式、功能 4 个维度构建全市滨海空间更新体系，并针对市域、区域、地块 3 个层面分别提出宏观、中观、微观更新提升策略。[②] 周鹤龙采用层次分析法构建评估体系，对"地—物"的空间价值进行评估，并分析"地—物"变更的难易程度，为规划决策提供支撑。[③] 王磊等结合佛山市城市总体规划，构建存量型规划的建设用地再开发综合评定体系和空间管制体系，并提出优化存量建设用地、统筹减量与增量的空间管制政策。[④] 在上位规划的指导下，邓神志等进行综合利用潜力评价，构建由前置指标与潜力指标构成的城市更新改造潜力评价体系。[⑤] 王景丽等采用定量的方法构建评价体系，引入开放大数据测算人口密度、用地分布集聚度、区域配套等指标值，实现城市更新改造潜力的精细化评价。[⑥] 尹杰等通过建立城市更新用地的相关评价体系，以武汉市为例分析了影响更新用地的关键指标，以评价结果为依托，确定城市更新用地的选择。[⑦]

2.1.3　棚户区改造评价研究

目前国内对于棚户区的研究较多，主要着眼于旧城更新改造、传统历史街区的保护更新以及城中村改造等方面，研究的重点在宏观经济管理、微观改造设计和社会性层面。

1. 宏观经济管理评价

刘通认为棚户区改造应实施"有序拆迁—货币补偿—自主选房"的新模式，让棚户区居民自主选择购房的时间、地点和方式，以促进人口流动，防止形成新的棚户区。[⑧]黄小康比较了棚户区改造中的 3 种安置方式，分别是政府统建安置房、政府购买安置

---

①　王丹，潘雨红，王婷. 基于多源数据的老旧工业厂区再生更新潜力评价与实证研究［J］. 建筑经济，2023，44（2）：98-104.

②　许雪琳，马毅，朱郑炜，等. 厦门市滨海空间更新潜力评估及更新策略研究［J］. 规划师，2022，38（2）：121-126.

③　周鹤龙. 地块存量空间价值评估模型构建及其在广州火车站地区改造中的应用［J］. 规划师，2016，32（2）：89-95.

④　王磊，陈昌勇，谭宇文. 存量型规划的建设用地再开发综合评定与空间管制：以《佛山市城市总体规划（2011—2020）》为例［J］. 规划师，2015，31（8）：60-65.

⑤　邓神志，叶昌东，劳海宾. 基于更新改造潜力评价的城市更新模式及实施机制研究［J］. 城市，2016（5）：7-12.

⑥　王景丽，刘轶伦，马昊翔，等. 开放大数据支持下的深圳市城市更新改造潜力评价［J］. 地域研究与开发，2019，38（3）：72-77.

⑦　尹杰，詹庆明. 城市更新用地的评价体系构建及应用：以武汉市为例［J］. 价值工程，2016，35（15）：53-56.

⑧　刘通. 加快转变城市棚户区改造模式［J］. 宏观经济理论，2015（2）：31-33.

房、货币化补偿，分析不同安置方式的优点、弊端和适用范围。[①]

2. 微观改造设计评价

李和平等认为历史街区的保护更新和棚户区改造有着密切的联系，从微观的角度，采用延缓接受算法（deferred-acceptance algorithm）将评价指标进行量化，研究二者之间的相互关联性，并以南昌绳金塔历史街区为例进行实证分析，为相关类型规划提供参考。其中，延缓接受算法是大卫·盖尔（David Gale）和劳埃德·斯托厄尔·沙普利（Lloyd Stowell Shapley）为了寻找一个稳定匹配而设计出的市场机制，因此也被称为Gale-Shapley算法。[②] 王巍等充分研究基地空间格局与城市空间的关系，在牡丹江市棚户区改造项目规划设计中，力求创造布局合理、功能齐全同时兼具舒适性与归属感的人居场所。[③]

3. 社会性层面评价

棚户区改造过程中遇到的社会性问题也是不可忽视的，历史、人文、弱势群体保护等因素引起众多学者的重视。郑文升等分别以深圳城中村和老工业基地城市棚户区为例，分析其特征、性质、问题以及以往改造中存在的问题，为城市棚户区改造提出了新思路。[④] 吴俊范认为，城市社会以往主要以规范的城市社区景观和主流城市文化为模板来说明棚户区的种种弊端，这使得城中村、棚户区一直以来为社会所诟病，然而不可否认的是，棚户区仍然长期存在，为城市提供不可缺少的服务，并在城市政府的推动下逐渐向规范的城市社区转化。[⑤] 芦恒认为对于棚户区或棚户区改造后的回迁安置社区的社区建设，我们不仅仅要关注物质空间层面上的改造，更重要的是要建构一种政府与社会力量同时并存的"均衡式公共性"，其实践形式为一种公共服务与居民自治一体化的社区建设模式。[⑥]

综上所述，目前国内关于棚户区改造的研究主要基于宏观经济管理、微观改造设计和社会性问题等层面，并提出了一些改造模式，对本领域研究有一定的参考和借鉴价值。

---

① 黄小康. 关于棚户区改造的安置方式类型及比较分析［J］. 现代经济信息，2014（22）：104-105.

② 李和平，高文龙，郭剑锋，等. 棚户区改造与历史街区保护双向选择模式：以南昌绳金塔历史街区为例［J］. 规划师，2016，32（8）：87-92.

③ 王巍，姚凤梅，王晓舒. 基于归属感的棚户区改造规划：牡丹江市曙光新城棚户区改造项目探析［J］. 规划师，2010，26（9）：76-83.

④ 郑文升，金玉霞，王晓芳，等. 城市低收入住区治理与克服城市贫困：基于对深圳"城中村"和老工业基地城市"棚户区"的分析［J］. 城市规划，2007（5）：52-56，61.

⑤ 吴俊范. 矛盾的"城市性"与近代上海棚户区的污名［J］. 华东理工大学学报（社会科学版），2016，31（1）：19-29，45.

⑥ 芦恒. 东北城市棚户区形成与公共性危机：以长春市"东安屯棚户区"形成为例［J］. 华东理工大学学报（社会科学版），2013，28（3）：12-19，84.

2.2 文献评述及研究趋势分析

2.2.1 研究的局限性

根据上述对国内建成环境更新相关研究的综述，我国需要根据实际国情，探索出具有中国特色的城乡可持续发展路径。虽然学者们已经开始关注构建建成环境更新的评价体系，对一些建成环境更新项目进行评价，但现有研究的局限性仍体现在以下 4 个方面。

1. 研究层面的局限性

目前的研究绝大多数停留在城市更新模式的研究层面上，对于涉及人口与用地面积占绝大多数的乡村更新的研究较少，尤其是对典型村落更新案例的相关评价没有充分研究。

2. 研究维度的局限性

大多数研究侧重于技术和经济分析，将经济效益最大化作为建成环境更新的单一评价目标。实际上，随着社会的进步，建成环境更新涉及的利益相关者众多，以人为本的建成环境更新观念愈发获得共识。

3. 研究方法的局限性

在对已有相关研究方法归纳总结的基础上，发现目前对于建成环境更新的评价研究基本以定性研究为主，通常采用问卷调查收集评价数据，研究方法单一，缺少系统构建的方法体系。

4. 研究范围的局限性

在建成环境更新评价的少数文献中，大多数是在项目完成后进行使用后评价，这种研究的范围不够全面，无法涵盖项目前期的研究和分析。实际上，一个更新项目的实施需要前期的策划和过程中的控制与调整，贯穿项目更新的整个生命周期进行综合效益动态分析势在必行。

2.2.2 研究的趋势分析

根据研究现状，对未来的研究趋势做出如下分析。

1. 建成环境更新模式的研究

目前学者对城市更新模式的研究成果比较丰富，但是对乡村更新模式研究相对滞后。本书将在"3.2 李渡古镇保护与更新的乡村性传承评价"中，以江西李渡古镇为典型案例探索乡村传承性的评价体系与方法。在本书"4.2 深汕特别合作区乡村发展潜力评价"中，以深汕特别合作区为典型案例构建村庄发展潜力评价体系，以此作为村落更新改造的重要前提与基础。

2. 综合效益的影响因素研究

经济社会快速发展带动建成环境更新领域研究的迅速发展，但是由于影响建成环境更新的因素越来越多，借鉴国内外的案例和评价指标研究，要综合考虑中国国情，对影响建成环境更新综合利益的各种因素，特别是人为因素进行剖析，因此既具有代表性又能系统性地评价综合效益的研究是未来研究的趋势。

2.3　研究方法

本节主要内容包括层次分析法、模糊层次分析法和游客满意度评价法等常见的评价方法。

2.3.1　层次分析法

层次分析法（Analytic Hierarchy Process，AHP）是美国运筹学家托马斯·L·萨蒂（Thomas L.Saaty）等在 20 世纪 70 年代提出的一种定性与定量分析相结合的多准则决策方法。[①] 这个方法的特点，是首先在对复杂决策问题的本质、影响因素以及内在关系等进行深入分析后，构建一个层次结构模型，然后利用定量信息，把决策的思维过程数学化，从而为求解多目标、多准则的复杂决策问题提供一种简便的决策方法。具体地说，它是指将决策问题的有关元素分解成目标、准则、方案等层次，对人的主观判断进行客观量化，在此基础上进行定性分析和定量分析的一种决策方法。

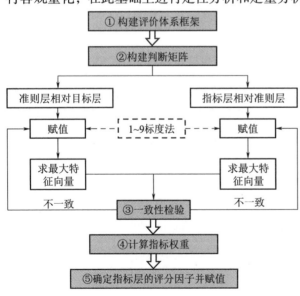

图 2-1　运用层次分析法构建评价体系的步骤

运用层次分析法构建空间环境评价体系的过程实际上就是它对评价对象的重要性进行决策的过程，本书将评价体系的构建归纳为 5 个步骤：构建评价体系框架、构建判断矩阵、检验其一致性、计算各层指标的权重、确定指标层的评分因子并赋予分值（图 2-1）。

初步整理出评价体系中各个层级之间的相互关系，从而构建依次由目标层（A）、准则层（B）和指标层（C）共同构成的评价体系框架。其中，指标层是对准则层的具

① SAATY T L. Modeling Unstructured Decision Problems-the Theory of Analytical Hierarchies［J］. Mathematics and Computers in Simulation，1978，20（3）：147-158.

体描述，它的作用是将准则层进一步转化为可以定量分析的指标。

比较同级指标和上级指标，得到判断矩阵，因此共需要构建 $1+n$ 个判断矩阵：准则层相对于目标层以及 n 个指标层相对于准则层的矩阵。判断矩阵的一般形式如表 2-1 所示。这个矩阵表示为 $A=(b_{ij})_{m\times n}$，其中 b_{ij} 代表的是准则 B_i 和准则 B_j 相对于目标层（A）的重要性的权重标度，即 b_{ij} 是 B_i 相对 B_j 重要性的量化结果。判断矩阵必须满足 b_{ij} 与 b_{ji} 的乘积始终为一，且 b_{ii}=1。此外，根据相关案例的理论及实践经验，运用 $1\sim9$ 标度法增加判断矩阵权重赋值的准确性，如表 2-2 所示。

表 2-1　层次分析法判断矩阵的一般形式

A	B_1	……	B_j	……	B_n
B_1	b_{11}	……	b_{1j}	……	b_{1n}
……		……		……	
B_i	b_{i1}	……	b_{ij}	……	b_{in}
……		……		……	
B_m	b_{m1}	……	b_{mj}	……	b_{mn}

表 2-2　$1\sim9$ 标度法

因素 B_i 与 B_j 相比	$F(B_i, B_j)$	$F(B_j, B_i)$
B_i 与 B_j 同样重要	1	1
B_i 比 B_j 稍微重要	3	1/3
B_i 比 B_j 明显重要	5	1/5
B_i 比 B_j 非常重要	7	1/7
B_i 比 B_j 极其重要	9	1/9
B_i 与 B_j 处于上述判断之间	2, 4, 6, 8	1/2, 1/4, 1/6, 1/8

2.3.2　模糊层次分析法

模糊层次分析法（Fuzzy Analytical Hierarchy Process，FAHP）是基于层次分析法的改进方法，解决了层次分析法权重赋值过程中一致性检验过程复杂且烦琐的问题，同时弥补了层次分析法中评价要素数量不能过多的缺陷。张吉军提到的 FAHP 的步骤和萨蒂提出的步骤大致相同，其差异只有两点，一是评价指标间比较形成不同的矩阵，在 AHP 中构造判断矩阵，而在 FAHP 中构造模糊一致判断矩阵；二是由两种不同矩阵求权重的算法不同（图 2-2）。[①]

---

① 张吉军. 模糊层次分析法（FAHP）[J]. 模糊系统与数学，2000，14（2）：80-88.

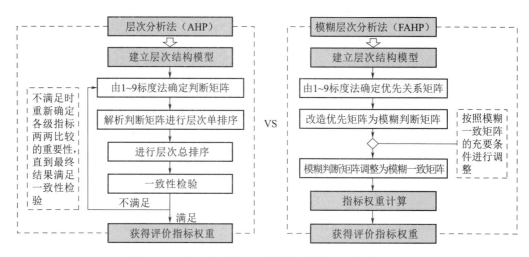

图2-2　AHP和FAHP指标权重赋值过程比较示意

2.3.3　游客满意度评价法

1. 概念

满意度评价来源于市场学，最早通过对相关产品的用户满意度进行调查，得出产品属性及评价，后期应用于使用者的主观感受评价，即物质和精神两方面。满意度评价属于包括主观评价和客观评价的使用后评价，可应用于建成环境主观评价的领域中。游客满意度是游客实际旅游体验与游前预期对比的结果，包含对旅游目的地各个方面的整体评价。[①] 通过游客对相关客体的主观满意度评价进行分析，游客满意度评价可以反映对建成环境的综合评价。[②]

2. 基本特征

游客满意度评价涵盖建筑学、环境心理学及人类行为学几方面内容。[③] 其特征包括以下5方面。

一是游客满意度的判断会受到游客自身背景特征的影响；

二是游客满意度评价是利用科学的方法，以游客的标准角度为切入点，收集游客对旅游目的地空间使用感受的直观反馈；

三是评价具有其特殊性，使用者为游客，从游客角度出发使得其满意度的评价指标和权重区别于其他评价体系；

---

① 刘宇飞，毛端谦. 红色旅游地品牌个性对游客忠诚度影响研究：以游客满意度为中介变量［J］. 旅游研究，2018，10（4）：37-46.

② 朱小雷，吴硕贤. 建成环境主观评价方法理论研究导论［J］. 华南理工大学学报（自然科学版），2007，35（增刊1）：195-198.

③ JARVIS D，STOECKL N，LIU H B. The impact of Economic, Social and Environmental Factors on Trip Satisfaction and the Likelihood of Visitors Returning［J］. Tourism Management，2016，52：1-18.

四是游客满意度评价能够衡量游客行为需求与旅游地环境状况之间的关系，满意度评价的目标是基于游客本身对于旅游目的地的空间品质进行评价进而考虑优化；[①]

五是游客满意度评价的特点是全周期评价，从设计实施到后期优化，满意度评价贯穿项目始终，且说服力强、可操作性强。[②]

2.4　评价体系构建的必要性与可行性

本书以福建非"世遗"土楼价值评估体系、李渡古镇乡村性传承评价体系为例，分别提出评价体系构建的必要性与可行性。

2.4.1　福建非"世遗"土楼价值评估体系构建的必要性与可行性

土楼价值评估体系构建的必要性在于福建非"世遗"土楼再利用的重要性，其可行性在于其平和县具备构建土楼价值评估体系的条件，也具备相关政策支持。

1. 福建非"世遗"土楼价值评估体系构建的必要性

（1）福建非"世遗"土楼具有重要文化价值

目前，福建省境内已被严格确认的土楼共 3733 座，其中 46 座在 2008 年被列入《世界遗产名录》，被称为"世遗"土楼[③]，其余则为非"世遗"土楼。闽南土楼多为非"世遗"土楼，是福建闽南文化的产物，其平面布局及剖面空间完美地结合，诠释了中国传统民居庭院以"进"为单位的院落空间布局、具备防御盗贼及家族聚居的功能。福建非"世遗"土楼数量多、分布广泛，能体现出土楼总体分布的特点、聚落的关系以及与村落的关系，其中不乏具有重要文化价值的土楼。因此福建非"世遗"土楼具有"世遗"土楼不可替代的重要文化价值，值得对其进行研究、保护与再利用。

若能将这些不具有原真性要求的土楼在保证其重要价值不被损坏的前提下植入新的公共功能向公众开放，结合文化旅游的热潮，让人们亲身体验闽南文化积淀形成的空间和故事，真正激活这些土楼，对闽南文化无疑是最好的保护与延续，也为国内其他历史建筑再利用起到借鉴作用。

（2）土楼再利用需要上层平台的支持

土楼再利用和其他的历史建筑更新与再利用本质是相同的，关键都是要解决历史建筑的功能更新与置换问题，土楼以前的居住功能随着时代发展和生活水平提高已不能满足现代人的生活需求，因此对它的再利用除了是保护它本身的历史价值与文化价值，更

---

①　HUSSAIN K，ALI F，RAGAVAN N A，et al. Sustainable Tourism and Resulting Resident Satisfaction at Jammu and Kashmir, India［J］. Worldwide Hospitality and Tourism Themes，2015，7（5）：486-499.

②　BAKER D A，CROMPTON J L. Quality，Satisfaction and Behavioral Intentions［J］. Annals of Tourism Research，2000，27（3）：785-804.

③　黄建军. 福建永定土楼旅游开发研究［J］. 经济地理，2008，28（1）：170-172.

重要的是能让它可以适应新功能。

此外，根据文献综述对"世遗"土楼再利用现状问题的分析研究成果，"世遗"土楼的再利用遇到发展瓶颈，很大原因就是"世遗"土楼的零散式开发，各个土楼所在区域被行政边界分隔而"各自为政"，没有统一协调发展，最终形成了同质竞争局面，而没能体现出46座"世遗"土楼的规模效应。

文化型绿道是一种有效的系统性文化遗产保护与再利用策略，符合非"世遗"土楼及其环境的特点，需要设法将非"世遗"土楼的再利用纳入系统性保护与再利用文化遗产中，建立非"世遗"土楼价值评估体系，对不同类别土楼提出针对性的改造策略。

2. 福建非"世遗"土楼价值评估体系构建的可行性

（1）具备相关理论及实践支撑

虽然基于土楼再利用的文化型绿道此前并未被提出，但通过文化型绿道的基础理论及实际案例研究，将文化遗产保护再利用区域与绿道空间结合而成的文化型绿道已在国内外进行了多次成功实践，保护及再利用的文化遗产种类包括运河构筑物、工业遗产以及其他各种历史建筑。同时，文化遗产价值评估体系的构成要素有相关文献的支持，也有相对成熟的研究方法可以使用，比如层次分析法是一种定性与定量分析相结合的多准则决策方法，被广泛地应用在文化遗产的价值评估领域。

（2）具备政策及相关部门的认可支持

以平和县为例，政府已出台系统性开发境内历史文化、自然资源的相关政策及规划，如《平和县旅游产业发展总体规划（2012—2031）》《平和绿道网总体规划》等，这些政策表明，政府对推动文化旅游、绿道建设的政策支持，并且已经将文化旅游与绿道网的规划紧密结合起来，说明政府已经认识到系统性整合历史文化及自然资源对平和文化旅游的促进作用，近年来已有多座平和县的非"世遗"土楼在政府与设计公司的合作下进行了改造。

2.4.2 李渡古镇乡村性传承评价体系构建的必要性和可行性

1. 体系构建的必要性

本书通过构建传统村镇乡村性传承评价体系，对其现存的乡村性特色进行评价，并根据评价结果有针对性地对其不同传承程度的资源提出保护与更新策略。希望在旅游开发的背景下，李渡古镇原有的特色能获得最大限度的保存、延续、传承和利用，实现可持续发展。同时，该评价体系也能为类似的需要进行旅游开发的传统村镇提供借鉴，对我国传统村镇的保护与更新研究具有一定的参考价值。

2. 体系构建的可行性

首先，关于传统村镇乡村性评价的相关理论研究在国内外已有一定的积累，尽管评价的角度有所区别，但对李渡古镇乡村性传承性评价可以提供重要的参考；其次，本书在对李渡古镇乡村性传承进行评价时引入了层次分析法，该方法注重数据收集的科学性和严谨性,通过对李渡古镇相关专家、政府工作人员和原住居民的访谈,能够更加真实反映李渡镇乡村性传承的现状。

本章小结

本章分别从更新后评估、更新潜力价值评估、棚户区改造等方面,对相关文献进行归纳。更新后评价包括社会维度、经济维度、政策维度、环境维度、综合评价等层面,提出相关领域的研究趋势。研究方法包括层次分析法、模糊层次分析法、游客满意度评价法等,阐述每种研究方法的应用步骤和适用条件。

方法篇

更新对象客观评价

第3章 文化遗产价值评估

3.1 福建非"世遗"土楼改造的价值评估

3.1.1 福建非"世遗"土楼概况介绍

图3-1 破败的土楼

福建未被列入《世界遗产名录》的3687座（粗略统计）非"世遗"土楼中虽不乏文化价值较高的土楼，但由于未被列入名录，加上数量庞大、所在地方经济弱，至今未受到足够重视与有效再利用，面临着衰败的困境（图3-1）。

本节通过福建非"世遗"土楼价值评估体系的构建，完善对福建土楼的相关研究，尤其是完善非"世遗"土楼再利用的研究，对国内其他非"世遗"历史文化资源的整体保护与再利用起到一定的借鉴作用。由于"世遗"土楼拥有《世界文化遗产》品牌，且在再利用方面具有先天优势，因此非"世遗"土楼保护与再利用的前景在政策倾向、资金吸纳与形象塑造等方面都受到严重制约。目前，福建省境内现存的非"世遗"土楼只有粗略的数量统计，缺乏系统翔实的现状调查与分析研究，仍有相当数量的、具有较高价值的土楼被埋没。

例如，福建省平和县九峰镇的镇域界线内九峰溪长13.34km的河段及其沿线坐落着14座土楼，是福建非"世遗"土楼密集区。（图3-2）

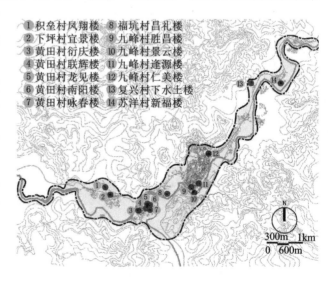

① 积垒村凤翔楼　⑧ 福坑村昌礼楼
② 下坪村宜景楼　⑨ 九峰村胜昌楼
③ 黄田村衍庆楼　⑩ 九峰村景云楼
④ 黄田村联辉楼　⑪ 九峰村逢源楼
⑤ 黄田村龙见楼　⑫ 九峰村仁美楼
⑥ 黄田村南阳楼　⑬ 复兴村下水土楼
⑦ 黄田村咏春楼　⑭ 苏洋村新福楼

图3-2 九峰镇土楼布局

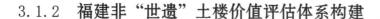

3.1.2　福建非"世遗"土楼价值评估体系构建

1. 价值构成

（1）历史价值

历史价值主要由土楼建造年代的久远情况及其知名度来评判。土楼建造年代越久远，说明它见证过的历史事件越多，发挥的作用越关键、持久；其知名度越高，则代表它在历史进程中曾见证过的历史事件及发挥的政治、社会、军事等影响力越大。因此，土楼建造时间越久远、知名度越高，则历史价值越高。

（2）艺术价值

土楼的艺术价值包括 3 方面。首先是土楼的外形体量及内部空间的艺术价值，由于土楼外形几乎一致，平面布局也完全对称，因此每个居住单元剖面的美学价值是土楼之间空间美学价值的最主要差别并主要体现在剖面空间层次与序列上；其次是土楼的细部及装饰，如彩画、雕刻、纹饰等，具有的艺术价值；最后是土楼周边环境的美学价值，在其他条件相同的情况下，周边建筑或自然环境仍然保持着良好传统风貌的土楼，其美学价值更高。土楼的艺术价值通常能反映出特定历史时期人们的审美倾向、文化背景及工艺发展情况等方面的信息，它的剖面空间越是复杂精妙，越能彰显空间的秩序美感。

（3）社会价值

社会价值是指土楼所属宗族对当地社会文化，如传统思想、人文风俗、文化传统等，产生的影响力及所代表的社会文化的普遍性，还包括它对当今社会具有的持久文化影响力。土楼是宗族社会价值观念下的产物，每座土楼就是一个宗族聚居地，具有浓重的家族文化底蕴。许多重要的土楼往往属于非常有影响力的家族，这些家族名人辈出，这也是挖掘土楼特色、开发文化旅游项目的重要依据。因此，社会价值也是考察土楼价值的重点。

2. 评估体系的构建

借鉴相关案例的评价思路，本节引入层次分析法构建福建非"世遗"土楼价值评估体系，这个过程实际上就是对土楼重要性进行决策的过程。

（1）构建价值评估体系框架

根据福建的非"世遗"土楼价值构成，初步整理出评价体系中各个层级指标之间的相互关系，从而构建由目标层 A、一级指标 B 和二级指标 C 共同构成的评估体系框架（表 3-1）。其中，二级指标 C 是对一级指标 B 的具体描述，它的作用是将一级指标 B 进一步转化为可以定量分析的指标。

（2）构建判断矩阵

判断矩阵的构建和 1~9 标度法的运用见本书 2.3.1 层次分析法中的介绍。之后采用专家打分法为判断矩阵赋值，从而构建出一级指标 B 对目标层 A、二级指标 C 对一级指标 B 的判断矩阵，结果如表 3-2~表 3-5 所示。

表 3-1 福建非"世遗"土楼价值评估体系框架

目标层 A	一级指标 B	二级指标 C
福建非"世遗"土楼价值评估体系	历史价值 B_1	建成年代 C_{11}
		知名度 C_{12}
	艺术价值 B_2	剖面空间的美学价值 C_{21}
		细部及装饰的美学价值 C_{22}
		周边环境的美学价值 C_{23}
	社会价值 B_3	家族的历史地位 C_{31}
		家族在当代的影响力 C_{32}

表 3-2 判断矩阵 A-B

A	B_1	B_2	B_3
B_1	1	2	5
B_2	1/2	1	3
B_3	1/5	1/3	1

表 3-3 判断矩阵 B_1-C

B_1	C_{11}	C_{12}
C_{11}	1	1/3
C_{12}	3	1

表 3-4 判断矩阵 B_2-C

B_2	C_{21}	C_{22}	C_{23}
C_{21}	1	3	5
C_{22}	1/3	1	2
C_{23}	1/5	1/2	1

表 3-5 判断矩阵 B_3-C

B_3	C_{31}	C_{32}
C_{31}	1	2
C_{32}	1/2	1

3. 一致性检验

由于各个权重因素之间的重要性主要是通过两两比较得来，有可能出现判断不一致的情况而导致错误，故必须对二级指标 C 和一级指标 B 的判断矩阵作一致性检验。

以二级指标 C 的判断矩阵的一致性检验为例，其公式如下：

$$C.R. = \frac{\lambda_{max} - n}{n - 1} \qquad (3-1)$$

$$\lambda_{max} = \frac{1}{n} \sum_{i=1}^{n} \frac{(CV)_i}{V_i} \qquad (3-2)$$

$$C.R. = \frac{C.R.}{R.I.} \qquad (3-3)$$

式中，$C.R.$ ——判断矩阵的一致性指标；

n ——指标数量；

λ_{max} ——判断矩阵的最大特征值；

$R.I.$ ——平均随机一致性指标；

$C.R.$ ——一致性比率。

根据判断矩阵的阶数选择对应的平均随机一致性指标 $R.I.$（见表 3-6），并计算比值 $C.R.$，若 $C.R. < 0.1$，则判断矩阵的一致性符合标准；否则就要重新赋值，构建新的判断矩阵，直到它满足一致性要求为止。本次福建非"世遗"土楼价值评估体系所有判断矩阵的 $C.R.$ 均小于 0.1，一致性检验通过。

表 3-6 平均随机一致性指标

n	1	2	3	4	5	6	7	8	9	10	11
$R.I.$	0.00	0.00	0.58	0.9	1.12	1.24	1.32	1.41	1.45	1.49	1.51

4. 计算指标权重

判断矩阵通过一致性检验后，则可以采用矩阵计算每项指标的权重值。要计算指标的权重值，首先将判断矩阵一般形式简写为如下所示：

$$A = (b_{ij})_{m \times n} = \begin{bmatrix} b_{11} & b_{12} & \cdots & b_{1n} \\ b_{21} & b_{22} & \cdots & b_{2n} \\ \vdots & \vdots & \ddots & \vdots \\ b_{n1} & b_{n2} & \cdots & b_{nn} \end{bmatrix}$$

然后，计算每一层指标的权重 W_i。对判断矩阵做归一化处理，计算矩阵的特征向量，也就是准则层中的各个权重因素相对目标层的权重向量 U。

$$W_i = \frac{\sum_{j=1}^{n} b_{ij}}{\sum_{i=i}^{n} \sum_{j=1}^{n} b_{ij}} \qquad (3-4)$$

$$\sum_{i=1}^{n} W_i = 1 \qquad (3-5)$$

式中，W_i（$i = 1, 2, \cdots, n$）——准则层的权重因素相对于目标层的权重向量。

同理可以得出每个 C_i 相对于它所对应 B_i 的相对重要性，根据公式计算各指标相对上一层指标的权重，将结果统一到福建非"世遗"土楼价值评估体系框架得到表 3-7。

5. 确定指标层的评分因子并赋值

虽然确定了指标权重，但每一项指标仍然较抽象，需要为二级指标 C 制定评分因子并规定相应分值，方便采用专家打分法为价值评分。

表 3-7 指标权重计算结果

B	权重	C	权重
B_1	0.570	C_{11}	0.750
		C_{12}	0.250
B_2	0.321	C_{21}	0.570
		C_{22}	0.321
		C_{23}	0.109
B_3	0.109	C_{31}	0.667
		C_{32}	0.333

比如，C_{11} 代表的指标是"建成年代"，结合土楼实情将其细分为"明代及以前""清代""民国"和"新中国成立后"，然后用等差数列赋予分值，得到完整的福建

非"世遗"土楼的价值评估体系（表3-8），实际应用时只需勾选评价因子即可进行评分。

表3-8 福建非"世遗"土楼价值评估体系

目标层 A	一级指标 B	权重	二级指标 C	权重	评分因子	分值
福建非"世遗"土楼价值评估体系	B_1	0.570	C_{11}	0.750	明代及以前	100
					清代	75
					民国	50
					新中国成立后	25
			C_{12}	0.250	市级以上知名	100
					县内知名	75
					乡镇知名	50
					村内知名	25
	B_2	0.321	C_{21}	0.570	层次丰富，空间处理十分巧妙，美学价值很高	100
					层次较为丰富，空间处理巧妙，美学价值较高	75
					层次较少，美学价值一般	50
					剖面单调，美学价值较低	25
			C_{22}	0.321	优雅细致，工艺精湛	100
					较为细致，工艺较高	75
					较为细致，工艺一般	50
					较为粗陋，工艺较差	25
			C_{23}	0.109	周边建筑风貌古朴自然，山水十分奇特秀丽	100
					周边建筑风貌古朴自然，山水较为秀丽	75
					周边建筑风貌遭到一定破坏，山水环境普通	50
					周边建筑风貌风格杂乱，山水环境遭到污染	25
	B_3	0.109	C_{31}	0.667	家族历史地位很高，出现过多位高官和富商，事迹丰富，对当地社会文化影响深远	100
					家族历史地位较高，出现过一定官员和富商，对当地社会文化有一定影响	75
					家族历史地位一般，出现过较为成功的商人，对当地社会文化有一定影响	50
					家族不曾出现过较为有名的历史人物，对当地社会文化影响较小	25
			C_{32}	0.333	现存宗族人数众多，多为华人华侨，经济实力及社会影响力高	100
					现存宗族人数较多，经济实力及社会影响力较高	75
					现存宗族人数不多，经济实力及社会影响力一般	50
					现存宗族人数很少，社会影响力很弱	25

3.1.3　福建非"世遗"土楼功能改造的影响因素

福建非"世遗"土楼的功能定位主要根据其建筑类型、价值等级及区位分布等影响因素，将这些土楼定位为餐馆、旅馆、博物馆（或展览馆）、活动中心（如书画馆、手工艺馆、游客活动中心）4种基本类型。

1. 土楼的建筑类型

出于土楼改造与再利用的目的，在划分建筑类型时考虑结合其平面和承重结构布局情况，将其分为单元式和通廊式两种基本类型。

单元式土楼由纵墙承重，屋顶为木结构，可细分为单开间式（图3-3）和合院式（图3-4）。单开间式土楼房间单元的开间尺寸基本一致，短边2m，长边5~6m，土楼规模只影响房间数量和进深长度，故这种土楼只适合住宿、零售等以小空间为主的功能；合院式相当于前者的一种变体，将2~3个单开间合并为一个开间，由于开间尺度更大，除了能改造为住宿、零售功能，也适合展览、餐饮等大空间需求的功能。

通廊式土楼的夯土墙内部空间承重结构体系往往是穿斗或抬梁的木结构框架体系，并在内部形成通廊，通廊与夯土墙之间的空间可进行灵活划分（图3-5）。由于通廊式土楼采用的是框架结构，其功能植入与空间改造往往都更加灵活，既可改造为以小空间为主的居住建筑，又可改造为以较大空间为主的餐厅、学校、活动中心，还能改造为空间流动性要求较高的博览建筑。

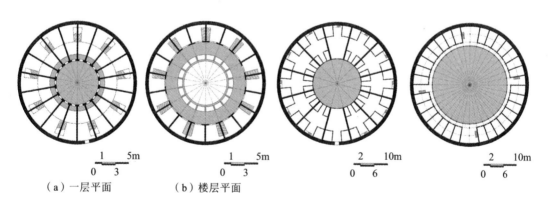

（a）一层平面　　　　（b）楼层平面

图3-3　常见单开间式土楼平面布局　　图3-4　常见合院式　　图3-5　常见通廊式
土楼平面布局　　　　土楼平面布局

2. 土楼的价值等级

土楼价值等级的高低直接决定土楼允许改造的程度，从而影响其功能定位。一般地，餐饮和居住功能需要密集的管道与设备用来服务厨卫空间，对建筑实体的改动与影响较大，只适合植入低价值等级土楼，且改造功能应以酒吧、茶室、面馆、甜品店等油烟较少的餐饮类型为主，减少对土楼的破坏；而公共活动功能如民俗商业、书画创作、图文阅览、艺术展示等，对建筑的改动相对较小，适合植入价值等级较高的土楼；而对于价值很高的土楼，如不可移动保护单位，几乎不允许任何改动，只能再利用为以整座建筑本身为展品的博物馆。

3. 土楼的区位分布

土楼的区位分布主要包括客观区位条件以及所在的主题分区。客观区位条件诸如滨水区、绿道出入口、绿道功能节点处及当地土地功能现状及规划等。客观区位条件能体现这一区域的功能需求；主题分区则能进一步细化这种需求。比如，某座土楼位于绿道出入口附近，则适合定位为游客中心；若该区的主题是闽南宗祠文化，可将其定位明确为宗祠文化主题的游客中心。

在具体进行功能定位时，应综合考虑上述因素。但这3项因素由于限制程度的不同应有一定的先后顺序。土楼建筑类型和价值等级的限制程度较大，应优先考虑，可直接排除一到两种功能植入的可能性；土楼的区位因素限制强度较弱，可以随市场需求、自然环境、周边土地功能等因素影响程度的不同而变化，且在同一种条件下往往也可契合多种新功能改造，故应当在满足土楼自身建筑类型及价值等级限制条件的基础上考虑。

3.1.4 福建土楼功能改造策略

福建非"世遗"土楼改造策略是根据所在不同区位条件的实际条件及相关策划的实际需求，制定具体的用于指导特定区域土楼平面改造设计的控制性建议。

1. 基本原则

虽然福建非"世遗"土楼不苛求原真性，但在再利用及平面改造的过程中，主要使用空间应保持土楼原有的布局特征，具体应遵守以下基本原则：

一是保护等级为一级的土楼，通常达到了不可移动保护单位的级别，不允许进行改造，只能进行修缮和维护。

二是价值较高的土楼（即价值等级为二级或三级），只能改造为活动中心、展览馆或商铺，不建议改造为旅馆或餐馆。因为前者的卫生设施所需数量较少，可以集中设置，改造幅度较小，而后者改动幅度较大。

三是不能破坏或以新结构体系替代土楼原有的承重体系。对于单元式土楼，不得破坏其纵墙，但可根据需求开凿一到两个门洞；对于通廊式土楼，不得破坏其梁柱结构，并应尽量做到彻上明造。

四是应保证主要使用空间，如旅馆的客房、餐馆的餐厅、活动中心的活动室及展室等，没有任何破坏原有平面或立面布局特征的改动，只能进行必要且可逆的设施及用品的添置。

五是任何加建与改造工程都应采用装配式、易拆卸的构件，尽量避免浇筑工艺，保证改造是可逆的。若需要加建楼层，应新建独立的承重结构。同时，应突出新建部分与原有建筑的差异。

2. 改造设计导则

土楼之间的差异性主要表现在平面组织上，不同的人文及自然环境必然会影响当地土楼平面布局，使各地区具有不同的特色。因而在实际改造时，仅仅依据基本原则进行更新难以将原有平面与新功能很好地衔接起来，从而影响土楼再利用的质量。

改造设计导则的意义在于，保证土楼再利用既能良好地满足新功能的使用，同时又能保留其原有的特色，包括建筑形制、空间秩序、材料特质等，甚至在新旧对比中达到相辅相成的效果。

改造设计导则主要控制服务空间（如交通空间及卫浴空间）的数量与位置，对被服务空间应尽量留有余地，不可过于详尽、面面俱到而导致同种功能的土楼经过再利用后变得千篇一律。改造设计导则还应分为控制性导则和建议性导则。控制性导则的用词为"应""应当"等词语，表明该要求必须遵守；建议性导则的用词为"宜""可"，表明只是建议性的，不必强制遵守。为更好地说明导则的内容，应为每种情况的设计改造导则配以相应的导则图示，并着重标记出控制性导则强调的内容，使文字与图示相辅相成，避免歧义或难以理解的情况出现。

3. 新福楼改造为民宿的改造设计导则

九峰镇新福楼内部空间具有典型的闽南土楼单开间式特征，空间秩序从室外到室内依次为门厅、内院、入口天井、一层居室及二层居室，入口门廊正对的房间为祖屋和祠堂。其所处环境是古朴的闽南村落，但历史文化遗迹不多。

根据新福楼原有的空间特征和市场可能存在的实际需求，可将九峰镇的单开间式土楼改造为普通式或跃层式两种布局类型的民宿建筑。普通式是指土楼每层平面房间通过走廊连接呈串联式布局并使用公共楼梯上下连接的平面布局方式，这种平面布局类似于青年旅社，可容纳更多住宿者，但改动较大，空间品质不高。跃层式类似于跃层式酒店，每一套房间内单独设置楼梯，有2～3层的空间，功能齐全、空间品质较高，这与单开间土楼原本的平面流线是一致的，能提供更舒适、更私密的住宿体验。

（1）改造为普通式民宿

控制性导则要点包括4点：一是应为每间客房增设独立卫生间，并采用机械通风方式；二是应在每个楼层增设走廊，但是为了保持单元式内院立面特征，不应通过在靠近内院一侧悬挑来实现对环廊的增设，而应在一层入口天井处开设门洞形成平面环廊，在上层夯土外墙一侧设置楼层环廊；三是应避免对入口门廊及祖屋进行不可逆的改动，不应在上述位置增设卫生用房（包括洗浴用房、厨房等）；四是由于土楼进深只有7m，天井采光足够，故应保持天井采光方式，不应在外墙开窗。

建议性导则要点包括3点：一是宜将门廊相邻房间单元改造为接待、洗衣、办公等服务空间；二是房间内部完成面不宜有太大变化，宜采用装配式、可拆卸构件或玻璃等材料完成改造；三是为保证安全及私密性，可在入口天井与室内交界处增添玻璃隔断。

（2）改造为跃层式民宿

平面布局没有太大变动，控制性导则要点包括两点：一是应在每个套间增设独立卫生间，且卫生间的设置宜充分利用楼梯下方空间，并采用机械通风；二是应保留祠堂空间原状，避免任何不可逆的改动。

建议性导则要点包括两点：一是建议将祠堂保留原状供人观赏和就餐，二是宜将门廊相邻房间单元改造为接待、洗衣、办公等服务空间。（图3-6）

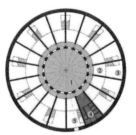

（a）一层平面改造策略　　　　（b）楼层平面改造策略

1 内院　　　　2 天井-走廊　　　3 商铺　　　　4 女卫生间
5 门厅楼梯间　6 商品储藏间　　7 男卫生间　　8 杂物间

图3-6　单开间土楼改造为跃层式民宿

3.2　李渡古镇保护与更新的乡村性传承评价

2016年2月，《国务院关于深入推进新型城镇化建设的若干意见》（国发〔2016〕8号）提出，加快特色镇发展，发展具有特色优势的休闲旅游、商贸物流、信息产业、先进制造、民俗文化传承、科技教育等魅力小镇。但是，一些地方快速发展的特色小镇，很大程度被房地产商"绑架"，结果是房子搞了一大片，产业却引不来，这反而加大了房地产库存。

传统村镇保护与更新面临两种困境，一是过度商业化的"开发破坏"。由于旅游经济的发展，不少地方政府片面追求村落的经济价值，"重开发、轻保护"现象普遍，一些具有重要价值的乡土建筑因保护管理不善而遭到破坏。二是"空心村"现象严重。农村人口流入城市直接导致了传统农业为主或处于深山偏远地区的传统村落衰败，特别是一些偏远、交通闭塞的传统村落已成为"空心村"，无法为村落文化的传承提供必需的人力资源保证。

3.2.1　李渡古镇概况介绍

李渡镇，江西省南昌市进贤县下辖镇，地处进贤县西南部，经纬度为北纬28.31°东经116.04°。全镇总面积40km²，辖5个社区、14个行政村。本节研究的范围位于江西省南昌市进贤县李渡镇老城区，即李渡古镇，距离镇政府约1.8km，研究面积约36.2km²。李渡古镇文化遗产包括李渡烧酒作坊遗址、老街、万寿宫、中洲岛、朱德行军宿营旧址、青石桥等（图3-7）。详细介绍可见本书"7.2 旅游产业导向下的李渡特色小镇城市设计"。

（a）李渡烧酒作坊遗址

（b）老街

（c）万寿宫

（d）中洲岛

（e）朱德行军宿营旧址

（f）青石桥

图 3-7　李渡古镇文化遗产

3.2.2　乡村性传承评价体系构建

1. 构建乡村性传承评价体系框架

（1）构建思路

①评价目的：乡村性传承体现在多方面，即便对于传统村镇乡村性传承这样的具体类型，它依然是一个多因素的系统性问题①。乡村性传承体系构建的目的，是为了评价李渡古镇乡村性传承要素传承程度的高与低，并根据评价结果有针对性地制定相应的保护与更新策略，使得在旅游开发的过程中能最大限度地保持李渡古镇自身的特色。

②评价对象：由于本节是对李渡古镇乡村性传承进行评价，评价对象应对李渡古镇的发展演变历程十分熟悉，因此选取了在李渡古镇生活 20 年以上并且在古镇内具有祖宅房产的原住居民以及对李渡古镇比较了解的政府部门工作人员作为调研目标人群。

③评价流程：首先，通过文献梳理总结归纳出与李渡古镇乡村性传承评价指标，并从中筛选形成初步的评价体系。其次，通过向相关领域的专家学者发放问卷，同时结合对李渡古镇的走访调研，得到评价体系。然后，通过问卷邀请相关专家对评估指标的权重进行打分，采用层次分析法计算出各级指标的权重。最后，通过问卷调查得出李渡古镇乡村性传承的评价结果。

（2）初步构建

通过参考国内外学者对乡村性评价以及传统村镇保护评价研究，进行总结归纳并预

---

① 刘沛林，于海波. 旅游开发中的古村落乡村性传承评价：以北京市门头沟区爨底下村为例［J］. 地理科学，2012，32（11）：1304–1310.

设指标，初步形成乡村性传承评价体系。

①一级指标：采用层次分析法评价的本质就是将一个复杂系统进行多次分解，然后提取出分解后的要素作为指标进行评价。本书提出乡村性5方面的构成要素，即建筑院落、街巷广场、生态景观、传统产业和社会文化，这些构成要素也成为传统村镇乡村性传承评价体系的一级指标。

②二级指标：通过对已有乡村性评价相关文献的研究和阅读，可以发现学者们在选取评价指标时，虽然因评价对象不同而各有侧重，但其中也有很多相同点。对文献进行总结归纳，并根据已经推导出的一级指标再对相近指标进行归类，同时把与乡村性传承评价无关的指标删除，结合李渡古镇的特点增设部分相关评价指标，获得乡村性传承评价体系二级指标。

③三级指标：为给予进行旅游开发的传统村镇切实有效的指导，本节通过文献研究，一方面参考了其他评价体系中对民居建筑、传统院落等10项二级指标的分类方式，另一方面参考了相关研究中的传统村镇构成要素，通过文献推导出了传统村镇乡村性传承的三级指标。具体如下：

一是建筑院落评价指标发掘。首先，考虑到该分类方法会导致指标要素过多而不便于评价，因此将建筑材料、颜色、装饰等归纳为建筑风貌这一指标；其次，考虑到建筑整体形态传承的完好度的重要性，增设了建筑形态这一指标，建筑高度、体量等也包含其中；最后，公共建筑的使用功能可能随着时代的变迁而发生改变，因此公共建筑增设了功能的延续度这一评价指标。

二是街巷广场评价指标发掘。针对构建乡村性传承评价体系的特殊性，综合上述文献中的相关构成要素进行筛选，将具有相近含义的指标进行合并，最终总结出街巷广场评价指标的三级指标。

三是生态景观评价指标发掘。将田园景观和建成环境合称为人工景观，将建成环境中的乡土性植物归为自然景观，将池塘、水渠归为人工景观。

四是社会文化评价指标发掘。这是针对乡村性传承进行研究，村民与村干部以及旅游开发者的关系不予以考虑。

五是传统产业评价指标发掘。通过对文献中的相关构成要素进行筛选，将具有相近含义的指标进行合并，最终总结出传统产业评价指标的三级指标。

（3）特殊性调整

通过对李渡古镇的多次走访勘查，并邀请当地居民、政府工作人员以及从事相关领域的专家进行访谈，深入了解李渡古镇现状，对文献参考所得的评价指标进行特殊性调整与补充，构建适用于当地的乡村性传承评价体系。

本节是针对李渡古镇的乡村性传承进行评价，因此在前文推导的一、二、三级指标的基础上，结合李渡古镇自身的特殊性对乡村性传承评价指标进行了增减，主要考虑到以下两个方面。

①通过对相关文献进行研究发现，历史上的李渡古镇除了农业以外还有其他的特色产业，如毛笔生产、酿酒、大米加工、陶器制作等，这些传统特色产业的传承也需要考虑。因此，在传统产业这一项中增加了地方特色产业这一指标，包含"地方特色产业知名度"和"地方特色产业商品化"两项三级指标。

②通过对李渡古镇前期的现场调研，发现李渡古镇中存在较高大的树木，这些树木可能具有重要的历史和文化价值、纪念意义。因此在自然景观内增添"古树名木"这一评价指标。

（4）评价体系框架确定

在构建评价指标期间，多次与城市规划、建筑学等领域专家进行交流访谈，继续增减构建的乡村性传承评价体系指标，得到最终的评价体系。

基于上述研究的评价体系设计调查问卷，通过相关学者和专家咨询意见，最终确定李渡镇乡村性传承评价体系框架。本阶段向建筑学、城市规划领域的专家（包含建筑与规划专业硕士研究生和博士研究生）共发放问卷50份，最终回收有效问卷47份，回收率94%。问卷中如果有专家建议增删某项指标，并且持有相同看法的专家人数达到60%时，即增删该指标。

对问卷进行统计分析后，基于统计结果按照层次分析法的评价指标选取原则，将李渡镇乡村性传承评价体系确定为5项一级指标，细分为10项二级指标，以及30项三级指标。

2. 评价指标权重初步计算与判断矩阵构建

（1）获取指标平均值

初步权重计算阶段发放专家问卷60份，其中面向建筑学、城市规划领域的专家共30份，面向建筑学与城市规划专业硕士及博士生发放30份。回收问卷60份，回收率100%，有效问卷58份。本次调查问卷数据经统计后计算平均值结果如下（表3-9）。

表3-9 乡村性传承评价体系框架与专家打分平均值

目标层	一级指标	平均值	二级指标	平均值	三级指标	平均值
李渡古镇乡村性传承评价	建筑院落 A	4.48	居住建筑 A_1	4.03	居住建筑形态 A_{11}	3.93
					居住建筑风貌 A_{12}	4.21
					院落空间组合 A_{13}	3.68
			公共建筑 A_2	4.61	公共建筑风貌 A_{21}	4.53
					公共建筑形态 A_{22}	4.22
					公共建筑功能 A_{23}	3.67
	街巷广场 B	4.16	街巷空间 B_1	4.45	街巷天际线 B_{11}	4.11
					街巷界面 B_{12}	4.48
					街巷尺度 B_{13}	4.25

目标层	一级指标	平均值	二级指标	平均值	三级指标	平均值
李渡古镇乡村性传承评价	街巷空间 B	4.16	广场集会空间 B_2	3.97	广场集会空间布局 B_{21}	3.68
					广场集会空间风貌 B_{22}	4.17
					广场集会空间功能 B_{23}	3.82
	生态景观 C	3.64	自然景观 C_1	3.72	滨水景观 C_{11}	3.57
					山体景观 C_{12}	3.33
					古树名木 C_{13}	3.72
			人工景观 C_2	3.84	耕田等田园景观 C_{21}	3.59
					房前屋后菜畦 C_{22}	3.47
					池塘与水渠 C_{23}	3.42
	社会文化 D	3.78	社会生活 D_1	3.66	宗族关系 D_{11}	3.44
					邻里关系 D_{12}	3.78
					生活方式 D_{13}	3.88
			历史文化 D_2	3.92	历史人物事件 D_{21}	3.86
					宗教信仰 D_{22}	3.43
					民俗与节庆 D_{23}	3.98
					传统手工艺 D_{24}	3.81
	传统产业 E	3.33	农业生产 E_1	3.56	传统农作耕具 E_{11}	3.38
					传统耕作方式 E_{12}	3.54
					农产品加工 E_{13}	3.82
			特色产业 E_2	3.45	特色产业知名度 E_{21}	3.79
					特色产业商品化 E_{22}	3.58

（2）构建判断矩阵

以一级指标为例，阐述权重赋值流程。

①根据5项一级评价指标的打分平均值统计结果，可初步得出5项一级指标重要性排序（表3-10）。

表3-10　一级评价指标重要性排序

评价因素	A	B	C	D	E
打分平均值	4.48	4.16	3.64	3.78	3.33
重要性排序	1	2	4	3	5

②利用上述平均值进行两两比较，得到比较值，并用1～9标度法（表2-2）作为参考，得出每项指标的标度。通过选取与一级指标相互比对值得1～9标度值，计算出

一级指标相互比较值，并选取近似标度值。

③使用对比矩阵法，构建一级指标的判断矩阵，进而求取一级指标的权重值。过程如下：

首先，构建一个两两对比的判断矩阵。

其次，不断重复以上的标度值求值过程，将各级指标嵌入判断矩阵进行标度取值，再由公式（3-6）计算每个评价指标的几何平均值 A：

$$A = \sqrt[k]{a_1 \times a_2 \times a_3 \times \cdots \times a_k} \tag{3-6}$$

式中，a_k——判断矩阵中的比较值。

由此得出的几何平均值 A，将其代入公式（3-7）即可求出每个评价因子各自的权重值 W_i：

$$W_i = \frac{A_i}{A_1 + A_2 + \cdots + A_n} \tag{3-7}$$

式中，A_i——对应评价指标的几何平均值。

最后，得到评价指标的最终权重赋值（表 3-11）。

表 3-11　一级指标权重

对比值	A	B	C	D	E	几何平均值	权重
A	1.000	1.125	1.800	1.500	2.250	1.469	0.283
B	0.889	1.000	1.500	1.286	1.800	1.253	0.242
C	0.556	0.667	1.000	0.889	1.125	0.820	0.158
D	0.667	0.778	1.125	1.000	1.286	0.944	0.182
E	0.444	0.556	0.889	0.778	1.000	0.702	0.135

注：$C.R. = 0.00076 < 0.1$，对总目标权重值为 1。

同理，建筑院落的二级指标与三级指标见表 3-12～表 3-14 所示：

表 3-12　建筑院落指标权重

对比值	A_1	A_2	几何平均值	权重
A_1	1.000	0.778	0.882	0.438
A_2	1.286	1.000	1.134	0.562

注：$C.R. = 0 < 0.1$，对总目标权重值为 1。

表 3-13　居住建筑指标权重

对比值	A_{11}	A_{12}	A_{13}	几何平均值	权重
A_{11}	1.000	0.889	1.125	1.000	0.330
A_{12}	1.125	1.000	1.500	1.191	0.393
A_{13}	0.889	0.667	1.000	0.840	0.277

注：$C.R. = 0.0034 < 0.1$，对总目标权重值为 1。

表 3-14　公共建筑指标权重

对比值	A_{21}	A_{22}	A_{23}	几何平均值	权重
A_{21}	1.000	0.778	1.000	0.920	0.304
A_{22}	1.286	1.000	1.286	1.183	0.392
A_{23}	1.000	0.778	1.000	0.920	0.304

注：$C.R.$= 0.00029＜0.1，对总目标权重值为1。

街巷广场的二级指标与三级指标见表 3-15～表 3-17 所示：

表 3-15　街巷广场指标权重

对比值	B_1	B_2	几何平均值	权重
B_1	1.000	1.280	1.213	0.579
B_2	0.778	1.000	0.882	0.421

注：$C.R.$= 0＜0.1，对总目标权重值为1。

表 3-16　街巷空间指标权重

对比值	B_{11}	B_{12}	B_{13}	几何平均值	权重
B_{11}	1.000	0.667	0.889	0.840	0.276
B_{12}	1.500	1.000	1.286	1.245	0.409
B_{13}	1.125	0.778	1.000	0.957	0.314

注：$C.R.$= 0.00048＜0.1，对总目标权重值为1。

表 3-17　广场集会空间指标权重

对比值	B_{21}	B_{22}	B_{23}	几何平均值	权重
B_{21}	1.000	0.778	0.889	0.884	0.293
B_{22}	1.286	1.000	1.125	1.131	0.375
B_{23}	1.125	0.889	1.000	1.000	0.332

注：$C.R.$= 0.00029＜0.1，对总目标权重值为1。

生态景观的二级指标与三级指标见表 3-18～表 3-20 所示：

表 3-18　生态景观指标权重

对比值	C_1	C_2	几何平均值	权重
C_1	1.125	1.000	1.061	0.529
C_2	1.000	0.889	0.943	0.471

注：$C.R.$= 0＜0.1，对总目标权重值为1。

表 3-19　自然景观指标权重

对比值	C_{11}	C_{12}	C_{13}	几何平均值	权重
C_{11}	1.000	1.800	1.000	1.216	0.391
C_{12}	0.556	1.000	0.556	0.676	0.218
C_{13}	1.000	1.800	1.000	1.216	0.391

注：$C.R.= 0.00048 < 0.1$，对总目标权重值为 1。

表 3-20　人工景观指标权重

对比值	C_{21}	C_{22}	C_{23}	几何平均值	权重
C_{21}	1.000	3.000	1.800	1.754	0.531
C_{22}	0.333	1.000	0.667	0.606	0.184
C_{23}	0.556	1.500	1.000	0.941	0.285

注：$C.R.= 0.0013 < 0.1$，对总目标权重值为 1。

社会文化的二级指标与三级指标见表 3-21～表 3-23 所示：

表 3-21　社会文化指标权重

对比值	D_1	D_2	几何平均值	权重
D_1	1.000	0.776	0.881	0.471
D_2	1.286	1.000	1.134	0.529

注：$C.R.= 0 < 0.1$，对总目标权重值为 1。

表 3-22　社会生活指标权重

对比值	D_{11}	D_{12}	D_{13}	几何平均值	权重
D_{11}	1.000	0.889	0.778	0.884	0.293
D_{12}	1.125	1.000	0.889	1.000	0.332
D_{13}	1.286	1.125	1.000	1.131	0.375

注：$C.R.= 0.00029 < 0.1$，对总目标权重值为 1。

表 3-23　历史文化指标权重

对比值	D_{21}	D_{22}	D_{23}	D_{24}	几何平均值	权重
D_{21}	1.000	1.8	0.778	1.000	1.088	0.257
D_{22}	0.556	1.000	0.333	0.556	0.566	0.134
D_{23}	1.286	3.000	1.000	1.286	1.492	0.352
D_{24}	1.000	1.800	0.778	1.000	1.088	0.257

注：$C.R.= 0.00334 < 0.1$，对总目标权重值为 1。

传统产业的二级指标与三级指标见表3-24～表3-26所示：

表3-24　传统产业指标权重

对比值	E_1	E_2	几何平均值	权重
E_1	1.000	1.125	1.061	0.529
E_2	0.889	1.000	0.943	0.471

注：$C.R.=0 < 0.1$，对总目标权重值为1。

表3-25　农业生产指标权重

对比值	E_{11}	E_{12}	E_{13}	几何平均值	权重
E_{11}	1.000	0.444	0.776	0.701	0.222
E_{12}	2.250	1.000	1.500	1.500	0.476
E_{13}	1.286	0.667	1.000	0.950	0.301

注：$C.R.=0.0017 < 0.1$，对总目标权重值为1。

表3-26　特色产业指标权重

对比值	E_{21}	E_{22}	几何平均值	权重
E_{22}	1.000	1.286	1.134	0.563
E_{21}	0.776	1.000	0.881	0.437

注：$C.R.=0 < 0.1$，对总目标权重值为1。

3. 一致性检验

检验过程参考本书32页"3.一致性检验"。本次李渡古镇保护与更新的乡村性传承评价体系所有判断矩阵的$C.R.$均小于0.1，一致性检验通过。

4. 计算指标权重

在计算完各级评价指标的权重后，需计算出三级指标对总目标的权重，以计算出最终的评价结果。上文通过建立判断矩阵计算了各级评价指标的权重并通过了一致性检验，现利用公式（3-8）计算各项三级评价指标因子对总目标的权重W_i：

$$W_i = W_{Anm} \times W_{An} \times W_A \tag{3-8}$$

式中，W_{Anm}——三级指标权重值；

$\qquad W_{An}$——对应的二级指标权重值；

$\qquad W_A$——对应的一级指标权重值。

最终计算出李渡古镇乡村性传承评价中所有评价指标的权重（表3-27）：

表 3-27 李渡古镇乡村性传承评价体系指标权重

目标层	一级指标	一级权重	二级指标	二级权重	三级指标	三级权重	三级指标对总目标权重（%）
李渡古镇乡村性传承评价	A	0.283	A_1	0.438	A_{11}	0.330	4.09
					A_{12}	0.393	4.87
					A_{13}	0.277	3.43
			A_2	0.562	A_{21}	0.392	6.23
					A_{22}	0.304	4.83
					A_{23}	0.304	4.83
	B	0.242	B_1	0.579	B_{11}	0.276	3.87
					B_{12}	0.409	5.73
					B_{13}	0.314	4.40
			B_2	0.421	B_{21}	0.293	2.99
					B_{22}	0.375	3.82
					B_{23}	0.332	3.38
	C	0.158	C_1	0.562	C_{11}	0.391	3.47
					C_{12}	0.218	1.94
					C_{13}	0.391	3.47
			C_2	0.438	C_{21}	0.531	3.67
					C_{22}	0.184	1.27
					C_{23}	0.285	1.97
	D	0.182	D_1	0.471	D_{11}	0.293	2.51
					D_{12}	0.332	2.85
					D_{13}	0.375	3.21
			D_2	0.529	D_{21}	0.257	2.47
					D_{22}	0.134	1.29
					D_{23}	0.352	3.39
					D_{24}	0.257	2.47
	E	0.135	E_1	0.529	E_{11}	0.264	1.59
					E_{12}	0.344	3.40
					E_{13}	0.391	2.15
			E_2	0.471	E_{21}	0.563	3.58
					E_{22}	0.437	2.78

5. 确定评语集

评语集是评估主体在对评估对象进行评估时，所有可能判断结果的集合。在本书中，采用语义差别法确定评语集，首先根据研究需要将评估指标因子划分出 5 个语义评估等级即"很低（E_1）、较低（E_2）、一般（E_3）、较高（E_4）、很高（E_5）"，将武夷山市居民对棚户区空间价值的主观评判与之相对应。在问卷中将各评估指标因子进行语义定级，从高到低排序赋予相应分值 5、4、3、2、1，对调查者的主观评价进行量化（表 3-28）。

表 3-28 评价得分与对应等级

评估得分 X_j	对应评估等级 E
$1.0 \leqslant X_j \leqslant 1.5$	很低 E_1
$1.5 < X_j \leqslant 2.5$	较低 E_2
$2.5 < X_j \leqslant 3.5$	一般 E_3
$3.5 < X_j \leqslant 4.5$	较高 E_4
$4.5 < X_j \leqslant 5.0$	很高 E_5

3.2.3 李渡古镇乡村性传承现状评价

本节在问卷回收所得数据的基础上，结合实地勘查及现场调研，对李渡古镇乡村性传承现状进行综合评价，为李渡古镇的保护与更新提供有效依据。

1. 受访者特征统计

问卷人群性别、职业、年龄、受教育程度、居住年限、年收入特征统计分别见图 3-8。

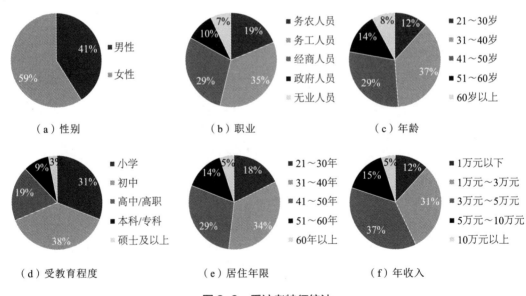

图 3-8 受访者特征统计

2. 建筑院落评价指标表现分析

以建筑院落 A 为例，具体介绍各项李渡古镇乡村性传承评价指标的表现。

　　传统村镇中的民居建筑在布局上都形态相似，沿着街巷、水道线性展开。部分建筑基于围合形式布局，中间形成院落，成为居民日常生活的中心。建筑是院落最基本的构成要素，共同构成了一个有机整体。

　　（1）民居建筑 A_1 评价

　　受访者认为李渡古镇内的民居建筑 A_1 整体传承一般，其中院落空间组合 A_{13} 传承相对较好，民居建筑形态 A_{11} 传承其次，民居建筑风貌 A_{12} 传承较差。（图 3-9）

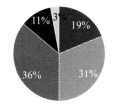

　　（a）居民建筑形态 A_{11} 　　　　（b）居民建筑风貌 A_{12} 　　　　（c）院落空间组合 A_{13}

图例：■很好　■较好　■一般　■较差　▨很差

图 3-9　民居建筑 A_1 传承评价

　　①民居建筑形态 A_{11} 评价：李渡古镇民居建筑的形态受到江西南部和北部、湖南等文化不同程度的影响，同时还受中原移民文化影响，因此呈现出不同的特点。平面布局方式有三联间型、三合天井型和四合庭院型。三联间型的居住建筑中间为堂屋，两侧是卧室，建筑层数为 2～3 层；三合天井型的居住建筑布局均以中轴对称、矩形堂屋为核心，堂屋居中，两侧为卧室，大院落按横向或纵向增加天井；四合庭院型居住建筑民居形式多样，平面布局形式有传统的四合中庭型，也有一字型布局等。李渡古镇内新建的民居建筑仍以 1～2 层建筑为主，3 层建筑为辅，仅有少量 3～4 层的新式住宅穿插其中，基本传承了原有建筑的高度和体量。（图 3-10）

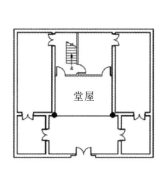
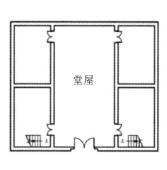
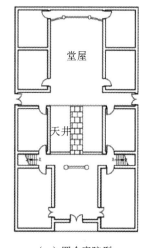

　　（a）三联间型　　　　　　（b）三合天井型　　　　　　（c）四合庭院型

图 3-10　李渡古镇民居建筑平面布局方式

②民居建筑风貌 A_{12} 评价：在装饰艺术方面，李渡古镇传统民居建筑的主要装饰手法有木雕、石雕、砖雕、彩绘和灰塑等；重要的装饰部位有大门、窗扇、梁架、屋脊、山墙、檐口、柱子、铺装、照壁和天井等。在李渡古镇内的居民对原有建筑进行翻建，建筑的材料、装饰、色彩等并没有遵照村落内现有建筑的风格形式进行建造，导致新旧建筑混杂，风格不能统一，质量参差不齐；另外，还有部分居民在街巷空间搭建临时建筑，使得李渡古镇内的民居建筑风貌遭受严重破坏。（图 3-11）

（a）传统民居建筑风貌　　　　　　　　　（b）搭建的临时建筑

图 3-11　李渡古镇民居建筑风貌现状

③院落空间组合 A_{13} 评价：李渡古镇内常见的院落主要由开敞式院落和天井式院落组成。开敞式院落是李渡古镇院落空间最为常见的院落形式，这种院落空间相对较为开敞，建筑高度相对较低，一般只有一层，少数为 2 层或以上；天井式院落在李渡古镇传统民居建筑中较为少见，主要通过四边建筑围合形成，具有较强的私密性。李渡古镇内现存的传统建筑，保持着传统的空间围合的形态。这些不同的建筑组合形式围合出多样的院落，尺度大小不一，承担着居民的公共交往活动，形成邻里社区生活的主要空间。（图 3-12）

（a）三边围合式　　　　　　　　　　　（b）天井式

图 3-12　李渡古镇院落空间组合现状

（2）公共建筑 A_2 评价

受访者认为李渡古镇内的公共建筑 A_2 整体传承较好，其中公共建筑形态 A_{22} 传承最好，公共建筑风貌 A_{21} 传承其次，公共建筑功能 A_{23} 传承较差。（图 3-13）

■ 很好
■ 较好
■ 一般
■ 较差
░ 很差

（a）公共建筑风貌 A_{21}　　　　（b）公共建筑形态 A_{22}　　　　（c）公共建筑功能 A_{23}

图 3-13　公共建筑 A_2 传承评价

①公共建筑风貌 A_{21} 评价：李渡古镇公共建筑外观形态保留了原貌，但在建筑材料、装饰细节、整体风貌等方面遭到了一定程度的破坏。

②公共建筑形态 A_{22} 评价：李渡古镇传统公共建筑主要包含万寿宫、李渡烧酒作坊遗址、风雨台、"前店后坊"建筑以及"文化大革命"时期的粮食局、供销社、电影院等（图 3-14）。尽管随着时代的发展，李渡古镇内部分民居建筑都面临着被改建和重建，但这些公共建筑基本保留了原本的形态，成为当地历史发展的重要体现。

（a）万寿宫　　　　　　　　　　　　（b）李渡烧酒作坊遗址

（c）风雨台　　　　　　　　　　　　（d）电影院

图 3-14　李渡古镇公共建筑现状

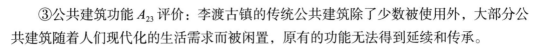
③公共建筑功能 A_{23} 评价：李渡古镇的传统公共建筑除了少数被使用外，大部分公共建筑随着人们现代化的生活需求而被闲置，原有的功能无法得到延续和传承。

3. 其他评价因子表现分析

（1）街巷广场 B 评价

①街巷空间 B_1 评价：李渡古镇街巷空间 B_1 传承的问卷调查主要包括街巷天际线 B_{11}、街巷界面 B_{12} 和街巷尺度 B_{13} 的传承。受访者认为李渡古镇的街巷空间 B_1 传承一般，其中街巷尺度 B_{13} 传承很好，但街巷天际线 B_{11} 和街巷界面 B_{12} 传承状况都较差。（图 3-15）

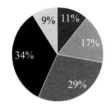
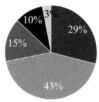

（a）街巷天际线 B_{11}　　　　（b）街巷界面 B_{12}　　　　（c）街巷尺度 B_{13}

图 3-15　街巷空间 B_1 传承评价

②广场集会空间 B_2 评价：李渡古镇广场集会空间 B_2 传承的问卷调查主要包括广场集会空间布局 B_{21}、广场集会空间风貌 B_{22} 和广场集会空间功能 B_{23} 的传承。受访者认为李渡古镇的广场集会空间 B_2 传承一般，其中广场集会空间布局 B_{21} 传承最好，广场集会空间风貌 B_{22} 其次，广场集会空间功能 B_{23} 传承最差。（图 3-16）

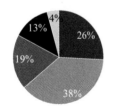

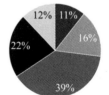

（a）广场集会空间布局 B_{21}　　　（b）广场集会空间风貌 B_{22}　　　（c）广场集会空间功能 B_{23}

图 3-16　广场集会空间 B_2 传承评价

（2）生态景观 C 评价

李渡古镇的生态景观特征是由自然景观 C_1 和人工景观 C_2 共同作用形成的独特的持续性的景观。

①自然景观 C_1 评价：李渡古镇自然景观 C_1 传承的问卷调查主要包括滨水景观 C_{11}、山体景观 C_{12} 和古树名木 C_{13} 的传承。根据问卷结果可以看出，受访者认为李渡古镇自然景观 C_1 中传承最好是山体景观 C_{12}，其次是滨水景观 C_{11}，最后是古树名木 C_{13}。

（图 3–17）

②人工景观 C_2 评价：李渡古镇人工景观 C_2 传承的问卷调查主要包括耕田等田园景观 C_{21}、房前屋后菜畦 C_{22}，以及池塘与水渠 C_{23} 的传承。受访者认为李渡古镇人工景观 C_2 中传承最好的是耕田等田园景观 C_{21}，其次是房前屋后菜畦 C_{22}，最后是池塘与水渠 C_{23}。（图 3–18）

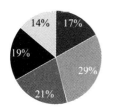  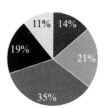

（a）滨水景观 C_{11}　　　　　（b）山体景观 C_{12}　　　　　（c）古树名木 C_{13}

图 3–17　自然景观 C_1 传承评价

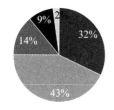 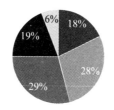  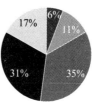

（a）耕田等田园景观 C_{21}　　　（b）房前屋后菜畦 C_{22}　　　（c）池塘与水渠 C_{23}

图 3–18　人工景观 C_2 传承评价

（3）社会文化 D 评价

①社会生活 D_1 评价：李渡古镇社会生活 D_1 传承的问卷调查主要包括宗族关系 D_{11}、邻里关系 D_{12} 和生活方式 D_{13} 的传承。受访者认为李渡古镇社会生活 D_1 中传承最好的是生活方式 D_{13}，邻里关系 D_{12} 传承其次，宗族关系 D_{11} 的传承相对较差。（图 3–19）

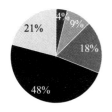 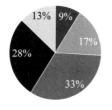 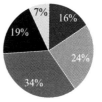

（a）宗族关系 D_{11}　　　　　（b）邻里关系 D_{12}　　　　　（c）生活方式 D_{13}

图 3–19　社会生活 D_1 传承评价

②历史文化 D_2 评价：李渡古镇历史文化 D_2 传承的问卷调查主要包括历史人物事件 D_{21}、宗教信仰 D_{22}、民俗与节庆 D_{23}，以及传统手工艺 D_{24} 的传承。受访者普遍认为李渡古镇的宗教信仰 D_{22} 传承最好，历史人物事件 D_{21} 传承较好，民俗与节庆 D_{23} 传承一般，传统手工艺 D_{24} 的传承相对较差。（图 3-20）

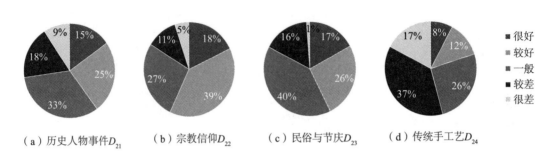

（a）历史人物事件 D_{21}　　（b）宗教信仰 D_{22}　　（c）民俗与节庆 D_{23}　　（d）传统手工艺 D_{24}

图 3-20　历史文化 D_2 传承评价

（4）传统产业 E 评价

①农业生产 E_1 评价：李渡古镇农业生产 E_1 传承问卷调查主要包含传统农作耕具 E_{11} 和传统耕作方式 E_{12} 的传承以及农产品加工 E_{13} 3 个方面。受访者认为李渡古镇农业生产的 E_1 整体传承状况是比较差的，其中稍好一点的是农产品加工 E_{13}，传统农作耕具 E_{11} 和传统耕作方式 E_{12} 都未能得到较好的传承和发展。（图 3-21）

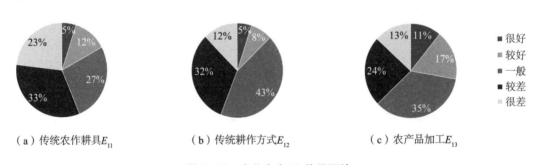

（a）传统农作耕具 E_{11}　　　　（b）传统耕作方式 E_{12}　　　　（c）农产品加工 E_{13}

图 3-21　农业生产 E_1 传承评价

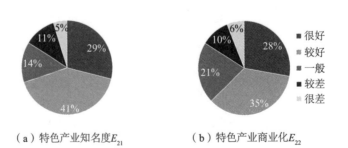

（a）特色产业知名度 E_{21}　　　　（b）特色产业商业化 E_{22}

图 3-22　传统产业 E_2 传承评价

②特色产业 E_2 评价：李渡古镇的特色产业 E_2 传承包括特色产业知名度 E_{21} 和特色产业商品化 E_{22} 两部分。受访者对李渡镇特色产业 E_2 的传承都有较高认可度和自信，认为这些地方特色产业商业化 E_{22} 程度较好、特色产业知名度 E_{21} 较高。（图 3-22）

3.2.4　传承评价结果与现状问题

根据前文统计获得李渡古镇乡村性传承评价结果，见图 3-23。从图中可以看出，李渡古镇乡村性传承较好的要素主要是生态景观 C 和街巷广场 B，社会文化 D 的传承得分最低，导致总体得分不高。

得分较低的 10 项为街巷界面 B_{12}、广场集会空间功能 B_{23}、池塘与水渠 C_{23}、宗族关系 D_{11}、邻里关系 D_{12}、历史人物事件 D_{21}、传统手工艺 D_{24}、传统农作耕具 E_{11}、传统耕作方式 E_{12}、农产品加工 E_{13}；得分较高的 10 项为居住建筑形态 A_{11}、院落空间组合 A_{13}、公共建筑形态 A_{22}、街巷尺度 B_{13}、广场集会空间布局 B_{21}、山体景观 C_{12}、耕田等田园景观 C_{21}、宗教信仰 D_{22}、特色产业知名度 E_{21}、特色产业商品化 E_{22}，说明该部分传承相对较好。

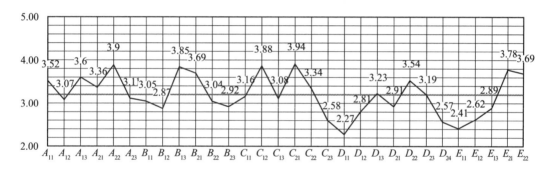

图 3-23　李渡古镇乡村性传承评价结果

通过将每项指标对总目标的权重重要性与传承评价结果（传承度）综合统计，绘制李渡古镇乡村性传承评价指标的"重要性—传承度"分析图（图 3-24）。其中横轴为图 3-23 中各评价指标的得分，纵轴为表 3-27 中各评价指标对总目标权重值。以两轴上各评价指标对应分值的平均值为界，可划分为 4 个象限。然后可以根据分析图中各个点在 4 个象限内的分布，将李渡古镇中不同乡村性评价因子分别归为"高重要性—高传承度""高重要性—低传承度""低重要性—高传承度""低重要性—低传承度" 4 类，明确李渡古镇进行保护与更新的优先级。

1. 高重要性—高传承度

象限内分布的 7 项评价指标有居住建筑形态 A_{11}、院落空间组合 A_{13}、公共建筑风貌 A_{21}、公共建筑形态 A_{22}、街巷尺度 B_{13}、耕田等田园景观 C_{21}、特色产业知名度 E_{21}，这部分在制定保护与更新策略时需作为优先考虑的对象，尽量保留其现状特点，发挥已有的优势。

2. 高重要性—低传承度

象限内分布的 10 项评价指标有居住建筑风貌 A_{12}、公共建筑功能 A_{23}、街巷天际线 B_{11}、街巷界面 B_{12}、广场集会空间风貌 B_{22}、广场集会空间功能 B_{23}、滨水景观 C_{11}、古树名木 C_{13}、民俗与节庆 D_{23}、传统耕作方式 E_{12}。这部分在制定保护与更新策略时，应深度挖掘并尽量延续其原有特点，在此基础上对其进行重新塑造。

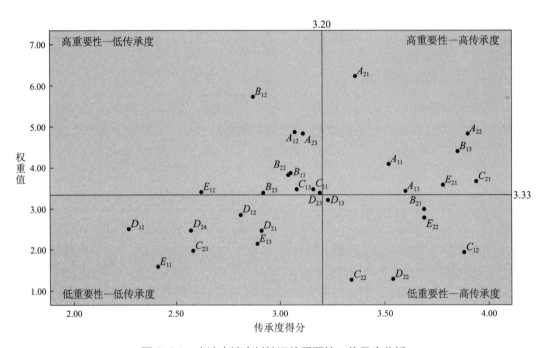

图 3-24　李渡古镇乡村性评价重要性—传承度分析

3. 低重要性—高传承度

象限内分布的 6 项评价指标有广场集会空间布局 B_{21}、山体景观 C_{12}、房前屋后菜畦 C_{22}、生活方式 D_{13}、宗教信仰 D_{22}、特色产业商品化 E_{22}。这部分在制定保护与更新策略时，可以暂时不列为近期考虑的重点，同时尽量避免旅游开发对其造成破坏和影响。

4. 低重要性—低传承度

象限内分布的 7 项评价指标有池塘与水渠 C_{23}、宗族关系 D_{11}、邻里关系 D_{12}、历史人物事件 D_{21}、传统手工艺 D_{24}、传统农作耕具 E_{11}、农产品加工 E_{13}。这部分在制定保护与更新策略时，应在有条件的情况下进行补充完善。

本章小结

在福建非"世遗"土楼改造的价值评估中，主要运用层次分析法，结合土楼的实际情况，提出了科学可靠的、针对非"世遗"土楼的价值评估体系，为非"世遗"土楼保护与再利用的具体措施提供了重要依据。

在李渡古镇保护与更新的乡村性传承评价中，确定了构建李渡古镇乡村性传承评价指标的选取方式和各项指标的对应权重，总结了李渡古镇乡村性传承的现状价值和问题并进行了有针对性的分析。

第4章 存量空间价值评估

本章主要内容包括武夷山市棚户区改造存量空间价值评估和深汕特别合作区乡村规划发展潜力评估。

4.1 武夷山市棚户区改造存量空间价值评估

本节以武夷山市棚户区为研究对象，运用层次分析法构建存量空间价值评估体系，提出武夷山市棚户区的改造分区及相应类型的改造策略。

4.1.1 武夷山市棚户区概况介绍

1. 棚户区改造背景

（1）武夷山市提出全域旅游景区愿景

武夷山市迈向国际旅游城市的过程中，把武夷山老城改造作为打造国际旅游度假城市的重要突破口。其中，棚户区改造是武夷山老城疏解升级提升工程的重点，全域旅游的发展也将为棚户区改造提出新的要求和提供新的思路。

（2）武夷山市棚户区改造任务紧迫

武夷山市于 2009 年 12 月 10 日成立武夷山市棚户区改造建设工作组，设立武夷山市棚户区改造建设工作领导小组办公室。武夷山市政府在启动棚户区改造项目之初，在市域范围内划定了 10 个棚户片区，并先期启动 4 个棚户区改造项目，包括工业路、溪东、北城、水产路棚户区。但由于初期政策制定的盲目性，实施过程中，棚户区改造面临的各方面问题日益凸显，各方利益冲突加剧，补偿安置措施难以继续实施。自 2011 年停止危旧房改建审批以来，武夷山市棚户区改造依然面临诸多问题：居民改造诉求日益强烈，上访现象日益突出；武夷山市域范围内建筑风貌混杂无序，传统的街道风貌也面临着日益破败的问题；交通、通信、供水等市政设施建设相对滞后，城市骨架路网规划格局近期难以形成。旧房、危房存量很大的棚户区日益成为制约着武夷山城区发展的一个亟待解决的问题。

在认识到棚户区等存量空间潜在价值的同时，也应意识到相对于传统的增量规划，存量空间的改造和优化要面对的问题更加复杂。对存量空间价值的评估是一切决策的前提和支撑，在全域旅游的大背景下，如何结合武夷山市城市发展现状对存量空间价值作出科学的评估，以及如何为全市棚户区改造和更新提供新的思路，是本节的主要研究方向。

2. 棚户区改造对象

（1）范围界定

本节所讨论的范围限定在福建省武夷山市城市规划区内。武夷山市按照行政区划，分为崇安街道、新丰街道、武夷街道、综合农场和武夷茶场共 5 个行政区（图 4-1）。在调研过程中依据建筑风貌、建筑质量、公共服务设施、市政设施、上访情况等调研清单，对武夷山市区进行调研分类识别，在武夷山市棚户区改造规划基础上新增了 14 个片区共 24 个棚户区纳入本节讨论范围中。

（2）对象界定

本节研究对象为武夷山市 24 个棚户区。其中，崇安街道 7 个片区，包括水泥厂、工业路、花桥、北大街、温岭北、清献和红岭片区。新丰街道 5 个片区，包括沙古洲、南门古街、三洲路、制材厂和溪东片区。武夷街道 3 个片区，包括赤石旧村、高苏坂村和新阳村片区。综合农场共有 4 个片区，包括楼后、湖桃、横山头和上下东埠片区。武夷茶场 5 个片区：黄泥垄、马产洲、茶叶总场、新增茶场和祖师岭片区。

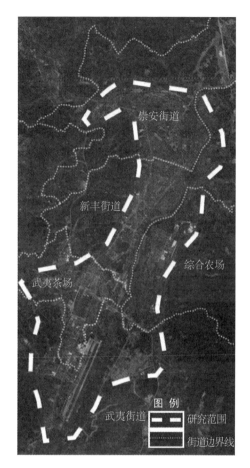

图 4-1　范围示意

3. 棚户区现状

武夷山市棚户区改造工作持续了 20 多年，但是效果甚微。主要原因，一是因为相关部门工作没有完全落实，迟迟未能出台行之有效的改造政策；二是因为资金缺口较大，政府财力有限，只进行了小规模的改造行动；三是全市域范围内建筑风貌失控，居民自行改造和违建情况严重，导致建筑采光、通风、消防等严重不符合规范，居民生活环境进一步恶化，形成恶性循环。

（1）棚户区分类

目前武夷山市棚户区内的住房主要有以下 4 种类型：

①具有一定地方特色风貌的传统民居：武夷山市地处闽北，民居建筑吸收了徽派建筑和江浙民居的特色，有很多宅第大院曾经气势恢宏，极具特色却湮没于闹市或者棚户区中，几近凋敝。有这一类型建筑分布的棚户区是花桥片区、南门古街片区和赤石旧村片区。近年来人口老龄化的加剧和当地年轻一代人口的外流，导致了这些传统历史街区

风貌没能得到有效保护。其中，花桥片区内建筑密度很大，建筑间距很小，存在着严重的消防安全隐患。该片区内清献河几经改道，现状水质较差，两侧分布着零散的、建筑质量堪忧的小商店。南门古街片区肌理现状尚完整（图4-2），一些民居大院内部空间保存较好，屋顶形式统一（图4-3）。但古街有大量外来租户，本地居民多为老年人，片区活力很差。街巷两边分布着商户摊贩，几乎成为菜市场。街巷内部市政基础设施并不完善，居民生活质量较低。赤石旧村片区是古码头所在地，曾是万里茶路的重要水上运输节点。赤石旧村已完成土地收储和居民安置，但目前具体的实施方案尚未出台，片区内建筑质量很差，有很多建筑被当作临时仓库使用。

图4-2 南门古街街巷肌理　　　　　　　　　图4-3 南门古街屋顶肌理

②房改房：在计划经济时代，城市有大量企事业单位统一建设的员工集体宿舍。随着国家政策的调整和企事业单位的改制，这些房屋出现了大量的"关、停、并、转"情况。在国务院出台城镇住房制度改革后，很多单位住房由单位职工购买，成了"房改房"。有这一类型住房的片区是水泥厂片区、溪东片区（图4-4）、制材厂片区（图4-5）和茶场三分厂片区。这一棚户区类型的房屋产权部分属于职工所有，部分属于原单位所有。当初职工购买单位住房有面积限制，随着家庭人口的增加，人均房屋使用面积减少。有的住房甚至有一户内住着多家人的情况，再加上户型结构不合理、房屋年久失修等因素，这些房屋的市政设施、环境卫生等方面很不完善，居民生活质量下降，逐渐形成了棚户区。

③建于20世纪50~60年代的自建住房：在新中国成立之初由于没有政策限制，为解决住宿问题，很多城市居民开始自建住房。随着时间的推移以及人口数量增加、家庭重组等多方面的原因，居民在自建房屋的周围又搭建了很多房屋，逐渐形成了房屋拥挤的棚户片区。有这一住房类型的棚户区主要是工业路片区、北大街片区、温岭北片区、清献片区、沙古洲片区、三洲路片区、高苏坂片区、黄泥垄片区和新增茶场片区。

④城乡边缘的农民转为城镇居民之后的居住房屋：随着我国城镇化进程的不断加快以及工业化进程的推进，城市规模向外扩张，部分城市边缘的农用土地被征用，原来的

农村人口转为城镇居民。部分原有村民在自家宅基地的基础上，可能未经相关部门审批，便以改建或加建的形式扩大建筑使用面积，以满足自家人口增长带来的住房需求，或者将房屋出租给外来经商或务工人员以获取经济收益。这类住房往往没有经过合理设计，房屋的通风采光、防火间距等要求严重不达标、片区内部未经规划，出现公共空间缺失、道路交通混乱、公共服务设施缺乏、建房攀比严重等现象，导致片区内建筑密度越来越大，居民生活质量下降，最终形成连片的棚户区。有这一住房类型的棚户区主要是红岭片区、新阳村片区、楼后片区、湖桃片区、横山头片区、上下东埠片区和马产洲片区。

图 4-4　溪东片区　　　　　　　　图 4-5　制材厂片区

（2）棚户区改造难题

①棚户区总体规模大且分布广：武夷山市规划区内由北至南都分布着棚户区。经统计，目前需进行改造的棚户区总规模达 $125hm^2$。南门古街以北原崇安老城范围内棚户区连片分布、较为集中，同时建筑密度很大，危房较多。南门古街以南的棚户区分布较为零散，危房投诉情况较少，但房屋质量参差不齐，存在未经许可新建住房，更多的是质量较差的砖瓦房甚至土坯房。由于老城区教育、医疗、商业等服务配套设施相对完善，因此即使棚户区内基础设施较差，本地居民外迁的意愿仍较低。同时由于房屋租金相对较低，吸引了很多外来租户居住。

②资金缺口巨大：棚户区改造所需资金量巨大，目前政府用于棚户区专项改造资金十分有限，因此要实行多方筹资，寻求国家和省内财政补贴、银行贷款、社会资本、居民个人资本等多方资金来源。

③违建情况严重且拆迁难度大：在过去的 20 年中，民众住房需求与政府相关政策之间的矛盾日益突出。由于政府政策相对滞后和监管不严，一些居民为获取更多拆迁补偿的利益导致违章建设现象普遍发生。

④规划安置用地少：武夷山市以往的城市空间规划重心主要在增量空间上，没有完全意识到棚户区问题对城市发展制约的严重性，在把城市用地划拨给商业和产业项目时，很少考虑建成环境更新过程中原有居民的安置用地需求。一些棚户区在旧的控规中用地性质被划为产业用地或公共设施用地，却没有规划相应的居住用地进行置换和平

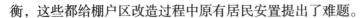

衡，这些都给棚户区改造过程中原有居民安置提出了难题。

（3）棚户区改造机遇

全域旅游构想的提出，为武夷山市棚户区改造提供了全新的机遇。新城区公共服务配套规划的日益均衡、旅游接待服务和休闲娱乐活动的多样化发展、日益健全的产业配套规划的吸引，这些都使得老城区人口集聚的高压状况得以缓解，棚户区的改造难题有了破局之法。

4. 存量空间价值评估体系构建的必要性和可行性

（1）必要性

城市棚户区改造是一个复杂的系统工程，因此改造行动的前期规划尤为重要。棚户区规模大，位置分布散乱，并且政府短时间内筹集资金的规模有限，所以前期必须要科学地判断改造时序，做到统筹规划、重点突出，让棚户区改造工作具有可持续性。

目前棚户区的改造，主要是基于政府决策者和规划设计人员的主观意向进行改造，缺少对棚户片区空间价值进行科学评判的机制构建。存量空间价值评估体系通过综合考虑各影响要素，对棚户区的用地空间价值和建筑物空间价值进行评估，保证棚户区的改造科学有序地进行，并为后期棚户区的具体改造方案提供依据。

（2）可行性

目前国内对于土地价值评估、建筑改造价值评估等相关研究已经取得了较多的成果，对棚户区改造过程中用地空间价值和建筑空间价值的评估都具有借鉴意义。评估体系构建中使用对棚户区居民问卷调查和与政府工作人员访谈的方式，运用注重数据收集科学性和严谨性的层次分析法，能够更真实地反映棚户区的实际改造问题，用客观数据来判断各棚户区的改造价值。在后期改造策略确定中，这也能客观反映各片区中需要重点改造的内容。

因此，通过构建存量空间价值评估体系对棚户区改造策略的过程和成果进行研究具有可行性和实用性。

4.1.2 存量空间价值评估体系框架初步构建

本节主要利用层次分析法构建存量空间价值评估体系，从用地空间和建筑空间两个层面，对武夷山市棚户区的空间价值进行综合评估。结合分析结果，确定棚户区改造时序，并总结相应的改造模式。

1. 评估体系框架构建基础

（1）评估目的和评估对象

存量空间价值评估体系构建的目的，是为了评估武夷山市棚户区空间价值的高低，包括用地空间价值和建筑空间价值两部分。以评估结果为依据，结合武夷山市城市发展定位和规划，判定全市范围内棚户区的改造政策分区和改造类型；并依据一定的原则，确定棚户区的改造时序；最终针对不同的改造类型，提出有针对性的棚户区改造策略。

存量空间价值评估体系的评估对象在本书中是用地空间价值和地面建筑物空间价值，以在武夷山市棚户区中生活的原有居民、租户以及武夷山市相关政府部门人员为目标人群，通过了解他们对自身所处棚户区看法和对棚户区改造诉求，获取相关数据。

（2）评估方法

采用层次分析法，通过对相关文献的研究结合武夷山市具体情况，针对棚户区的空间价值，从用地空间和建筑物空间两个维度对其进行评估。设定符合武夷山市棚户区空间价值的评估指标，对其进行量化处理，对最终棚户区空间价值进行评估，并对综合评估结果进行合理解释。

（3）评价原则

①客观性：评价的过程需要对武夷山市棚户区具有全面翔实的了解，包括武夷山市城市发展现状、棚户区的形成原因和现状问题、棚户改造的重点和难点等，以反映评估主体和评估客体的真实情况和客观事实。

②全面性：棚户区空间价值包括用地空间价值和建筑物空间价值，同时分别从物质使用价值、社会伦理价值、精神审美价值 3 方面对空间价值进行评估，达到对棚户区空间价值的全面认知和综合评估。

③层次性：从不同的角度，对评估指标要素按照等级进行划分，并逐级确定各因子权重，逐级设计问卷并发放，确保整个评估过程科学严谨。

④针对性：棚户区空间价值评估体系具有较强的针对性，因此评估指标的最终确定是在文献研究的基础上结合武夷山市的具体情况进行筛选和增减，问卷的设计和发放也是针对武夷山市棚户区改造的工作人员以及棚户区内的居民开展工作。

（4）评估流程

首先，本节通过文献梳理，总结归纳与棚户区空间价值相关的评估因子，并从中筛选形成初步的价值评估体系框架。其次，通过向相关领域的专家以及参与武夷山市棚户区改造的设计人员发放问卷，同时结合作者对武夷山市棚户区的走访调研，得到针对武夷山市棚户区空间价值的评估体系框架。然后，结合问卷邀请相关专家对评估指标的权重进行打分，利用层次分析法计算得出各级评估因子的权重。最后，通过公众问卷调查，得出武夷山市空间价值评估结果，对结果进行分析，提出有针对性的棚户区改造策略。（图 4-6）

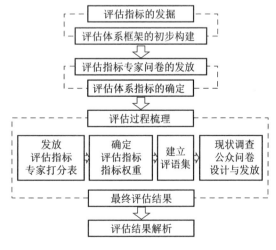

图 4-6 武夷山市棚户区空间价值评估流程

（5）评估体系框架构建依据

①文献发掘：本节通过对有关"存量空间价值""棚户区改造""用地空间价值""建筑物空间价值"等关键词的文献的梳理和研究，进行总结归纳，预设指标形成初步评估体系框架。

②实地踏勘：通过对武夷山市棚户区的多次走访踏勘，并对当地居民、政府相关人员以及从事相关领域工作的专家进行访谈，对棚户区的现状进行深入了解，构建适用于当地的评估体系。

③问卷调查：根据初步评估体系框架，为当地居民设计有针对性的调查问卷，通过入户采访的形式，收集评估指标建议。

2. 评估体系框架初步构建

已有的评估模型在对存量空间价值评估时，往往不能清晰反映存量空间中用地情况和地面建筑物的建设情况。因此，本节从用地空间价值和建筑空间价值两个维度，对各棚户区的空间价值进行综合评估，并为棚户区改造方式的选择提供依据。

（1）用地空间价值评估体系框架初步构建

用地空间价值评估的一级指标包含了物质使用价值、社会伦理价值和精神审美价值3方面。其二、三级指标主要从与"土地价值评估""城市用地更新改造"等相关的文献中归纳整理。棚户区用地空间价值的评估主要针对棚户区所在区域的土地要素进行评估，因此本书主要从与"土地价值影响因素""地块空间价值评估""居住用地更新评价"等相关文献中，分析和收集与武夷山市棚户区用地空间价值评估有关的指标。

①用地空间价值评估指标挖掘

肖静采用层次分析法，将土地价值影响因素的层次分为3层。第一层是目标层，即土地综合评价指标；第二层为中间层，在土地价值影响因素中根据需要分为主因素层和子因素层，主因素层是地价影响因素包括一般因素、区域因素、个别因素等，子因素层则是对各主因素的详细分类；最后一层为指标层，是评价土地价值的具体指标因素。（表4-1）[①]

表4-1　土地价值评估框架

目标层	主因素层	子因素层	指标层
土地价值评估	一般因素	经济因素、社会因素、行政因素	经济发展水平、居民收入水平、物价水平、城市化水平、社会稳定状况、人口状况、住房制度、房地产开发相关政策、土地利用及城市规划
	区域因素	商业服务繁华度、交通状况、基本设施状况、环境状况	到商业服务中心距离、产业集聚程度、金融集聚程度、道路通达度、交通便捷程度、对外交通便捷程度、基础设施完善度、公用设施完善度、人文环境状况、自然环境状况
	个别因素	宗地条件、规划与开发	位置、面积、形状、地形地貌、可使用年限、规划限制条件、宗地开发状况
	其他因素	交易条件	交易情况、交易日期

---

① 肖静. 基于 AHP 和 FCE 的市场法在 M 土地价值评估中的应用研究［D］. 湘潭：湘潭大学，2016.

周鹤龙在广州火车站地区改造过程中，从物质使用、社会伦理和精神审美 3 个方面对地块空间价值做出评估，其二级指标主要包括自然环境、功能使用、社会服务和视觉景观 4 个方面。（表 4-2）[①]

表 4-2 地块空间价值评估框架

评估目标	一级指标	二级指标	三级指标	评价准则
地块空间价值评估	物质使用	自然环境	绿化指数、地理属性	绿化指数、坡度、高程、地块规模
		功能使用	规划政策符合度、可达性	地块权属、功能变化难易、政策支持力度、道路交通区位、公交站点覆盖率
	社会伦理	社会服务	公共设施完善度、商业繁华度	教育设施完善度、医疗设施完善度、文化体育设施完善度、大型商业服务中心
	精神审美	视觉景观	自然景观价值、人文景观价值	山体景观邻近度、水域景观邻近度、公园邻近度、广场邻近度、市域景观

尹杰等认为影响武汉市居住用地更新的要素包括建筑基本状况、公共服务设施建设、市政公用设施状况、交通状况、绿化环境、开发强度 6 个方面。（表 4-3）[②]

表 4-3 武汉市居住用地更新评价框架

一级指标	二级指标	三级指标
居住用地更新评价	建筑基本状况	建筑质量、建筑形态
	公共服务设施状况	商业服务设施、中小学等教育设施、医疗卫生设施、文体类设施
居住用地更新评价	市政公用设施状况	供水及排水设施、电力设施、通信设施、邮政设施、供热设施、燃气设施、环卫设施
	交通状况	内部停车场、周边的主次干道、周边非机动车道
	绿化环境	宅间绿地、集中绿地
	开发强度	建筑密度、建筑高度

②用地空间价值评估指标初步修改

通过对已有土地价值评估相关文献的分析，发现各位学者在选取评估指标时，即使因评价对象不同而各有侧重，其中也仍有很多相同点。对文献进行总结归纳，即把不同学者的相近含义因子进行归类，使一级指标细分的二级指标更加完整和科学。同时删除与用地空间价值评估无关的指标，最终得出学者在对用地空间价值进行评估时主要针对用地的自然属性、政策规划、交通条件、公共服务和景观条件 5 个要素进行评估，并细分了共 22 项指标因子。

---

① 周鹤龙. 地块存量空间价值评估模型构建及其在广州火车站地区改造中的应用 [J]. 规划师，2016，32（2）：89-95.

② 尹杰，詹庆明. 城市更新用地的评价体系构建及应用：以武汉市为例 [J]. 价值工程，2016，35（15）：53-56.

结合作者对武夷山市棚户区的调研，又增加了4项三级指标。首先考虑到武夷山城市整体处在山谷之中，一些棚户区片区分布在滑坡体或洪水淹没区附近，因此增加了"地质状况"这一影响指标。因武夷山机场的限制，对用地可建设的建筑高度有相应限制，因此增加了"机场限高"指标。由于武夷山市正着力打造"一带三廊"的城市景观结构，因此增加了"城市绿廊"指标。在与武夷山市规划部门工作人员的访谈中，强调社会福利设施也是重要影响因素，因此加入"社会福利设施"指标。

最终初步形成了由3项一级指标、5项二级指标和26项三级指标构成的武夷山市棚户区用地空间价值评估体系初步框架。（表4-4）

表4-4　武夷山市棚户区用地空间价值评估体系初步框架

评价目标	一级指标	二级指标	三级指标
用地空间价值评估	物质使用价值	自然属性	坡度
			高程
			地块规模
			绿地率
			地质情况
		规划政策	地块权属
			用地性质变更难易度
			政策支持力度
			产业规划集聚度
			可使用年限
			机场限高
		交通条件	道路规划完善程度
			公交站点覆盖程度
			停车设施完善程度
	社会伦理价值	公共服务	文化体育设施完善度
			教育设施完善度
			医疗卫生设施完善度
			商业服务设施完善度
			社会福利设施完善度
			市政设施完善度
			金融设施完善度
	精神审美价值	景观条件	山体景观邻近度
			水域景观邻近度
			公园邻近度
			广场邻近度
			城市绿廊

（2）建筑空间价值评估体系框架初步构建

建筑物空间价值的评估一级指标主要着眼于建筑物所能满足人的物质使用价值和

精神审美价值，其二、三级指标主要从与"建筑寿命评估""建筑改造""历史建筑保护"等相关的文献中归纳整理。由于武夷山市棚户区中既有普通住宅，同时也有历史街区和历史建筑，因此本节在发掘建筑空间价值评估指标时，主要通过分析与"住宅改造评价""住宅自身性能评价""历史街区价值评估"等相关文献，收集与武夷山市棚户区建筑空间价值评估有关的评估指标。

①建筑空间价值评估指标挖掘：沈巍麟在对住宅改造研究过程中选用了"建筑与结构""节能""室内环境""人文"和"规划"5 项一级指标及其 19 项二级指标，对建筑物的价值进行了综合评价。（表 4-5）[①]

表 4-5　既有住宅改造综合评价框架

一级指标	二级指标
建筑与结构	建筑设计、结构设计、防火设计
节能	建筑节能、技术节能、材料节能、围护结构节能、节水
室内环境	噪声隔热、日照采光、空气质量、通风
人文	建筑意义、社区文化、社区治安、立面美观
规划	居住区规划、交通公共设施、居住区环境

刘存根据国内外学者对建筑寿命及建筑性能的研究成果，结合实际情况，建立的建筑物拆除评价体系由 4 个层次即目标层、准则层、因素层以及指标层构成，其中建筑自身性能的评价因子集见表 4-6。[②]

表 4-6　建筑自身性能评价框架

准则层	因素层	指标层
建筑自身 性能	适用性	平面布局、建筑套型、装修适用性能、隔热性能、隔声性能、设备设施适用性
	环境性	用地与规划、建筑造型、绿地与活动场地、噪声及空气污染、公共服务设施
	经济性	节能性、节地性、节材性
	安全性	结构安全、防火性能、电气设备安全、室内污染控制
	耐久性	结构工程耐久性、装修工程耐久性、防水工程与防潮措施、管线功能耐久性、配套设施耐久性
	历史性	建筑年代、文化氛围、特色风貌

陈艾在历史文化街区价值评估的研究中，从"建筑遗产价值"和"街巷及院落空间形态"两项一级指标对历史文化街区的经济价值进行评价，构成了 2 项一级指标、5 项二级指标和 12 项三级指标的评估体系。（表 4-7）[③]

---

① 沈巍麟. 既有住宅改造综合评价体系研究［D］. 北京：北京交通大学，2008.
② 刘存. 建筑寿命影响因素及延长建筑寿命策略研究［D］. 重庆：重庆大学，2014.
③ 陈艾. 基于可持续发展视角的历史文化街区价值评估研究［D］. 重庆：重庆大学，2015.

表 4-7　历史文化街区价值评估框架

评价目标	一级指标	二级指标	三级指标
经济价值	建筑遗产价值	文物古迹及特色建筑历史价值	文物保护单位的数量及最高级别、拥有保存完整的历史建筑数量及文物古迹数量
		建筑的保存度	特色建筑使用功能延续程度、特色建筑形式、结构、材料原真度
		建筑遗产工艺价值	建筑建造技艺水平、建筑艺术水平
	街巷及院落空间形态	街巷规模及空间形态特色	保存完好且风貌连续的传统街巷数量及总长度、保护完好的传统街区占地面积、沿街巷建筑天际线协调度、沿街巷建筑立面风貌协调度、传统街巷空间构成要素完整性（檐口、建筑立面、地面、河岸等）
		典型传统院落	典型传统院落占地总面积

表 4-8　武夷山市棚户区建筑空间价值评估体系初步框架

评价目标	一级指标	二级指标	三级指标
建筑空间价值评估	物质使用价值	安全性	建筑结构
			建筑年代
			建筑材料
			设计使用年限
		适用性	建筑层数
			建筑密度
			容积率
			建筑套型合理度
			建筑功能变更难易度
		经济性	节约能源
			节约材料
		合法性	房屋产权
			违建情况
	精神审美价值	历史性	社会知名度
			建筑历史文化价值
			建筑建造技艺水平
			传统街巷保留完整程度
		美观性	立面色彩协调程度
			建筑屋顶统一程度
			沿街立面造型协调度

②建筑空间价值评估指标初步修改：各位学者在对"建筑自身性能评价""住宅建筑改造评价"和"历史文化街区价值评估"等方面进行分析时，不同的研究方向其侧重点各不相同。本节主要从建筑的安全性、适用性、经济性、历史性和美观性5个方面来对建筑物的空间价值做出评价，在对二级指标进行总结后，删除与建筑空间价值评估无关的指标，最后得到18项三级指标。

同时结合棚户区内房屋产权相对不明确、违建情况多的特点，在文献研究基础上增加了"合法性"这项二级指标，其包含"房屋产权"和"违建情况"两项三级指标。

综上所述，初步形成了由2项一级指标、6项二级指标和20项三级指标构成的武夷山市棚户区建筑空间价值评估体系初步框架。（表4-8）

4.1.3 棚户区改造存量空间价值评估体系构建

1. 存量空间价值评估体系框架确定

依据表 4-8 设计对应的调查问卷，咨询相关学者和专家意见，最终确定影响武夷山市棚户区存量空间价值的评估体系框架。

本阶段共向专家发放问卷 60 份，包括了参与武夷山市城市规划工作的相关设计人员和政府工作人员以及从事建成环境更新规划方面的研究人员。其中武夷山市棚户区改造领域专家 15 位，参与武夷山市规划和改造领域的规划设计专家 12 位，建筑与规划专业博士及硕士研究生 33 位，共回收问卷 57 份。同时向武夷山市棚户区内部分居民发放此问卷，考虑到居民群体相关专业水平有限，最终统计结果以专家问卷为主。对问卷进行统计分析后，结合评价指标的选取原则，得到武夷山市棚户区用地空间价值评估体系框架和建筑空间价值评估体系框架。

（1）用地空间价值评估指标修改

在对专家发放问卷后，多数专家建议删除"可使用年限"和"金融设施完善度"两项指标，因为在棚户区改造过程中将对土地进行重新收储和整备，"可使用年限"这一指标没有很高的评估意义。城市规划相关专家结合武夷山市正在进行的绿道规划工作，建议增加"城市绿道规划状况"这一指标。最终明确武夷山市棚户区用地空间价值评估体系框架包括 3 项一级指标、5 项二级指标和 25 项三级指标。

（2）建筑空间价值评估指标修改

在对专家进行问卷过程中，多数专家认为在棚户区内建筑间距对安全性的影响很大，因此在安全性指标中加入三级指标"建筑间距"。最终确定武夷山市棚户区建筑物空间价值评估体系框架包括 2 项一级指标、6 项二级指标和 21 项三级指标。

2. 评估指标权重初步计算与判断矩阵构建

评估体系权重的赋值过程运用层次分析法。由于每项评估指标在对评估目标的某一方面进行评估时，其对综合评估结果影响的重要程度不同，因此需要根据每项评估指标在评估过程中的影响程度分别进行权重赋值，这样可以使武夷山市棚户区用地空间价值和建筑空间价值的综合评估结果更接近实际情况，也更具科学性。评估指标权重的赋值流程如图 4-7 所示。

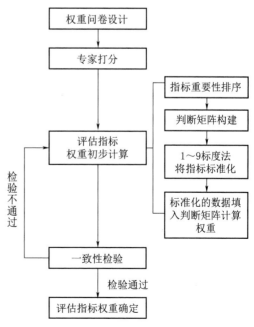

图 4-7　评估指标权重赋值流程

（1）获取专家打分的指标平均值

通过发放权重问卷调查表，对武夷山市棚户区用地空间价值和建筑空间价值评估指标进行权重赋值。问卷调查的主要对象包括了解武夷山市棚户区改造情况的专家和具有棚户区改造经验的专家，计算结果如表 4-9 和表 4-10 所示。

表 4-9　用地空间价值评估体系框架与专家打分平均值

目标层	一级指标	平均值	二级指标	平均值	三级指标	平均值
武夷山市棚户区改造用地空间价值评估	物质使用价值 A	4.52	自然属性 A_1	2.53	坡度 A_{11}	3.17
					高程 A_{12}	1.83
					地块规模 A_{13}	4.12
					绿地率 A_{14}	3.34
					地质情况 A_{15}	3.46
			规划政策 A_2	4.37	地块权属 A_{21}	3.34
					用地性质变更难易度 A_{22}	4.25
					政策支持力度 A_{23}	4.36
					产业规划集聚度 A_{24}	4.17
					机场限高 A_{25}	2.58
			交通条件 A_3	4.25	道路规划完善度 A_{31}	4.58
					公交站点覆盖度 A_{32}	3.58
					停车设施完善度 A_{33}	3.25
					城市绿道规划情况 A_{34}	3.54
	社会伦理价值 B	3.75	公共服务 B_1	3.95	文化体育设施完善度 B_{11}	3.17
					教育设施完善度 B_{12}	3.42
					医疗卫生设施完善度 B_{13}	3.67
					商业服务设施完善度 B_{14}	4.34
					社会福利设施完善度 B_{15}	3.57
					市政设施完善度 B_{16}	4.13
	精神审美价值 C	3.28	景观条件 C_1	3.75	山体景观邻近度 C_{11}	2.92
					水域景观邻近度 C_{12}	4.37
					公园邻近度 C_{13}	4.08
					广场邻近度 C_{14}	3.15
					城市绿廊 C_{15}	3.92

表 4-10　建筑空间价值评估体系框架与专家打分平均值

目标层	一级指标	平均值	二级指标	平均值	三级指标	平均值
武夷山市棚户区改造建筑空间价值评估	物质使用价值 A	4.12	安全性 A_1	4.25	建筑结构 A_{11}	4.37
					建筑年代 A_{12}	3.25
					建筑材料 A_{13}	3.75
					设计使用年限 A_{14}	2.92
					建筑间距 A_{15}	3.27
			适用性 A_2	4.17	建筑层数 A_{21}	2.75
					建筑密度 A_{22}	3.83
					容积率 A_{23}	3.52
					建筑套型合理度 A_{24}	4.13
					建筑功能变更难易度 A_{25}	3.17
			经济性 A_3	2.75	节约能源 A_{31}	4.25
					节约材料 A_{32}	3.12
			合法性 A_4	3.58	房屋产权 A_{41}	4.13
					违建情况 A_{42}	4.03
	精神审美价值 B	4.38	历史性 B_1	4.75	社会知名度 B_{11}	3.67
					建筑历史文化价值 B_{12}	4.75
					建筑建造技艺水平 B_{13}	4.17
					传统街巷保留完整度 B_{14}	4.23
			美观性 B_2	3.75	立面色彩协调度 B_{21}	3.42
					建筑屋顶统一度 B_{22}	3.58
					沿街立面造型协调度 B_{23}	4.13

（2）构建判断矩阵

以用地空间价值评估中的 3 项一级指标的权重赋值过程为例，参考本书 42 页 "（2）构建判断矩阵" 流程，得到 3 项一级指标权重赋值，具体一级指标权重值如表 4-11 所示。

表 4-11　一级指标权重

对比值	A	B	C	几何平均值	权重
A	1.000	1.125	1.286	1.131	0.375
B	0.889	1.000	1.125	1.000	0.332
C	0.778	0.889	1.000	0.884	0.293

注：$C.R. = 0.00106 < 0.1$，对总目标的权重为 1。

基于上述计算方法，对用地空间价值评估体系框架所有二级指标和三级指标分别进行权重计算，得到计算结果。重复以上计算步骤，通过专家对建筑空间价值评估的打分情况，得到建筑空间价值评估体系框架的各指标权重。

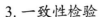

3. 一致性检验

检验过程参考本书32页"3. 一致性检验"。本次武夷山市棚户区用地空间价值评估体系和建筑空间价值评估体系所有判断矩阵的 $C.R.$ 均小于0.1，一致性检验通过。

4. 计算指标权重

在计算完各级评估指标因子的权重后，需计算出三级指标对评价总目标的权重，以计算出最终的评估结果。计算流程与公式见本书46页"4. 计算指标权重"。

最终计算出武夷山市棚户区空间价值评估体系中的用地空间价值评估指标权重 W（表4-12）。同理，得出建筑空间价值评估指标权重。（表4-13）

表 4-12　武夷山市棚户区用地空间价值评估指标权重

一级指标	一级权重	二级指标	二级权重	三级指标	三级权重	三级指标对总目标权重
A	0.375	A_1	0.235	A_{11}	0.201	0.018
				A_{12}	0.115	0.010
				A_{13}	0.256	0.023
				A_{14}	0.206	0.018
				A_{15}	0.223	0.020
		A_2	0.383	A_{21}	0.178	0.026
				A_{22}	0.224	0.032
				A_{23}	0.233	0.033
				A_{24}	0.224	0.032
				A_{25}	0.141	0.020
		A_3	0.383	A_{31}	0.311	0.045
				A_{32}	0.233	0.033
				A_{33}	0.224	0.032
				A_{34}	0.233	0.033
B	0.332	B_1	1	B_{11}	0.143	0.048
				B_{12}	0.152	0.050
				B_{13}	0.165	0.055
				B_{14}	0.187	0.062
				B_{15}	0.165	0.055
				B_{16}	0.187	0.062
C	0.293	C_1	1	C_{11}	0.156	0.046
				C_{12}	0.236	0.069
				C_{13}	0.220	0.065
				C_{14}	0.174	0.051
				C_{15}	0.213	0.063

表 4-13　武夷山市棚户区建筑空间价值评估指标权重

一级指标	一级权重	二级指标	二级权重	三级指标	三级权重	三级指标对总目标权重
A	0.471	A_1	0.281	A_{11}	0.243	0.032
				A_{12}	0.189	0.025
				A_{13}	0.214	0.028
				A_{14}	0.166	0.022
				A_{15}	0.189	0.025
		A_2	0.281	A_{21}	0.156	0.021
				A_{22}	0.225	0.030
				A_{23}	0.203	0.027
				A_{24}	0.236	0.031
				A_{25}	0.179	0.024
		A_3	0.189	A_{31}	0.563	0.050
				A_{32}	0.438	0.039
		A_4	0.248	A_{41}	0.500	0.058
				A_{42}	0.500	0.058
B	0.529	B_1	0.563	B_{11}	0.220	0.065
				B_{12}	0.300	0.089
				B_{13}	0.240	0.072
				B_{14}	0.240	0.072
		B_2	0.438	B_{21}	0.305	0.071
				B_{22}	0.319	0.074
				B_{23}	0.475	0.087

5. 确定评语集

评语集的设定见本书中48页"5.确定评语集"。

4.1.4 棚户区改造存量空间现状评价

1. 问卷设计与发放

（1）问卷设计

设计调研问卷的目的，一方面是收集当地居民对武夷山市各棚户区基本情况的反映，以便对影响各棚户区空间价值的各项评估指标作出评判；另一方面是为武夷山市棚户区未来改造提供一个公众参与平台。问卷内容具体包括受访者个人基本信息、个人看法与诉求以及个人评价3部分。第一部分收集受访者个人基本信息，包括性别、年龄、职业、受教育程度和居住年限，通过这些信息初步了解棚户区内居民的人口构成、文化程度等基本特征，为后续棚户区的改造提供一定的依据；第二部分收集受访者主观表述部分，了解棚户区内居民对武夷山市棚户区改造的看法，并了解居民诉求；第三部分收集受访者对评价指标作出的个人评判，借鉴SD语义差别法将各项评价指标设计成可量化评价的问卷问题，并由受访者填写。

（2）问卷发放

①发放对象：鉴于武夷山市棚户区规模大、分布范围广的特点，本次问卷按照棚户区所在行政区域即崇安街道、新丰街道、武夷街道、综合农场、武夷茶场进行发放。发放对象包括3类人群，一是武夷山市规划部门以及各街道办事处中对各自辖区内棚户区情况比较了解的行政人员，这类行政人员往往对武夷山市及其辖区内的规划情况相对了解，因此其对问卷中的问题回答得相对客观和真实；二是发放给各棚户区内居民，居民对棚户区的情况最了解，能得到更详细的调查资料和居民的真实诉求；三是发放给参与武夷山市棚户区改造的相关设计人员，他们对武夷山市棚户区的改造也有深入和全面的了解。

②发放范围：本次调研对24个棚户区进行了共15天详细的实地走访和踏勘调研，共发放问卷350份（表4-14），回收

表4-14　问卷数量分布表

所属街道	片区名称	片区编号	片区户数	问卷数量
崇安街道	水泥厂	1	10	3
	工业路	2	40	13
	花桥	3	72	24
	北大街	4	35	12
	温岭北	5	43	14
	清献	6	18	6
	红岭	7	20	7
新丰街道	沙古洲	8	145	30
	南门古街	9	103	30
	三洲路	10	134	30
	制材厂	11	21	7
	溪东	12	117	30
武夷街道	赤石旧村	13	15	5
	高苏坂村	14	95	30
	新阳村	15	30	10
综合农场	楼后	16	15	5
	湖桃	17	36	12
	横山头	18	35	12
	上下东埠	19	40	13
武夷茶场	黄泥垄	20	21	7
	马产洲	21	14	5
	茶叶总场	22	6	2
	新增茶场	23	84	28
	祖师岭	24	45	15

有效问卷 332 份，回收率为 95%。其中收集相关设计人员问卷 24 份，收集规划部门和街道办事处相关行政人员问卷 24 份。

（3）指标分类

为了让评价结果更加客观且真实反映棚户区现状以及上位规划状况，用地空间调查问卷中的内容包括了规划类指标和现状类指标 2 个层面。考虑到相关设计人员和政府工作人员对于规划类的指标更了解，而居民对于棚户区内现状更了解，因此在回收问卷后，规划类指标结果以参与武夷山市棚户区改造的相关设计人员和政府工作人员所填问卷进行计算和统计，现状类指标结果以棚户区居民所填问卷进行计算和统计（表 4-15）。建筑空间问卷调查的内容为棚户区内现状情况，因此全部以居民所填问卷作为统计依据。

表 4-15　武夷山市棚户区用地空间价值评估调查指标分类

指标类型	规划类指标							现状类指标																
调查人群	相关设计人员和政府工作人员							棚户区居民																
三级指标	A_{21}	A_{22}	A_{23}	A_{24}	A_{25}	A_{31}	A_{34}	C_{15}	A_{11}	A_{12}	A_{13}	A_{14}	A_{15}	A_{32}	A_{33}	B_{11}	B_{12}	B_{13}	B_{14}	B_{15}	B_{16}	C_{11}	C_{12}	C_{13}	C_{14}

2. 受访者特征统计

在对受访者基本特征的调查中，分别对其性别、年龄、职业、受教育程度、在武夷山市的居住年限 5 个方面进行统计，了解基本情况。（图 4-8）

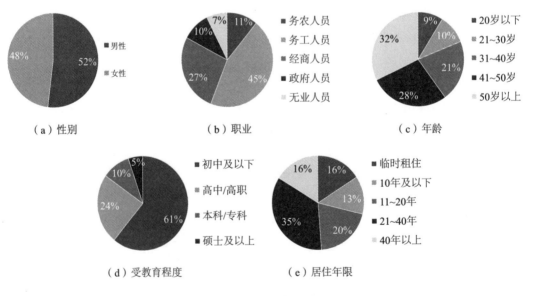

图 4-8　受访者特征统计

3. 评估结果分析

对 24 个棚户区的调查问卷进行统计，分别得到用地空间价值和建筑空间价值三级指标的评分平均值 M_y 和 M_j，利用公式（4-1）计算出三级指标对总目标的得分 X_y 和

X_j，对结果进行求和得到用地空间价值得分 $\sum X_y$ 和建筑空间价值得分 $\sum X_j$。

$$X = W \times M \tag{4-1}$$

式中，　　X ——三级指标因子对总目标的得分；

　　　　　W ——三级指标因子对总目标的权重值；

　　　　　M ——三级指标因子的评分平均值。

以南门古街棚户区用地空间价值评估为例，运用公式（4-1）计算出各项三级指标对总目标的得分，将各项结果求和计算出其用地空间价值的得分结果为 3.73，将其结果与表 3-28 中评价等级判定对应，其用地空间价值等级为"较好"，如表 4-16 所示。

重复上述统计过程，最终得到各棚户区用地空间价值和建筑空间价值的评分，结合评价等级判定，得到各片区用地空间价值和建筑空间价值评估等级。（表 4-17）

表 4-16　南门古街棚户区用地空间价值评估结果

三级指标	W	M_y	X_y
A_{11}	0.018	4.3	0.08
A_{12}	0.010	4.2	0.04
A_{13}	0.023	4.3	0.10
A_{14}	0.018	1.9	0.03
A_{15}	0.020	4.5	0.09
A_{21}	0.026	2.8	0.07
A_{22}	0.032	3.3	0.11
A_{23}	0.033	4.7	0.16
A_{24}	0.032	4.5	0.14
A_{25}	0.020	3.7	0.07
A_{31}	0.045	4.7	0.21
A_{32}	0.033	4.6	0.15
A_{33}	0.032	3.2	0.10
A_{34}	0.033	4.5	0.15
B_{11}	0.048	2.5	0.12
B_{12}	0.050	2.9	0.15
B_{13}	0.055	3.2	0.18
B_{14}	0.062	3.7	0.23
B_{15}	0.055	2.6	0.14
B_{16}	0.062	3.5	0.22
C_{11}	0.046	3.1	0.14
C_{12}	0.069	5.0	0.35
C_{13}	0.065	3.2	0.21
C_{14}	0.051	3.5	0.18
C_{15}	0.063	5.0	0.32

注：用地空间价值得分 $\sum X_y$，评估等级为"较好"。

表 4-17　武夷山市棚户区空间价值评估结果统计表

所属街道	片区编号	$\sum X_y$	E	$\sum X_j$	E
崇安街道	1	3.18	一般	1.45	很低
	2	3.67	较高	2.32	较低
	3	3.56	较高	3.53	较高
	4	3.59	较高	2.61	一般
	5	4.23	较高	3.52	较高
	6	4.31	较高	3.64	较高
	7	1.32	很低	2.45	较低
新丰街道	8	3.58	较高	2.83	一般
	9	3.73	较高	3.92	较高
	10	3.86	较高	2.93	一般
	11	3.21	一般	1.89	较低
	12	3.98	较高	2.43	较低
武夷街道	13	2.95	一般	3.87	较高
	14	2.39	较低	3.31	一般
	15	2.13	较低	3.12	一般
综合农场	16	3.08	一般	1.97	较低
	17	3.57	较高	2.93	一般
	18	2.44	较低	2.37	较低
	19	2.64	一般	1.76	较低
武夷茶场	20	3.38	一般	2.26	较低
	21	3.04	一般	1.49	很低
	22	2.96	一般	3.76	较高
	23	2.43	较低	3.12	一般
	24	1.37	很低	2.23	较低

从用地空间价值评估结果来看，评估等级为"很低"的片区有 2 个，包括红岭和祖师岭片区。评估等级为"较低"的片区有 4 个，包括高苏坂村、新阳村、横山头和新增茶场片区。评估等级为"一般"的片区有 8 个，包括水泥厂、制材厂、赤石旧村、楼后、上下东埠、黄泥垄、马产洲和茶叶总场片区。评估等级为"较高"的片区有 10 个，包括工业路、花桥、北大街、温岭北、清献、沙古洲、南门古街、三洲路、溪东和湖桃片区。没有评估等级为"很高"的片区。

从建筑空间价值评估结果来看，评估等级为"很低"的片区有 2 个，包括水泥厂和马产洲片区。评估等级为"较低"的片区有 9 个，包括工业路、红岭、制材厂、溪东、楼后、横山头、上下东埠、黄泥垄和祖师岭片区。评估等级为"一般"的片区有 7 个，包括北大街、沙古洲、三洲路、高苏坂村、新阳村、湖桃和新增茶场片区。评估等级为"较高"的片区有 6 个，包括花桥、温岭北、清献、南门古街、赤石旧村和茶叶总场片区。没有评估等级为"很高"的片区。

4.1.5 武夷山市棚户区改造分区和改造类型

本节建立棚户区存量空间价值评估体系，从用地空间价值和建筑空间价值两个维度对棚户区的存量空间价值进行评估。评估的目的是确定改造分区和改造类型。

从用地空间价值评估的结果来看，24 个棚户片区中评估等级为"很低"的片区仅有 2 个，没有评估等级为"很高"的片区。建筑空间价值评估结果中评估等级为"很低"的片区也仅有 2 个且其评估得分与等级为"较低"的片区相差不大，没有评估等级为"很高"的片区。

针对上述情况，在研究中将最终评估等级"较高"划为"高"，等级"一般"为"中"，等级"很低"和"较低"划为"低"，最终将用地空间价值和建筑空间价值评估结果分别总结为"高""中""低"3 类，共产生 9 种棚户区类型，即"地高—物高""地高—物中""地高—物低""地中—物高""地中—物中""地中—物低""地低—物高""地低—物中""地低—物低"，根据不同的类型确定其改造分区和改造类型（图 4-9）。

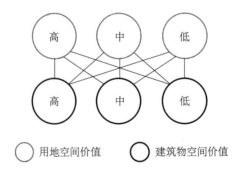

图 4-9 棚户区改造存量空间价值 9 种评估结果

1.改造分区划定

划定改造分区的原因是武夷山市目前面临着棚户区占地面积大、范围分布广、专项资金缺口大以及安置用地紧缺等实际问题，由政府主导进行大范围整体性棚户区拆迁改造的方式对于武夷山市来说是不现实的。因此对于部分对城市规划结构影响较小的片区，按由政府引导、由居民自行筹资的方式整治改造，而对于其他对城市规划结构影响较大的片区则禁止居民自行改造，这样既能缓解政府资金和用地不足的压力，也能达成改善民生的目的。

改造分区的划定主要通过棚户区用地空间价值的高低进行确定，棚户区用地空间价值的高低反映了其用地在城市规划结构中的地位，也就决定了棚户区改造分区的划分。因此根据评估结果的高低，将 24 个棚户区中用地空间价值评估等级为"低"的片区划为"允许自行改造区"，用地空间价值评估等级为"中"和"高"的片区划为"禁止自行改造区"。

（1）允许自行改造区

在评估结果中，用地空间价值为"低"的片区，往往具有远离市中心、周边没有产业规划辐射、交通优势较低、处于城市规划结构边缘等特征。对于这类片区，由政府主导成片集中改造的成本较高，而如果继续实行以前的禁止居民自行改造的政策，不仅不利于改善居民生活环境和城市形象，反而容易产生社会问题。对于这类片区的居民来说，片区内居住环境的改善是目前的紧迫需求，且大部分居民能够自行承担房屋建设和改造费用。因此，在政府的管控和引导下，允许居民依规自行改造是此类片区最合理的解决方案。

（2）禁止自行改造区

在评估结果中，用地空间价值为"高"的片区，往往处在城市规划结构的重要地段，交通优势明显，周边配套设施相对完善，景观条件好。用地空间价值为"中"的片区，虽然不是处在城市的核心地段，但由于受到周边相关产业发展辐射带动或全域景区发展可能带来的积极作用，其用地空间价值具有上升的潜力。因此，评价结果中用地空间价值为"中"或"高"的片区应划定为"禁止自行改造区"，防止片区内违建情况更加严重导致改造难度的进一步加大。对此，应由政府完善相关上层规划，确定不同片区的改造类型，统筹规划这类棚户区的改造。

2.确定改造类型

本节中改造类型的划分，主要是针对禁止居民自行改造且由政府主导进行改造的棚户区，根据用地空间价值和建筑空间价值的评估结果，将棚户区改造类型分为 4 类，即预留发展型片区、旅游开发型片区、拆除重建型片区和保留提升型片区。

（1）预留发展型片区

此类片区是在评估结果中用地空间价值为"中"、建筑空间价值为"中"和"低"的片区。这类棚户区由于未处在城市核心发展区内，因此政府对此片区的收购储备成本

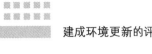

相对较低，将此类零散用地收储，未来可改变其用地性质作为产业发展预留用地或作为棚户区安置用地。且由于建筑空间价值不高，基本没有传统建筑特色，片区内居民居住环境差，居民对于拆迁的抗拒程度较低。因此，此类片区的改造类型应为预留发展型，在政府的主导下，根据上位规划的定位和要求，采取"退二进三"的策略，以产业促改造，推动棚户区改造进程。

（2）旅游开发型片区

此类片区是在评估结果中，用地空间价值为"中"、建筑空间价值为"高"的片区。这类棚户区远离城市核心区，用地空间价值相对较低，但距离景区较近，建筑空间具有较高的历史价值，传统风貌保护较好，可以延续当地的文脉，同时原有建筑功能已不再满足居民的居住功能需求或原功能几乎丧失，居民改造意愿强烈。所以对于该类型片区，政府可改变棚户区用地性质，引进开发商进行特色开发，在原有开发强度基本不变的情况下，通过改造将新的功能注入到原有建筑空间中，为片区带来新的活力。

（3）拆除重建型片区

此类片区是在评估结果中，用地空间价值为"高"、建筑空间价值为"中"和"低"的片区。这类棚户区用地空间价值高，地块处于城市发展结构重要地段，区位优势明显，周边配套服务设施完善，政府收储土地难度大，棚户区内建筑空间价值不高，基本没有传统建筑特色风貌，保留意义不大。虽然生活环境较差，但由于周边生活服务设施齐全，居民外迁意愿低。因此此类片区依然保留原有居住用地性质，但可对棚户区内建筑进行改建或拆除，适当提高片区内开发强度，改善居民居住环境。同时腾挪出的用地可用于安置房和保障性住房的建设，缓解武夷山市存在的安置用地不足的问题，达成棚户区可持续性改造的目的。

（4）保留提升型片区

此类片区是在评估结果中，用地空间价值为"高"、建筑空间价值也为"高"的片区。政府对这类棚户区的收储难度较大，居民外迁意愿低，用地性质改变较难，建筑空间价值高，历史街区风貌较好，保存着武夷山市居民的生活记忆。这类片区应维持原有用地性质和开发强度不变，出台相应的控制和保护规划措施，对历史建筑进行维护，改善建成环境，恢复历史街区风貌，保留城市记忆，完善基础设施，提升片区内的整体形象和居住条件。

4.2 深汕特别合作区乡村发展潜力评价

本节旨在探索一套能够兼顾城市和乡村发展需求的农村居民点规划方法，通过制定统一的评价标准，识别并评价乡村发展潜力，依照评价结果对村庄进行分类以确定不同的发展方式。

4.2.1 深汕特别合作区乡村发展概况介绍

1. 乡村发展背景

（1）乡村振兴上升为国家战略要求

2018 年 9 月，中共中央、国务院印发的《乡村振兴战略规划（2018—2022 年）》提到，乡村承担着生产、生活、生态、文化等多重功能，与城市共同构成人类主要活动空间。长期以来，我国城乡要素的流动存在明显的不均衡状态，大量社会资源和土地资源由乡村流向城市，造成了城乡发展不均衡。为了从根本上解决"三农"问题，2018 年 1 月，《中共中央、国务院关于实施乡村振兴战略的意见》发布，相比于十六届五中全会上提出的建设美丽乡村的要求，乡村振兴战略更加强调发展产业、保护农村生态环境和加强乡村治理。如何基于乡村的独特性进行产业发展，促进农民的收入增长和实现安居乐业，成为乡村发展的重要课题。2023 年中央一号文件《中共中央、国务院关于做好 2023 年全面推进乡村振兴重点工作的意见》提到，坚决守牢确保粮食安全、防止规模性返贫等底线，扎实推进乡村发展、乡村建设、乡村治理等重点工作，加快建设农业强国，建设宜居宜业和美乡村。

（2）城乡边缘区统筹发展存在矛盾

由于缺乏科学的管理和规划，城乡边缘区面临着突出的土地供需矛盾。一方面，农村空心化与新房扩建占地现象相伴而生[①]，造成了土地资源的浪费；另一方面，城市地区土地储备紧张，需要对城市功能进行疏解。传统农村居民点规划多采用"撤村并点"的模式，这种模式对推动土地集约化发展和改善村民生活环境起到了积极作用，但也在一定程度上造成了进城农民失业和违背农民意愿等问题[②]。同时，一部分村庄试图依托自身特色进行产业发展，如乡村旅游。但因为特色不足、经营不善等原因陷入恶性竞争的困境。因此，需要在乡村规划中既满足城市对于土地的需求，又保护具备发展潜力的村庄。

2. 乡村发展潜力研究对象

一方面，本节选取的研究范围位于城市建成区和乡村地域之间，属于城乡互相包含、互有飞地的地域，符合城乡边缘区的定义；另一方面，研究范围内包含具备发展潜力的农村居民点，从而充分体现乡村发展潜力评价的必要性。深汕特别合作区处于发展初期，城乡要素转移活跃。同时，合作区内各类资源丰富，多数居民点具备发展潜力。因此，本节选择深汕特别合作区作为研究范围，合作区内的农村居民点作为研究对象。

---

① LIU Y S, LIU Y, CHEN Y F, et al. The process and driving forces of rural hollowing in China under rapid urbanization［J］. Journal of Geographical Sciences, 2010, 20（6）: 876–888.

② 陶岸君，王兴平，王海卉. 新型城镇化背景下发达地区村庄布点规划方法［J］. 规划师, 2016, 32（1）: 83–88.

深汕特别合作区位于汕尾市海丰县，属于粤港澳大湾区最东端，是深圳城市发展的"飞地"，现已成为深圳的第 11 个区，属于典型的城乡边缘区。下辖鹅埠、赤石、小漠、鲘门 4 个街道，合作区总面积 468.3km²，共包含 185 个农村居民点。其中鹅埠街道包含 11 个行政村（社区），共计 50 个农村居民点；赤石街道包含 13 个行政村（社区），共计 87 个农村居民点；小漠街道包含 7 个行政村（社区），共计 19 个农村居民点；鲘门街道包含 8 个行政村（社区），共计 29 个农村居民点。

近年来，深圳市中心区土地储备愈发紧张，而深汕特别合作区人口密度较低，土地开发潜力巨大，可以给城市提供大量可供发展的土地，从而在承接产业转移上发挥巨大作用。同时，深汕特别合作区内山海格局卓越，存在丰富的自然资源和人文资源，部分村庄具备发展特色产业的能力。因此，合理规划合作区内的 185 个农村居民点对合作区建设至关重要。

4.2.2 乡村发展潜力评价体系框架初步构建

1. 评价体系框架构建基础

（1）评价目的

①挖掘乡村发展潜力：深汕特别合作区部分村庄有着丰富的特色资源，但总体发展缓慢，内生动力不足。因此，需要充分识别和挖掘村庄的发展潜力，制定相应的规划策略扶持村庄进行产业发展，让村民真正参与到合作区的建设中。

②统筹城乡发展：乡村发展潜力评价体系是指导深汕特别合作区农村居民点规划的基础。深汕特别合作区目前已编制规划普遍对村庄个体关注不足，这导致了规划可实施性较差。当下需要以"自下而上"的规划思路关注村庄个体发展潜力，并为上位规划提供支撑，得到统筹城乡发展的规划方案。

（2）评价原则

①客观性：对深汕特别合作区乡村发展潜力进行评价，必须要对合作区及其农村居民点有客观的认识。只有充分了解当地发展现状、目前存在问题和未来发展诉求，评价体系才能符合客观事实，从而在后续研究中发挥作用。对于深汕特别合作区，释放土地以承接深圳的产业转移是其最主要的发展目标，而保护特色村庄、增加村民在产业发展中的受益面也是国家乡村振兴战略的要求，二者存在一定程度上的对立。因此在评价过程中，应当尊重这一客观事实，作出科学的判断。

②全面性：全面了解深汕特别合作区和城乡边缘区乡村发展潜力的影响要素是科学评价的前提。城乡边缘区不同于一般农村地区，其发展依附于城市核心区。因此，在评价城乡边缘区乡村发展潜力时，除了要考虑村庄自身的现状条件，还要考虑村庄与城市核心区的关系。对于深汕特别合作区，乡村发展潜力受到村庄规模、交通区位、服务设施、产业经济、特色资源、上位规划等方面的影响，需要对各影响因素进行科学评价，才能得到乡村发展潜力的综合评价结果。

③层次性：由于深汕特别合作区村庄发展潜力受多方面因素影响，只有厘清因素间的隶属关系，才能建立层次分明的评价体系，充分发挥层次分析法的优势。为了使评价结果更加科学，本节中每个村庄的发展潜力是一组数值（图 4-10），并非如以往大多数研究中只对应一个数值，因此必须确保评价体系的层次性。

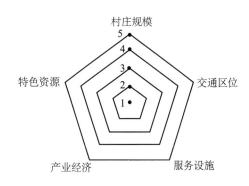

图 4-10　深汕特别合作区乡村发展潜力评价结果示意

（3）评价方法

层次分析法是进行评价的核心方法，本节将深汕特别合作区乡村发展潜力作为一个系统进行研究，将目标层层分解。在选取指标时，通过文献参考、实地踏勘和问卷调查确定乡村发展潜力的影响要素。在权重计算时，通过发放专家问卷确定各指标的权重，并进行一致性检验。在体系应用与结果统计时，客观数据需要通过发放调查问卷、实地踏勘、访谈和 GIS 空间计算进行收集；主观数据要通过设计和发放专家问卷获取；结果统计需要利用极差法对不同单位和量纲的数据进行标准化处理，再计算评价结果。在乡村发展潜力等级划分时，采用自然断点法和聚类分析对评价结果进行分级。

（4）评价流程

评价流程主要包括评价指标发掘、权重计算、体系应用与结果统计、乡村发展潜力等级划分 4 部分。

①指标发掘：首先，梳理乡村发展潜力相关文献，对一般农村地区乡村发展潜力的相关评价指标进行整理，总结其不足并进行改进；其次，收集城乡边缘区相关文献，总结城乡边缘区村庄发展潜力相关指标；再次，基于合作区实际情况，确定初步的深汕特别合作区村庄发展潜力评价指标，获得初步评价体系框架；最后，向相关领域的专家、学者和规划工作者发放问卷，依据专家意见对评价指标进行修正，完成评价指标的选取和评价体系框架的构建。

②权重计算：向相关领域专家发放问卷，依据专家对各指标打分结果建立矩阵，计算各指标权重，并进行一致性检验，检验通过后即得到确定的指标权重。如不通过，则需修正权重。

③体系应用与结果统计：要对客观数据与主观数据进行分别处理。客观数据包括村庄规模、交通区位、服务设施、产业经济等可以用客观数字来衡量的数据。主观数据指了解深汕特别合作区现状的专家对乡村特色资源的评分，首先要对现有的特色资源进行筛选，整理出可能受特色资源影响的村庄，然后设定评语集并完成问卷的设计，最后对专家发放问卷，得到特色资源评分。将乡村发展潜力的评价结果定为村庄在村庄规模、交通区位、服务设施、产业经济、特色资源 5 方面评分的合集。下一步运用极差法对单

位、量纲不同的主客观数据进行标准化处理，并计算三级指标对总目标的得分。对三级指标得分求和得到一级指标得分，即得到各村发展潜力评价结果。

④乡村发展潜力等级划分：对于单项发展潜力，运用自然断点法将各单项评分分为"高""中""低"3个等级。对于综合发展潜力，运用二阶聚类分析方法对乡村进行分类，通过分析各类村庄的发展潜力特征，将其分为"高潜力""中潜力""低潜力"3个潜力等级。

（5）评价体系框架构建依据

①文献发掘：以"乡村发展潜力""农村居民点整理""城乡边缘区农村居民点"等为关键词收集文献，对以往研究中选取的评价指标进行归纳，形成初步的评价体系框架。

②实地踏勘：对深汕特别合作区进行实地踏勘，充分了解当地现状，结合实际情况对所选指标进行修正，以保证评价体系可以适用于该地区。同时需保证数据可获得，以便评价体系切实可行。

③问卷调查：依据文献参考和实地踏勘得到的评价体系，通过发放专家问卷的方式进行指标修正，最终确定评价体系指标。

2. 评价体系框架初步构建

乡村发展潜力评价体系框架初步构建分为3个步骤。首先，发掘一般农村地区乡村发展潜力指标；其次，补充城乡边缘区乡村发展潜力影响因素及评价指标；最后，基于深汕特别合作区实际情况，选择可适用于该地区的乡村发展潜力评价指标。

（1）一般农村地区乡村发展潜力指标发掘

本节首先对一般地区乡村发展潜力相关评价进行归纳。蔚霖等在进行农村居民点规划中的中心村识别时，构建了村庄综合发展潜力评价体系。（表4-18）[①]

表4-18　村庄综合发展潜力评价框架

目标层	准则层	指标层
村庄综合发展潜力	区位条件	地理位置、交通状况、自然资源
	村庄规模	人口规模、建设用地面积、耕地面积
	经济发展状况	集体经济总量、人均收入
	服务设施集中程度	教育资源、医疗状况、商业服务、水电设施、每年投资基础设施数额、老年活动中心村庄集中程度、与集镇距离

廖启鹏等以构建"两型社会"（资源节约型社会和环境友好型社会）为总体目标，在进行村庄布局规划中构建了村庄综合评价体系。（表4-19）[②]

① 蔚霖，孟庆香，朱槐文. 基于村庄综合发展潜力评价的中心村确定［J］. 湖北农业科学，2012，51（12）：2636-2640.

② 廖启鹏，余瑞祥. "两型社会"视角下村庄布局规划若干问题研究［J］. 资源与产业，2011，13（4）：70-74.

表 4-19　村庄综合评价框架

目标层	准则层	指标层
村庄布局优化	发展规模	人口规模、村级产值、村庄建设用地、人均土地资源
	区位条件	距镇区距离、过境交通距离、行政地位
	收入及产业结构水平	人均纯收入、非农产值比重、建设用地比重
	设施与资源条件	基础设施完善程度、房屋建筑质量、特色资源

商桐等围绕乡村振兴战略的发展要求，在对村庄进行分类时，构建了村庄发展潜力评价体系。（表 4-20）[1]

表 4-20　村庄发展潜力评价框架

目标层	准则层	指标层
村庄发展潜力	产业发展	集体经济收入，工业、服务业产值占集体经济收入比重，村庄建设用地面积
	生态宜居	耕地面积、是否有生活污水处理能力、垃圾收集点个数
	乡风文明	小学班级规模、养老院床位数、人均文化活动场所占地面积
	村庄治理	是否进行村改居、是否建设新型农村社区服务中心、是否设立"社区村民委员会"
	村民生活	人均集体经济收入、村内道路面积、人均社区诊所（卫生站）建筑面积
	区位条件	距离国省道的距离、距离城镇的距离
	人口发展	居民点户籍人口规模、初中学历以上人口规模比重、居住半年以上外来人口占户籍人口比重

由于不同学者的研究侧重点不同，按照文献中指标层包括的具体内容，总结一般农村地区乡村发展潜力评价体系框架整理见表 4-21。

表 4-21　一般农村地区乡村发展潜力评价体系框架整理

目标层	准则层	指标层
乡村发展潜力	自然环境	地形地貌、地质灾害易发程度、水域覆盖率
	产业经济	人均纯收入、财政总收入、非农产业占集体经济收入比重
	村庄规模	建设用地面积、地均乡村个数、人口规模
	人口发展	村民受教育程度、人口年龄结构、外来人口比重
	交通区位	行政地位、距城镇距离、距交通干道距离
	服务设施	教育资源情况、医疗状况、商业服务情况、水电设施情况、每年投资基础设施数额、老年活动中心配置情况
	特色资源	特色村庄、旅游资源
	发展驱动	上位规划

---

[1]　商桐，刘彬，周志永，等. 基于"三区三线"划定的新时期村庄分类研究：以青岛胶州市为例. [M] // 中国城市规划学会，杭州市人民政府. 共享与品质：2018 中国城市规划年会论文集（18 乡村规划）. 北京：中国建筑工业出版社，2018.

目前构建的农村地区发展潜力评价体系存在以下两点问题：

①自然环境指标存在重叠现象：自然环境指标包括地形地貌、水域覆盖率等内容，而具备特色的地形地貌和水域同样可归于特色资源。此外，发展驱动指标包括上位规划，但在上位规划制定过程中已经对地质灾害易发程度有所考虑。因此，删去自然环境指标，其中地形地貌、水域等内容并入特色资源指标中，地质灾害易发程度与发展驱动指标统一考虑。

②村庄特色资源指标定义模糊：以往评价体系中对特色资源没有明确的定义，仅通过有无特色资源进行评分，未考虑特色资源价值和资源对村庄的影响力。因此，本节通过进一步搜集和整理相关文献总结特色资源指标内容，整理发现对于乡村资源的研究成果较少。叶红将乡村资源分为农产品资源、自然环境资源、社会资源、文化资源和景观资源。[①] 对乡村旅游资源的研究成果较丰硕。邹宏霞等将乡村旅游资源划分为自然景观、人文景观两类，自然景观包括地质、水体、气候、生物等景观，人文景观包括历史遗迹、聚落、民俗、农业、农村工业等景观。[②] 雷晚蓉将乡村旅游资源分为自然生态、田园、遗产与建筑、旅游商品、人文活动与民俗文化、景观意境 6 类。[③]

村庄特色资源包括地文景观、滨海景观、河湖景观、田园景观、遗址遗迹、传统建筑、人文活动、特色物产。现有研究主要针对资源本身进行评价，但本节的研究对象是农村居民点，除对各类特色资源价值进行评价外，还需考虑特色资源与农村居民点的关系，资源存在于村庄内部还是外部会对村庄的分类产生不同影响。因此，将特色资源分为外部资源和内部资源。外部资源指位于自然村范围之外的资源，本节在评价过程中只考虑紧邻自然村的外部资源，评价其对村庄的影响力。内部资源指存在于自然村范围之内的资源，对其自身价值评估。

因此，在以往评价体系的基础上，优化后的一般农村地区村庄发展潜力评价体系框架见表 4-22。

表 4-22　一般农村地区乡村发展潜力评价体系框架优化

目标层	准则层	指标层
村庄发展潜力	产业经济	人均纯收入、财政总收入、非农产业占集体经济收入比重
	村庄规模	建设用地面积、地均乡村个数、人口规模
	人口发展	村民受教育程度、人口年龄结构、外来人口比重
	交通区位	行政地位、距城镇距离、距交通干道距离
	服务设施	教育资源情况、医疗状况、商业服务情况、水电设施情况、每年投资基础设施数额、老年活动中心配置情况
	特色资源	外部资源影响力、内部资源价值
	发展驱动	上位规划

① 叶红. 珠三角村庄规划编制体系研究［D］. 广州：华南理工大学，2015.

② 邹宏霞，于吉京，苑伟娟. 湖南乡村旅游资源整合与竞争力提升探析［J］. 经济地理，2009，29（4）：678-682.

③ 雷晚蓉. 乡村旅游资源开发利用研究［M］. 长沙：湖南大学出版社，2012：11-17.

（2）城乡边缘区乡村发展潜力指标发掘

由于现有乡村发展潜力评价中没有专门针对城乡边缘区的研究，本节对城乡边缘区的相关文献进行了检索，对影响城乡边缘区农村居民点发展的影响因素进行了梳理。崔功豪等提出城市边缘区的发展受到来自城市和郊区两方面、众多因素的影响，包括经济发展水平、土地需求、交通条件、土地市场、政策体制和社会文化等。[①] 周娟等认为人口、资源、可达性、生态与环境会对城市边缘区村屯的发展会产生影响。[②] 缪羽鹏等通过研究发现区位条件对于农村居民点演变的影响十分明显，与主城区的邻近度与村庄演变速度呈现正相关关系。[③] 曹海涛总结城边村的发展动力包括自身内部助力、外部因素拉力和主体发展推力，自身内部助力包括农业发展、工业发展和第三产业发展，外部因素拉力包括政策因素和城市辐射带动，主体发展推力包括村民的发展需求和城镇化推力。[④]

相比于一般农村地区，城乡边缘区的村庄发展潜力具备以下两点特征：

①交通区位对发展潜力的影响明显：中心城区的扩张会使临近村庄的变化明显加快，因此应在评价体系中的交通区位指标下，增加"村庄与中心城区距离"这一指标，如该城乡边缘区属于中心城区发展的"飞地"，则应考虑联系中心城区和边缘区的主要交通站点与村庄的距离。

②村庄发展驱动力的内涵更加多元：城乡边缘区是城镇化进程的前沿地带，其中的村庄发展受外围城镇化推力和内生动力的影响更为明显。这体现在评价体系中，应在发展驱动指标下增加"村民发展意愿"，并在上位规划中选择能够表征城镇化推力的相关规划进行分析。经过完善的城乡边缘区乡村发展潜力评价体系框架见表4-23。

表 4-23 城乡边缘区乡村发展潜力评价体系框架完善

目标层	准则层	指标层
村庄发展潜力	产业经济	人均纯收入、财政总收入、非农产业占集体经济收入比重
	村庄规模	建设用地面积、地均乡村个数、人口规模
	人口发展	村民受教育程度、人口年龄结构、外来人口比重
	交通区位	行政地位、距城镇距离、距交通干道距离、距中心城区距离、距主要交通站点距离
村庄发展潜力	服务设施	教育资源情况、医疗状况、商业服务情况、水电设施情况、每年投资基础设施数额、老年活动中心配置情况
	特色资源	外部资源影响力、内部资源价值
	发展驱动	上位规划、村民发展意愿

① 崔功豪，武进. 中国城市边缘区空间结构特征及其发展：以南京等城市为例［J］. 地理学报，1990（4）：399-411.

② 周娟，石铁矛. 区位对城市边缘区村屯发展模式影响的研究［J］. 小城镇建设，2005（9）：60-62.

③ 缪羽鹏，马晓冬. 城市边缘区农村居民点分布演化特征及类型研究：以徐州市铜山区为例［J］. 现代城市研究，2019（2）：123-130.

④ 曹海涛. 城乡统筹导向下长治市"城边村"转型模式及规划策略研究［D］. 西安：西安建筑科技大学，2013.

（3）深汕特别合作区乡村发展潜力指标初步修改

深汕特别合作区处于发展初期的城乡边缘区，同时具备典型性和特殊性。

①典型性：在发展潜力影响因素上，其典型性表现在交通区位和上位规划方面。交通区位方面，深汕特别合作区将长期受深圳发展的辐射，且属于城市发展的"飞地"，合作区与深圳市区的联系主要依靠公路和高铁。因此在交通区位方面，可将指标具体为距高铁站距离、距高速公路服务区距离、距客运站距离。上位规划方面，深汕特别合作区目前已编制多项规划，但由于多数规划对村庄个体的考虑不足且可实施性较差，将在农村居民点规划编制完成后，以居民点规划为基础进行修编，因此对当前进行的乡村发展潜力评价的影响有限。上位规划中，"三区三线"规划相对较为明确，对村庄发展潜力的影响最明显。"三区三线"规划是国土空间规划的重要内容，三区即城镇空间、农业空间、生态空间。由于各村庄在"三区三线"规划中的落位属于分类变量，宜作为评价的前提进行定性分析。将合作区内各村庄落位于"三区三线"规划中，其中落位于城镇空间内的村庄未来进行城镇化的可能性高，其发展潜力等级需通过定量评价进一步判断；落位于农业空间的村庄未来需继续承担农业生产功能；落位于生态空间内的村庄则急需搬迁。因此，落位于农业空间和生态空间内的村庄可判定为发展潜力较低。

②特殊性：深汕特别合作区相比于一般城乡边缘区，在乡村发展潜力影响因素上也体现出了一定的特殊性，主要表现在两方面。一是人口发展情况普遍不佳。城乡边缘区普遍存在外来人口多、人员构成复杂等特征，而深汕特别合作区远离中心城区且处于发展初期，并未体现人员混杂的特点。此外，基于实地踏勘和访谈结果，合作区各村庄人口年龄结构和村民受教育程度差异不大。因此在评价体系中，删除"人口发展"这一指标。二是村庄内生发展动力不足。基于访谈结果，合作区内绝大多数村庄缺乏主动性，更多依赖外部力量带动自身发展。因此在村民发展意愿上差异较小，在评价体系中删除"村民发展意愿"这一指标。

通过以上分析，可确定深汕特别合作区村庄发展潜力主要影响因素包括"村庄规模""交通区位""服务设施""产业经济""特色资源"和"上位规划"6方面。"村庄规模"体现了村庄的发展基础，村庄规模越大，其被拆迁的可能性则越小，因此发展潜力更高。"交通区位"体现了村庄的可达性和行政等级，交通区位条件越好的村庄，越有可能在未来规划中占据重要地位。"服务设施"体现了村庄当前的设施完备程度，服务设施条件越好，村庄发展潜力越大。"产业经济"体现了村庄当前的经济发展状况，产业经济条件越好，村庄越有可能在未来独立发展。"特色资源"体现了村庄转型发展的可能性，资源条件越好则村庄发展潜力越大。"上位规划"选择"三区三线"规划作为主要依据，并在评价开始前进行了定性判断，不再纳入后续的定量评价中。

基于对以往乡村发展潜力评价体系框架的整理，不同文献中具体指标的选择受到数据可获得性限制较大的影响。因此，基于对深汕特别合作区的调研、访谈和问卷收集状况，初步形成了深汕特别合作区乡村发展潜力评价体系初步框架。（表4-24）

表 4-24　深汕特别合作区乡村发展潜力评价体系初步框架

目标层	一级指标	二级指标	三级指标
深汕特别合作区乡村发展潜力评价	村庄规模	居民点规模	宅基地面积
			容积率
		人口规模	户籍人口数
	交通区位	交通条件	距高铁站距离
			距高速公路服务区距离
			距客运站距离
		地理位置	距镇区距离
			距中心村距离
	服务设施	商业设施	距最近市场距离
		教育设施	距最近中学距离
			距最近小学距离
		医疗设施	距最近卫生院距离
	产业经济	经济收入	村集体收入
		产业发展	非农产业发展情况
	特色资源	外部资源	滨海景观影响力
			河湖景观影响力
			田园景观影响力
			遗址遗迹影响力
		内部资源	遗址遗迹价值
			传统建筑价值
			人文活动价值
			特色物产价值

4.2.3　乡村发展潜力评价体系构建

1. 乡村发展潜力评价体系框架确定

（1）发放评价指标筛选问卷

基于表 4-24 编制深汕特别合作区乡村发展潜力评价指标筛选问卷，向专家征求指标增减的意见。本阶段共发放问卷 43 份，全部为有效问卷。其中，向城乡规划领域学者发放问卷 10 份，向深汕特别合作区相关政府工作人员发放 5 份，向相关领域规划师发放 28 份。删除指标人数统计结果见图 4-11，未显示指标为无专家认为该指标需删除。

（2）删除指标得到确定的评价体系框架

通过对专家意见进行汇总，删去"距高速公路服务区距离""容积率"和"传统建筑价值"这 3 项三级指标，不再新增指标。"容积率"方面，专家认为农村地区容积率普遍较低且差距不大，普遍存在空心化现象，因此建设强度与发展潜力并无必然联系。

"距高速公路服务区距离"方面，专家认为高速公路服务区对周边村落的带动能力较弱，且服务区只作为过路休息，对周边村落无影响。"传统建筑价值"方面，村庄内部的传统建筑主要指村内的寺庙和宗祠，目前该地区村庄内部基本不存在价值较高的传统建筑单体，对村庄发展潜力的影响有限。最终得到深汕特别合作区乡村发展潜力评价体系框架。

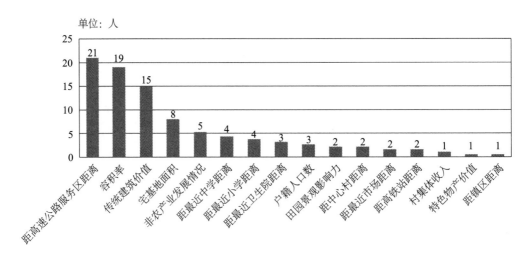

图 4-11　评价指标筛选问卷删除指标人数统计

（3）评价指标说明

"村庄规模"方面，宅基地面积和户籍人口数均对乡村发展潜力起到正向影响作用。宅基地面积反映村庄建设的规模，宅基地面积较大的村庄未来有补充公服设施、产业配套设施的余地，而搬迁成本也相对较高。由于常住人口信息不全，选用户籍人口数反映潜在劳动力的数量，户籍人口较多的村庄在未来可能需要扩大建设用地面积，因此被迁并概率较低。

"交通区位"方面，距高铁站、客运站、镇区和中心村的距离均对乡村发展潜力起到负向影响作用。距离指各村庄距离各类交通设施及地点的路程长度，其距离越远，发展潜力相对越低。这些指标反映了影响村庄区位的优劣和受城镇辐射带动的程度，也反映了村民出行的交通条件。

"服务设施"方面，距最近市场、中学、小学、卫生院的距离均对乡村发展潜力起到负向影响作用。距离指各村庄距离各类服务设施的路程长度，其距离越远，发展潜力相对越低。这些指标反映了村庄公共服务设施的配套情况及周边辐射情况。

"产业经济"方面，村集体收入和非农产业发展情况均对乡村发展潜力起到正向影响作用。村集体收入反映村庄的经济发展实力和村民生活质量，非农产业发展情况则反映村庄转型发展的潜力。

"特色资源"方面，特色资源的影响力和价值均对村庄发展潜力起到正向影响作用。该部分指标反映了村庄依托自身或邻近资源进行发展的潜力，特色资源影响力和价

值越高，该村庄更有可能在未来实现转型发展。

2. 评价指标权重初步计算与判断矩阵构建

（1）获取专家打分的指标平均值

在深汕特别合作区村庄发展潜力评价体系中，由于不同指标对总目标的影响程度不同，需进行权重赋值使评价体系科学客观。因此，编制深汕特别合作区村庄发展潜力评价指标权重问卷向专家收集评价指标权重的意见，请专家分别对各项指标的重要程度打分，分数代表该因子对上一级的重要程度，1～5 分分别代表"不重要""较不重要""一般重要""较重要""最重要"。

本阶段共发放电子问卷 43 份，全部为有效问卷。其中，向城乡规划领域学者发放问卷 10 份，向深汕特别合作区相关政府工作人员发放 5 份，向相关领域规划师发放 28 份。通过对问卷调查结果进行统计，得到计算结果见表 4-25。

表 4-25　深汕特别合作区乡村发展潜力评价体系框架与专家打分平均值

目标层	一级指标	平均值	二级指标	平均值	三级指标	平均值
深汕特别合作区村庄发展潜力	村庄规模 A	3.175	居民点规模 A_1	3.338	宅基地面积 A_{11}	3.263
			人口规模 A_2	3.675	户籍人口数 A_{21}	3.325
	交通区位 B	4.550	交通条件 B_1	4.475	距高铁站距离 B_{11}	4.063
					距客运站距离 B_{12}	3.775
			地理位置 B_2	4.150	距镇区距离 B_{21}	4.100
					距中心村距离 B_{22}	3.263
	服务设施 C	3.638	商业设施 C_1	3.850	距最近市场距离 C_{11}	3.900
			教育设施 C_2	3.588	距最近中学距离 C_{21}	3.513
					距最近小学距离 C_{22}	3.650
			医疗设施 C_3	3.713	距最近卫生院距离 C_{31}	3.700
	产业经济 D	3.925	经济收入 D_1	3.975	村集体收入情况 D_{11}	4.013
			产业发展 D_2	4.365	非农产业发展情况 D_{21}	4.213
	特色资源 E	4.238	外部资源 E_1	3.975	滨海景观影响力 E_{11}	4.175
					河湖景观影响力 E_{12}	3.750
					田园景观影响力 E_{13}	3.525
					遗址遗迹影响力 E_{14}	4.150
			内部资源 E_2	4.375	遗址遗迹价值 E_{21}	4.238
					人文活动价值 E_{22}	4.100
					特色物产价值 E_{23}	4.125

（2）构建判断矩阵

以一级指标的权重计算为例，参考本书 42 页"（2）构建判断矩阵"流程，得到一级指标对比判断矩阵。

通过问卷调查、实地踏勘等方式获得评价所需数据后，各项指标下的数据由于单位不统一、取值范围相差较大，且存在正负取向，无法直接进行比较，因此需要对数据进行标准化处理。本节选用在标准化处理中最常用的极差法来处理数据。指标中描述距离的三级指标均为负向指标，其余全部为正向指标，对于这两种指标，分别使用公式（4-2）和式（4-3）进行计算：

$$\text{正向指标} \quad P_{ij} = \frac{X_{ij} - X_{i\min}}{X_{i\max} - X_{i\min}} \quad\quad (4-2)$$

$$\text{负向指标} \quad P_{ij} = \frac{X_{ij} - X_{i\max}}{X_{i\min} - X_{i\max}} \quad\quad (4-3)$$

式中，P_{ij}——标准化数值；

X_{ij}——原始数据；

$X_{i\max}$——所有村庄原始数据中的最大值；

$X_{i\min}$——所有村庄原始数据中的最小值。

完成标准化处理后，原始数据即转换为 0～1 之间的数值，使用公式（4-4）得到各三级指标对总目标的得分。

$$M_{X_{nn}} = P_{ij} \times W_{ij} \quad\quad (4-4)$$

式中，$M_{X_{nn}}$——三级指标对总目标标准化处理后的权重；

P_{ij}——三级指标标准化数值；

W_{ij}——三级指标对总目标初始权重。

最后得到一级评价指标的权重值如表 4-26 所示，二级、三级指标的权重计算方式同理。

表 4-26　一级指标权重

对比值	A	B	C	D	E	几何平均值	权重
A	1.000	0.667	0.889	0.778	0.778	0.815	0.162
B	1.500	1.000	1.286	1.125	1.125	1.195	0.237
C	1.125	0.778	1.000	0.889	0.889	0.929	0.184
D	1.286	0.889	1.125	1.000	0.889	1.027	0.204
E	1.286	0.889	1.125	1.125	1.000	1.077	0.214

3. 一致性检验

检验过程参考本书 32 页"3. 一致性检验"。本次深汕特别合作区村庄发展潜力评价体系所有判断矩阵的 *C.R.* 均小于 0.1，一致性检验通过，得到了误差可接受的评价体系。

4. 计算指标权重值

在评价体系应用过程中，主要针对三级指标进行数据的收集，因此在进行权重计算时，利用公式（4-4）计算各三级指标对总目标的标准化权重。（表 4-27）

表 4-27 深汕特别合作区村庄发展潜力评价指标权重

一级指标	一级权重	二级指标	二级权重	三级指标	三级权重	三级指标对总目标初始权重	三级指标对总目标标准化处理后的权重 $M_{X_{nn}}$
A	0.162	A_1	0.470	A_{11}	1.000	0.076	0.027
		A_2	0.529	A_{21}	1.000	0.086	0.048
B	0.237	B_1	0.530	B_{11}	0.529	0.066	0.038
				B_{12}	0.470	0.059	0.058
		B_2	0.471	B_{21}	0.563	0.063	0.061
				B_{22}	0.437	0.049	0.049
C	0.184	C_1	0.347	C_{11}	1.000	0.064	0.062
		C_2	0.320	C_{21}	0.471	0.028	0.027
				C_{22}	0.530	0.031	0.027
		C_3	0.333	C_{31}	1.000	0.061	0.058
D	0.204	D_1	0.471	D_{11}	1.000	0.096	0.048
		D_2	0.530	D_{21}	1.000	0.108	0.000
E	0.214	E_1	0.471	E_{11}	0.307	0.031	0.027
				E_{12}	0.216	0.022	0.000
				E_{13}	0.170	0.017	0.000
				E_{14}	0.307	0.031	0.000
E	0.214	E_2	0.530	E_{21}	0.333	0.038	0.000
				E_{22}	0.333	0.038	0.038
				E_{23}	0.333	0.038	0.037

4.2.4 乡村发展潜力现状评价

1. 客观数据收集

在本节对深汕特别合作区乡村发展潜力的评价中，客观数据是指可直接获得的数据，可以表征村庄的客观现状，包括村庄规模 *A*、交通区位 *B*、服务设施 *C*、产业经济 *D* 4 个一级指标下对应指标的数据。

客观数据的收集主要通过发放"深汕特别合作区乡村基本情况调查表"和实地踏勘进行，在此基础上进行地理信息系统（Geographic Information System，GIS）网络分析和访谈，从而得到可供分析的数据。

村庄规模 A 方面，宅基地面积 A_{11} 的计算首先通过发放调查问卷确定各行政村内自然村的名单，然后结合全国第三次土地调查数据进行统计；户籍人口数 A_{21} 则直接通过调查问卷进行收集。交通区位 B 和服务设施 C 方面，在通过问卷和实地踏勘获取高铁站、客运站和中小学等设施的位置和数量后，利用 GIS 中的网络分析工具计算路径距离。产业经济 D 方面，由于深汕合作区此前没有对各自然村的经济情况进行过统计，因此进行了补充访谈，并结合实际情况对深汕合作区内各村庄的村集体收入情况 D_{11} 和非农产业发展情况 D_{21} 进行了分级，分级标准如表 4-28。

表 4-28　村集体收入情况与非农产业发展情况分级标准

三级指标	5分	4分	3分	2分	1分
村集体收入	富裕：收入主要来自工业、商业和旅游业	较富裕：收入主要来自村内小规模商业和工业，或受周边景区支持	一般：收入主要来自农业、养殖业，且产业初具规模	较贫困：收入主要来自农业、养殖业，但规模较小，部分村民外出打工	贫困：集体收入极少，外出打工的村民占绝大多数，村庄空心化严重
非农产业发展情况	非常好：非农产业为支柱产业，且有一定影响力	较好：非农产业为支柱产业，但影响力一般	一般：非农产业有一定规模，但不属于支柱产业	较差：非农产业规模较小	差：无非农产业

2. 主观数据收集

在本节对深汕特别合作区乡村发展潜力的评价中，主观数据是指特色资源 E 这项一级指标对应的数据，其中外部资源 E_1 指标包括滨海景观影响力 E_{11}、河湖景观影响力 E_{12}、田园景观影响力 E_{13} 和遗址遗迹影响力 E_{14}，内部资源 E_2 指标包括遗址遗迹价值 E_{21}、人文活动价值 E_{22}、特色物产价值 E_{23}。

（1）特色资源影响力及价值内涵

评价特色资源的目的是判断乡村发展潜力。发展潜力高的村庄，通常是经济活力强、居住环境好、基础设施完备的村庄。因此在对影响乡村发展潜力的特色资源进行评价时，也需要判断特色资源的存在是否能够促进村庄的经济发展和空间环境改善。

特色资源对村庄发展潜力的影响体现在产业、文化、景观等多个方面，其中，产业方面最为重要。影响力大、价值高的资源，应能够推动村庄产业的转型和发展、给村民带来更多收入，或形成有影响力的品牌。由于特色资源影响力（外部资源 E_1）和价值（内部资源 E_2）这两项指标的综合性，在本评价中，受访者对某一村庄某类资源影响力或价值的评分应是经过综合考虑后的评分，评价时需考虑的因素如图 4-12 所示。

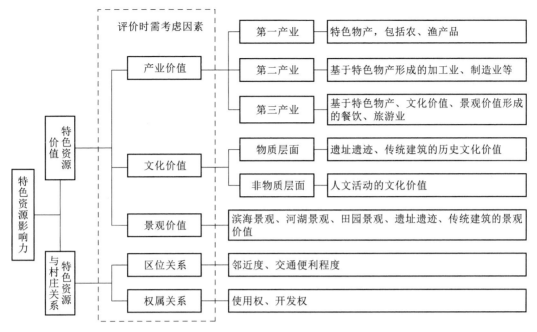

图 4-12　特色资源价值及影响力的内涵解析

在评价外部资源影响力时，除考虑资源价值之外，还需考虑资源与村庄的区位关系、权属关系。在评价内部资源价值时，需考虑资源的产业价值、文化价值和景观价值。在问卷设计中，同样需要对村庄的以上因素进行介绍，引导受访者做出科学的判断。

（2）特色资源评价问卷设计

深汕特别合作区内共计 185 个农村居民点，如要求每位受访者对所有村庄进行评价，会使得评价工作量过大，影响评价质量。因此，首先筛选出合作区内价值较高的特色资源，然后筛选出受该特色资源影响或拥有该特色资源的村庄，最后进行问卷设计，并只对筛选出的村庄进行评价。

①特色资源筛选：深汕特别合作区内特色资源众多，本评价只选择有可能促进村庄产业转型、增强村庄影响力的资源，在此原则下筛选出需要评价的各类特色资源。

②需评价村庄筛选：在筛选受特色资源影响的村庄时，主要依据资源与村庄现状的区位关系和权属关系来判断。

③问卷设计：深汕特别合作区村庄特色资源评价问卷主要以打分的方式获得受访者对特色资源影响力或价值的判断。首先在设置上，每道题目介绍某村庄在某特色资源方面的信息，包括产业价值、文化价值、景观价值、区位关系和权属关系 5 方面，辅以相关图片；然后让受访者在 1～5 分中选择自己认为合适的分数，5 分代表"影响力巨大"或"价值极高"，4 分代表"影响力较大"或"价值较高"，3 分代表"影响力一般"或"价值一般"，2 分代表"影响力较小"或"价值较低"，1 分代表"基本无影响"或"基本无价值"。

（3）特色资源评价问卷发放与统计

特色资源问卷较为复杂，要求受访者具备乡村规划的相关知识，并且对深汕特别合作区的村庄有一定了解。因此，本阶段对参与深汕特别合作区农村居民点规划的工作人员进行问卷发放，共发放问卷16份，全部为有效问卷。其中，向城乡规划领域学者发放问卷1份，向参与深汕特别合作区农村居民点规划的规划师发放5份，向城乡规划领域博士研究生发放2份，向城乡规划领域硕士研究生发放8份。

问卷回收后，取受访者打分的平均值作为村庄在特色资源方面三级指标得分，统计结果如表4-29所示。对于未选入问卷中的村庄，则默认该村庄受特色资源影响力或特色资源价值为1分，即"基本无影响"或"基本无价值"。

表4-29 特色资源评价问卷结果统计

二级指标	三级指标	村庄	该项得分	村庄	该项得分
E_1	E_{11}	百安	4.880	桥仔头（红泉）	2.310
		东滨隆	3.500	沙埔	3.000
		港尾	2.440	旺官社区	3.500
		鲘门社区	3.440	旺渔	4.380
		排角	2.880	虾船	4.060
		浅二	3.630	新春	3.190
		浅三	3.310	新旺	3.130
		浅一	3.880		
	E_{12}	赤石	2.500	深涌	4.060
		赤石社区	2.380	顺城	2.690
		大山头	2.880	汤湖	3.060
		大竹园	3.060	塘尾（大安）	2.630
		东围	3.000	下陂	3.130
		福田	3.060	下城（明热）	2.630
		江头	3.000	新城	3.310
		金石寨	2.750	新建	2.500
		榕树仔	2.690	新寨（新联）	2.440
		三江楼	3.250	圆墩	3.310
		厦围	3.000	园林社区	2.750
		上城	2.560		
	E_{13}	明热	3.130	碗窑	3.380
		大安	3.810	福中墩	2.800
		下北	3.130	田坑	3.190
	E_{14}	福中墩	3.500	驷马岭	3.810

二级指标	三级指标	村庄	该项得分	村庄	该项得分
E_2	E_{21}	金石寨	3.130	新城	4.310
		马头岭	3.060	新厝林	4.440
		秋塘	4.130	洋坑	3.690
		三江楼	3.940		
	E_{22}	红罗	3.940	旺渔	4.380
	E_{23}	鲘门社区	4.060	旺渔	4.380
		浅二	4.060	虾船	3.560
		浅一	3.440		

3. 评价结果分析

各项指标下的数据存在单位、量纲的差异，且指标存在正负取向，无法直接进行比较，因此需要对主客观数据进行标准化处理，使得各项数据具备可比性。本小节选用在标准化处理中最常用的极差法来处理数据，文中描述距离的指标均为负向指标，其余全部为正向指标。以小漠镇旺渔村乡村发展潜力评估为例，计算结果见表 4-30。

因此，旺渔村的乡村发展潜力总分为 0.605，交通区位 B 和服务设施 C 水平优秀，特色资源 E 价值较高，但村庄规模 A 不大，产业经济 D 方面也较差。

表 4-30　小漠镇旺渔村乡村发展潜力评价结果

三级指标	X_{ij}	P_{ij}	一级指标得分 M_x	村庄发展潜力得分 M
A_{11}	54242.601	0.360	$M_A = 0.075$	
A_{21}	2299.000	0.554		
B_{11}	11283.379	0.557	$M_B = 0.206$	
B_{12}	651.980	0.975		
B_{21}	603.283	0.969		
B_{22}	0.000	1.000		
C_{11}	500.266	0.966	$M_C = 0.174$	0.605
C_{21}	641.686	0.957		
C_{22}	649.374	0.882		
C_{31}	590.968	0.956		
D_{11}	3.000	0.500	$M_D = 0.048$	
D_{21}	1.000	0.000		
E_{11}	4.380	0.871	$M_E = 0.102$	
E_{12}	0.000	0.000		
E_{13}	0.000	0.000		

三级指标	X_{ij}	P_{ij}	一级指标得分 M_x	村庄发展潜力得分 M
E_{14}	0.000	0.000		
E_{21}	0.000	0.000	$M_E = 0.102$	0.605
E_{22}	4.380	1.000		
E_{23}	3.940	0.961		

4.2.5 乡村发展潜力等级划分

1. 乡村单项发展潜力等级划分

依据前文的乡村发展潜力评价结果，各村庄分别得到了其村庄规模 A、交通区位 B、服务设施 C、产业经济 D、特色资源 E 5 项评分，利用自然断点法对村庄得分进行分段，将各分项评分结果分为 3 级，对应该项村庄发展潜力的"高""中""低"。

（1）村庄规模

深汕特别合作区内各村庄在村庄规模 A 方面的得分在 0～0.121 之间，通过自然断点法确定评分在 0.063～0.121 之间的村庄在村庄规模 A 上为"高"等级，评分在 0.021～0.062 之间的村庄在村庄规模 A 上为"中"等级，评分在 0～0.020 之间的村庄在村庄规模 A 上为"低"等级。村庄规模 A 方面表现优秀的村庄，在未来有成为人口集聚中心的潜力。

（2）交通区位

深汕特别合作区内各村庄在交通区位 B 方面的得分在 0.045～0.227 之间，通过自然断点法确定评分在 0.171～0.227 之间的村庄在交通区位 B 上为"高"等级，评分在 0.120～0.170 之间的村庄在交通区位 B 上为"中"等级，评分在 0.045～0.119 之间的村庄在交通区位 B 上为"低"等级。交通区位 B 方面表现优秀的村庄，有成为外部联系中心的潜力。

（3）服务设施

深汕特别合作区内各村庄在服务设施 C 方面的得分在 0.010～0.184 之间，通过自然断点法确定评分在 0.135～0.184 之间的村庄在服务设施 C 上为"高"等级，评分在 0.085～0.134 之间的村庄在服务设施 C 上为"中"等级，评分在 0.010～0.084 之间的村庄在服务设施 C 上为"低"等级。服务设施 C 方面表现优秀的村庄，有成为公共服务中心的潜力。

（4）产业经济

深汕特别合作区内各村庄在产业经济 D 方面的得分在 0～0.204 之间，通过自然断点法确定评分在 0.144～0.204 之间的村庄在产业经济 D 上为"高"等级，评分在

0.048～0.143 之间的村庄在产业经济 D 上为"中"等级，评分在 0～0.047 之间的村庄在产业经济 D 上为"低"等级。产业经济 D 方面表现优秀的村庄，有成为当地产业发展中心的潜力。

（5）特色资源

深汕特别合作区内各村庄在特色资源 E 方面的得分在 0～0.101 之间，通过自然断点法确定评分在 0.038～0.101 之间的村庄在特色资源 E 上为"高"等级，评分在 0.010～0.037 之间的村庄在特色资源 E 上为"中"等级，评分在 0～0.009 之间的村庄在特色资源 E 上为"低"等级。特色资源 E 方面表现优秀的村庄，有发展为特色村寨的潜力。综上所述，深汕特别合作区村庄发展潜力分项评价等级见表 4-31。

表 4-31　深汕特别合作区村庄发展潜力分项评价等级

一级指标	高		中		低	
	数量	比例	数量	比例	数量	比例
A	10	5.41%	47	25.41%	128	69.19%
B	61	32.97%	66	35.68%	58	31.35%
C	64	34.59%	64	34.59%	57	30.81%
D	8	4.32%	44	23.78%	133	71.89%
E	9	4.86%	69	37.3%	107	57.84%

2. 乡村综合发展潜力等级划分

单项发展潜力只能体现村庄在单一方面的发展潜力，要判断乡村综合发展潜力，需要对其村庄规模 A、交通区位 B、服务设施 C、产业经济 D、特色资源 E 5 项评分进行综合分析。由于单项发展潜力相加总和会掩盖村庄自身特色，造成不同特征的村庄被分入同一类型的情况，本书将各单项发展潜力作为变量通过二阶聚类对评价结果进行分析。

二阶聚类又称两步聚类分析（Two Step Cluster Analysis），该工具能够比较不同聚类方案中聚类标准的值，并以此自动确定最佳聚类数。同时，在以对数似然为测量距离的聚类中，二阶聚类对于违反独立假设和分配假设的情况表现稳健。将所有村庄的 M_A、M_B、M_C、M_D、M_E 5 项表示村庄规模 A、交通区位 B、服务设施 C、产业经济 D、特色资源 E 的评分输入软件，设定测量距离为对数似然，以贝叶斯信息标准（BIC）为聚类准则，自动聚类分析结果如图 3-6 所示，最优聚类数目为 3 类，聚类质量良好。

用 Ⅰ、Ⅱ、Ⅲ 指代 3 类村庄，利用 3 类村庄的发展潜力评价结果绘制雷达图（图 4-13），正五边形坐标轴表示分值，图中不同灰度实线为该分类下所有村庄在发展潜力评价中的得分。基于各村庄分值的分布（表 4-32），可以看出 3 类村庄存在较为明显的差异。

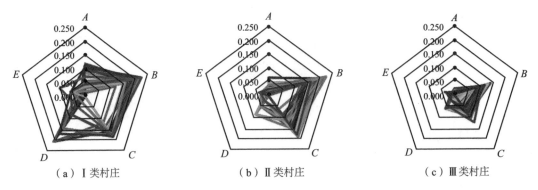

（a）Ⅰ类村庄　　　　　（b）Ⅱ类村庄　　　　　（c）Ⅲ类村庄

图 4-13　Ⅰ、Ⅱ、Ⅲ类村庄发展潜力评价结果

表 4-32　Ⅰ、Ⅱ、Ⅲ类村庄分值分布

村庄规模 M_A			
	Ⅰ类居民点	Ⅱ类居民点	Ⅲ类居民点
最大值	0.121	0.065	0.025
最小值	0.013	0.001	0.000
平均值	0.067	0.018	0.007
中位数	0.058	0.013	0.006
交通区位 M_B			
	Ⅰ类居民点	Ⅱ类居民点	Ⅲ类居民点
最大值	0.227	0.224	0.135
最小值	0.123	0.123	0.045
平均值	0.193	0.166	0.097
中位数	0.198	0.161	0.098
服务设施 M_C			
	Ⅰ类居民点	Ⅱ类居民点	Ⅲ类居民点
最大值	0.182	0.184	0.124
最小值	0.118	0.062	0.010
平均值	0.167	0.129	0.066
中位数	0.174	0.128	0.069
产业经济 M_D			
	Ⅰ类居民点	Ⅱ类居民点	Ⅲ类居民点
最大值	0.204	0.084	0.060
最小值	0.000	0.000	0.000

产业经济 M_D			
平均值	0.088	0.025	0.024
中位数	0.084	0.024	0.024
特色资源 M_E			
	Ⅰ类居民点	Ⅱ类居民点	Ⅲ类居民点
最大值	0.101	0.038	0.038
最小值	0.000	0.000	0.000
平均值	0.027	0.004	0.011
中位数	0.020	0.000	0.013

Ⅰ类村庄总体而言是各方面最优秀村庄的集合，在交通区位 B、服务设施 C 上的良好条件是其区别于其他两类村庄的重要特点。在村庄规模 A 上、产业经济 D、特色资源 E 上，Ⅰ类村庄呈现出较大的内部差异，既包含这 3 方面最优秀的村庄，也包含了中等或较差的村庄。

Ⅱ类村庄在交通区位 B、服务设施 C 上有较好的条件，但弱于Ⅰ类村庄，在村庄规模 A、产业经济 D 和特色资源 E 上中等或较差。

Ⅲ类村庄在 5 个方面普遍较弱，包含了村庄规模 A、交通区位 B、服务设施 C、产业经济 D 4 方面最弱的村庄，但在特色资源 E 方面呈现出内部差异，包含了一般和较差的村庄。同时，结合各村庄在"三区三线"规划中的落位，位于生态空间和农业空间内的村庄全部属于Ⅲ类村庄，符合前文对于此类村庄发展潜力较低的判断。

基于以上分析，可将Ⅰ类村庄划分为"高潜力"村庄，共 21 个；Ⅱ类村庄划分为"中潜力"村庄，共 99 个；Ⅲ类村庄划分为"低潜力"村庄，共 65 个。

本章小结

武夷山市棚户区改造存量空间价值评估中，运用层次分析法，从用地空间价值评估和建筑空间价值评估两个维度来对武夷山市棚户区空间价值作出评估，最终评估结果中用地空间价值和建筑空间价值分别被划分了"高""中"和"低" 3 个等级，形成 9 种交叉结果，并根据评估结果将 24 个棚户区分为"允许自行改造"和"禁止自行改造"两个改造分区，并将"禁止自行改造"的片区划分为"预留发展型""旅游开发型""拆除重建型"和"保留提升型" 4 种不同的改造类型。

深汕特别合作区乡村发展潜力评估中，在现有研究的基础上，结合专家意见和深汕特别合作区实际情况，构建了适用于深汕特别合作区的乡村发展潜力评价体系，并通过评价得出了各村庄的单项发展潜力等级和综合发展潜力等级，基于评价结果和村庄实际情况将深汕特别合作区内村庄分为"高潜力""中潜力""低潜力" 3 类。

方法篇

使用者主观评价

第5章 公共空间活力评价

本章主要内容包括官湖村公共空间活力评价、南头古城街巷空间活力评价。

5.1 官湖村公共空间活力评价

本节对景区依托型村落公共空间活力进行研究，通过评价体系的构建和运用，找出村落公共空间存在的空间问题并对低活力空间进行优化。本节可以为类似的其他景区依托型村落公共空间优化提供借鉴和参考。

5.1.1 官湖村公共空间概况介绍

1.景区依托型村落背景

随着乡村休闲旅游需求日益增加，许多村民和商户自行组织发起了当地村落旅游开发活动。这样以个人为单位的自组织开发模式缺乏统一的规划设计和有效的引导管理，容易造成个体商户优而整体环境差的情况。自组织开发模式下的村落大多数存在公共空间混乱、建筑功能单一、旅游配套服务及设施不完善等问题，这导致游客不愿在公共空间中长时间停留，影响村落公共空间活力。

以深圳市大鹏半岛的官湖村为例，游客被其附近的滨海景区吸引，来往人数众多，村落人气较好。但在村落公共空间停留的游客数量少，除了游客必要的通行行为外，在公共空间内很少发生其他与旅游相关的游览活动。此外，由于村落内能提供的旅游服务功能单一且缺乏合理规划，导致游客的游览时间和游览活动重叠，部分时间公共空间内游客拥挤，旅游服务供不应求，而其他时间内公共空间人迹罕至，旅游资源无人问津。类似这样的问题与游客日益增长的旅游需求不符，影响了村落公共空间的活力，不利于村落的长期发展，亟待解决。因此本节有以下两个目的。

（1）完善景区依托型村落公共空间活力与建成环境关系理论

目前，我国以城市公共空间为研究对象的空间活力研究较多，而对村落公共空间活力的关注较少。学者们在村落公共空间活力营造实践方面成果丰富，但缺乏对活力背后深层影响因素的探究。随着乡村旅游的蓬勃发展，关于景区依托型村落公共空间活力营造和相关研究更显重要。本节通过对村落公共空间和空间活力的研究，结合景区依托型

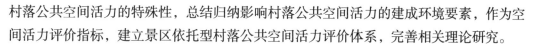

村落公共空间活力的特殊性，总结归纳影响村落公共空间活力的建成环境要素，作为空间活力评价指标，建立景区依托型村落公共空间活力评价体系，完善相关理论研究。

（2）提供景区依托型村落公共空间活力提升依据

随着村落旅游的不断发展，关于景区依托型村落公共空间的营造实践日益增加，学者从不同角度出发探讨村落公共空间的优化措施。但由于缺乏系统的理论研究，提出的策略缺乏依据和支撑。因此本节将构建景区依托型村落公共空间活力评价体系，并运用在实践中。根据村落公共空间活力评价结果，分析所在空间存在的活力问题，以此作为依据提出具体优化策略，达成空间活力提升的目的。这样的研究方法也可以为相似背景的其他旅游村落公共空间活力提升实践提供参考。

2. 官湖村公共空间类型与特殊要素

官湖村位于深圳市大鹏半岛，隶属于大鹏新区葵涌街道。官湖村南临官湖沙滩，东邻望渔岭，西接东江纵队纪念公园，沿着村落中的主要道路可通往位于官湖村西侧约1km 处的沙鱼涌村，旅游资源良好。官湖村附近海域原为海胆养殖场，因海水清澈，污染少，而被很多婚纱摄影公司选为拍摄基地，后来渐渐被游客熟知。随着旅游业的兴起，村民和外来商户陆续进行自组织的旅游开发。由于生态线控制，官湖村内不允许新建建筑，民宿多由原先的村民住房改造而成。政府和开发商尚未介入村落的旅游开发，因此官湖村还保留村落原有的空间肌理。除了主要道路可以双向通车外，其他道路宽度较窄，以人行为主。建筑体量小，多为三层。建筑间距窄，沿道路依次排布。村口设有牌坊，但距村落主要空间较远。村落中无祠堂、宗庙等纪念性建筑，邻近村口处设有官湖社区工作站和党群服务中心等管理机构。2014 年官湖村完成了污水处理系统等城市基础设施改造。大部分原住居民搬离村落，商户入驻使村落自发分为两部分，一是靠近海滩的旅游民宿区，这也是游客的主要活动范围；二是位于官湖村北部的老村，居住着少量村民。

（1）公共空间类型

官湖村公共空间延续了传统村落空间肌理，以小尺度空间为主。本节将官湖村公共空间分为点状空间、线状空间和面状空间 3 类。

①点状公共空间：官湖村内大部分传统点状空间，如水井、孤植古树等已消失，部分建筑前院内的点状空间仍有保留，多位于道路两侧。由于民居已被改为民宿和餐厅等商铺，建筑前院也由传统的半私密性过渡空间向半开放性过渡空间转变。各商铺为了招揽客人，允许游客自由进入前院甚至建筑内参观。民宿前院内经常举办烧烤、唱歌等活动，视线的通透性和互动性较好。另外，官湖村口保留一座牌坊，与周边空间构成了重要的点状空间。

②线状公共空间：官湖村内的线状公共空间以街道为主，按街道宽度和功能，分为交通性街道（主干路）、生活性街道（尽端入户道路）和里弄式街道（狭窄小巷）3 类。其中，交通性街巷道路宽度 6m，可保障双向车道顺利通行；生活性街道，即通往住户

103

的尽端路，其道路宽度为4m，主要作为步行道路；里弄式街道宽度在1.5m，仅能作为人行通道使用。

③面状公共空间：官湖村的面状公共空间按功能分类分为两种。一是功能复合的休闲广场，官湖村目前有3个广场，分别是中心广场、古树广场和海滨广场，村落中还有篮球场及沙滩。二是功能单一的停车场，官湖村设有3个公共停车场，均位于村落北侧且离官湖村中心区域较远，也没有其他功能和设施配套。

（2）公共空间特殊要素

官湖村作为与海滩毗邻的景区依托型村落，具有景区和村落的双重属性。村落内公共空间活力受到游客行为活动的影响，而游客的行为活动与所能提供的服务功能密切相关。官湖村内对公共空间活力产生影响的特殊空间要素如下。

①沙滩：官湖沙滩位于村落最南端，与村落空间紧邻，由于地势影响和防洪要求，沙滩附近建有一道高约2m的防洪堤坝，游客需要通过台阶，下行进入村落的沙滩空间。沙滩是游客的主要游览目的地，在此聚集的游客较多，商家在沙滩附近开设餐厅、出海用具零售商铺、淋浴室等。邻近沙滩的村民私宅被改造成海景民宿。官湖村西南侧的大面积区域因被废弃工厂占据，即使离沙滩较近却也受到围墙阻碍。从其他公共空间进入沙滩的路径较少，且步行距离均较远，因此海滩与官湖村公共空间的联系较弱。

②公共停车场：官湖村的3处公共停车场均位于村落北侧边缘。官湖村北侧东西两端和中部各有一处停车场，西端停车场属于婚纱摄影基地，不对游客开放。东端停车场面积最大，与官湖路直接相连，离村口较近，但距离海滩和村落中心区域较远，因此在停车位充足的情况下，较少被使用。中部停车场由原官湖学校改建，面积较大，可以停放约120辆私家车，是游客停车首选之地。从该停车场进入村落仅有一条道路，与其他公共空间联系较弱。

5.1.2 景区依托型村落公共空间活力评价体系构建

1.公共空间活力评价体系框架

（1）初步构建

通过文献参考和评价指标借鉴，结合景区依托型村落公共空间活力特殊性，本节初步从使用者、活动、交通可达、界面、内部环境、服务设施和维护管理7个方面进行指标选择，初步形成公共空间活力评价体系框架。（表5-1）

根据表5-1设计专家问卷，进行指标筛选。由于公共空间活力是一个较为复杂的概念，评价内容的描述对于非专业人士来说比较难理解，且使用者在公共空间内的行为活动具有自发性，更多处在无意识的随机状态下，所以非专业人士对指标的选取建议容易产生偏差，不作为指标选择依据，仅以专家意见作为筛选标准。

（2）评价体系框架确定

本阶段发放专家问卷 50 份，其中选取规划建筑学专家 30 人，旅游产业领域专家 12 人，其他政府相关管理人员 8 人。回收有效问卷 50 份，有效率 100%，根据专家学者们的筛选结果及指导意见总结出一级评价指标 7 项，二级评价指标 33 项。

其中专家提出删除"活动互动""植物种类"和"停车场数量"这 3 项二级指标，前两者对景区依托型村落公共空间活力不具备影响能力；后者则是因为村落公共空间规模通常较小，内设公共停车场的可能性不大，通常在村落外围集中设置停车场，停车场与公共空间有所联系，但不作为空间元素存在。

专家提出"交通可达"指标下的"步行可达性"和"开口分布"指标的评价内容相同，可以合为一个指标"公共空间出、入口数量"，通过统计进入公共空间的路径数量量化公共空间的可达性。"内部环境"指标中，"地面铺装"的美观含义在景区依托型村落中不具备活力影响能力，和"路面平整程度"评价内容相似，可以合并。另外，专家认为滨海旅游背景下，游客对气温环境的忍耐程度比较高，遮阳需求得到满足即可，因此"微气候"可与"空间遮阴率"合并。最后专家提出村落中很少会有类似城市居住区的保安物业服务，不具备治安管理条件，夜间照明一定程度上可以作为代替，因此"维护管理"指标下的"治安管理"指标被删除。根据

表 5-1　预设评价指标筛选集

目标层	一级指标	二级指标
景区依托型村落公共空间活力	使用者	使用者数量
		使用者类别
		使用者密度
		停留时间
	活动	活动种类数
		活动频率
		活动互动
	交通可达	公共空间与邻近景点距离
		公共空间与停车场距离
		出入口分布数量
		公共交通站点数
		停车场数量
	界面	建筑功能种类
		店铺密度
		建筑可进入比例
		空间围合程度
		建筑界面特色
		边界高差
	内部环境	空间尺寸
		空间断面宽高比
		交通安全度
		地面平整程度
		路面被车辆侵占率
		空间遮阳率
		绿地率
		路面铺装
		植被种类
		微气候
	服务设施	景观小品特色
		休憩设施密度
		路牌指标数量
		照明设施密度
		垃圾箱密度
		公共厕所数量
		无障碍设施密度
		活动设施密度
	维护管理	清理频率
		设施维护情况
		治安管理

专家意见，形成确定的评价体系框架，如表5-2所示。

表5-2 景区依托型村落公共空间活力评价体系框架与描述

目标层	一级指标	二级指标	性质	描述
景区依托型村落公共空间活力评价 A	使用者 B_1	使用者数量 C_1	定量	固定时间内活动人数
		使用者类别 C_2	定量	固定时间内活动不同年龄人群类别数量
		使用者密度 C_3	定量	使用者数量/公共空间面积
		停留时间 C_4	定量	使用者平均驻留时间
	活动 B_2	活动种类数 C_5	定量	活动种类数量
		活动频率 C_6	定量	使用者最常活动的空间
	交通可达 B_3	公共空间与邻近景区距离 C_7	定量	距邻近景区的最短路径距离
		公共空间与停车场距离 C_8	定量	距最近停车场的最短路径距离
		出入口分布数量 C_9	定量	步行可进入的路径数量
		公共交通站点数 C_{10}	定量	每条公交线路算一个站点
	界面 B_4	建筑功能种类 C_{11}	定量	建筑功能种类数量
		店铺密度 C_{12}	定量	商铺/总建筑数
		建筑可进入比例 C_{13}	定量	可进入建筑数/总建筑数
		空间围合程度 C_{14}	定量	围合建筑长度/总建筑长度
		建筑界面特色 C_{15}	定性	使用者主观评价
		边界高差 C_{16}	定量	两平面间的高差
	内部环境 B_5	空间尺寸 C_{17}	定量	空间长宽距离
		空间断面宽高比 C_{18}	定量	空间宽度/空间周边建筑高度
		交通安全度 C_{19}	定量	固定时间内通过的车辆
		地面平整程度 C_{20}	定量	平整地面面积/总地面面积
		路面被车辆侵占率 C_{21}	定量	被占面积/总面积
		空间遮阳比例 C_{22}	定量	垂直阴影面积/总面积
		绿地率 C_{23}	定量	绿化面积/总面积
		景观小品特色 C_{24}	定性	使用者主观评价
	服务设施 B_6	休憩设施密度 C_{25}	定量	设施数量/总面积
		路牌指标数量 C_{26}	定量	路牌指标数量
		照明设施密度 C_{27}	定量	设施数量/总面积
		垃圾箱密度 C_{28}	定量	设施数量/总面积
		公共厕所数量 C_{29}	定量	设施数量
		无障碍设施密度 C_{30}	定量	设施数量/总面积
		活动设施密度 C_{31}	定量	设施数量/总面积
	维护管理 B_7	清理频率 C_{32}	定量	次/天
		设施维护情况 C_{33}	定性	使用者主观评价

2. 构建判断矩阵

以景区依托型村落公共空间活力评价中的7项一级指标的权重赋值过程为例，参考本书42页"（2）构建判断矩阵"流程，得到一级指标的权重如表5-3。

表 5-3　一级指标权重

对比值	B_1	B_2	B_3	B_4	B_5	B_6	B_7	权重	重要排序
B_1	1	1/3	1/4	3	5	4	6	0.154	3
B_2	3	1	1/3	4	6	5	7	0.247	2
B_3	4	3	1	5	7	6	8	0.390	1
B_4	1/3	1/4	1/5	1	3	2	5	0.086	4
B_5	1/5	1/6	1/7	1/3	1	1/3	3	0.038	6
B_6	1/4	1/5	1/6	1/2	3	1	5	0.064	5
B_7	1/6	1/7	1/8	1/5	1/3	1/5	1	0.022	7

注：$C.R.=0.073 < 0.10$，对总目标的权重为 1。

3. 一致性检验

检验过程参考本书 32 页 "3. 一致性检验"。本次景区依托型村落公共空间活力评价体系所有判断矩阵的 $C.R.$ 均小于 0.1，一致性检验通过。

4. 计算指标权重

基于上述计算方法，对景区依托型村落公共空间活力评价体系框架所有二级指标和三级指标分别进行权重计算，得出各指标权重。（表 5-4）

表 5-4　景区依托型村落公共空间活力评价指标权重

A	B	一级权重	C	二级权重	二级指标对总目标权重	A	B	一级权重	C	二级权重	二级指标对总目标权重
景区依托型村落公共空间活力评价	B_1	0.154	C_1	0.470	7.24%	景区依托型村落公共空间活力评价	B_5	0.038	C_{17}	0.054	0.21%
			C_2	0.096	1.48%				C_{18}	0.075	0.29%
			C_3	0.279	4.30%				C_{19}	0.331	1.26%
			C_4	0.161	2.48%				C_{20}	0.037	0.14%
	B_2	0.247	C_5	0.333	8.23%				C_{21}	0.328	1.25%
			C_6	0.667	16.47%				C_{22}	0.131	0.50%
	B_3	0.390	C_7	0.581	22.66%				C_{23}	0.028	0.11%
			C_8	0.117	4.56%				C_{24}	0.016	0.10%
			C_9	0.244	9.52%		B_6	0.064	C_{25}	0.393	2.51%
			C_{10}	0.057	2.22%				C_{26}	0.028	0.18%
	B_4	0.086	C_{11}	0.441	3.79%				C_{27}	0.248	1.60%
			C_{12}	0.159	1.37%				C_{28}	0.055	0.35%
			C_{13}	0.236	2.03%				C_{29}	0.133	0.85%
			C_{14}	0.034	0.29%				C_{30}	0.055	0.35%
			C_{15}	0.083	0.71%				C_{31}	0.087	0.56%
			C_{16}	0.047	0.40%		B_7	0.022	C_{32}	0.667	1.46%
									C_{33}	0.333	0.73%

5.1.3　官湖村公共空间活力评价

1.公共空间选取原则与实地勘测

（1）公共空间选取原则

①步行活动空间为主：公共空间不仅指公共的室外空间，也包括人们能在此自由行走和发生社会活动的场所。选取样本时，需要关注空间能否支持人群步行和活动停留。例如，不设人行步道和不设活动停留的过渡空间的车行道路不在样本选取范围内。

②代表性与差异性：通过实地调研了解官湖村所有公共空间情况，各样本的活力情况和环境条件存在差异，应包括官湖村所有类型的公共空间。官湖村口处留有一座牌坊，位于葵鹏路与官湖路交叉口处，由于邻近省道没有形成开阔的入口广场，牌坊及附近空地面积较小，周边人群零星分散，附近偶有活动发生，被视为点状空间。根据官湖村公共空间现状，点状空间中民居前院数量较多，且开放性强，与附近街道的融合程度高，故将其与邻近的道路合并，作为线状公共空间内的空间元素，纳入线状公共空间样本。官湖村中的线状公共空间样本较多，主要是车行道路，但因其缺乏步行系统和活动停留空间，不作为公共空间样本，其他步行街道选取具有代表性的街道。官湖村面状公共空间样本选择中，由于公共停车场功能需求单一且无其他配套设施，不被纳入评价范围中。

（2）实地勘测

选取官湖村内的 12 处公共空间（图 5-1），利用工作日和周末分别对每个样本进行实地调研。现场记录 12 处公共空间中人群数量、类别、密度、停留时间和活动种类，而其他例如空间尺寸、街巷宽高比、高差和设施密度等指标利用测绘工具获得数据。在现场统计过程中，对各公共空间内的活动类型，必要性行为、自发性行为和社会性行为发生的比例，活动人群的年龄层次，占总人数的比例都进行了记录。

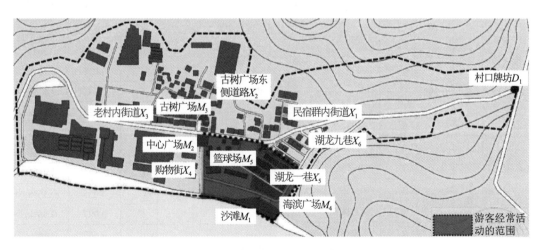

图 5-1　官湖村 12 处公共空间

2. 调研问卷的发放与统计分析

（1）问卷发放

①发放对象：本节研究对象为景区依托型村落公共空间，问卷发放的对象为游客。而入驻商铺的经营者作为工作人员，在公共空间活动的机会和时间较少，仅作为访谈对象，不归为问卷受访人群。

②问卷发放时间：旅游淡、旺季受气温的影响较大，官湖村旺季从每年的 5 月到 10 月，淡季从 11 月到次年 4 月。在旅游旺季中，官湖村以周末游为主，工作日游客较少。本次调研问卷发放时间，选取旺季中的工作日和周末，均为全天 12 个小时（8：00 至 20：00）不间断发放。工作日两次累计发放 100 份问卷，周末两次累计发放 200 份问卷，本次问卷发放共有 4 名调查员参与。

③问卷发放地点：由于本次调研对象为官湖村所有公共空间，因此发放问卷时需要均衡考虑各个空间数据的采集情况，尽量保证每个空间都有一定数量的有效问卷。

④问卷的回收：本次调研问卷一共发放 300 份，回收问卷共 300 份，淘汰不符合要求的问卷 7 份，得到有效问卷 293 份，问卷有效率为 97.67%。

（2）问卷统计

在对受访者的基本特征调查中，分别对官湖村公共空间受访者的性别、年龄、收入水平、客源地、交通方式、共游人员组成、停留天数、到达频率和所进行的活动 9 个方面进行了统计分析，结果如下。

①受访者性别：根据受访者性别调查发现，男性游客占总受访人数的 48%，女性为 52%，男女游客数量基本持平。其中周末时，女性游客占比较大，约为 55%；而在工作日，男性游客占比较大，约为 59%。经过分析得知，周末的游客以海边休闲游为主，女性较多；工作日来官湖村参加潜水考试、冲浪训练和海钓等活动的人群较多，而这类活动更受男性青睐。

②受访者年龄：在受访者年龄调查中，18 岁以下的游客占总受访人数的 3%，在 18～30 岁之间的游客占总数的 31%，在 31～45 岁之间的游客数量约为总调查人数的 33%，46～60 岁之间的游客比重为 21%，60 岁以上的游客数量占总调查人数的 12%。其中游客的年龄段以 18～45 岁之间为主，占总人数的 64%。官湖村位于海边，受地区偏远和公共交通不便的限制，单独到此游玩的未成年人较少，多数是和家长一起出游。海边的游览活动通常需要体力，对年龄的限制较大，因此爱好运动的中青年人是主要人群，老年人较少。

③受访者收入水平：调查受访者的收入水平是为了了解到官湖村进行游览群体的消费水平。根据统计发现，受访的 300 名游客中，年收入 8 万～15 万元和 15 万～30 万元的游客数量最多，分别占总人数的 34% 和 42%。官湖村的大部分游客年收入位于深圳市年收入均值以上，工薪阶层占大多数。

④受访者客源地：通过调查发现来自深圳市的游客最多，约占总受访人数的62%。除深圳市以外的广东省其他城市的游客约占总人数的36%，主要来自惠州、东莞和河源，少数来自韶关、潮州等。还有极少数来自省外的游客，如南昌等。受到滨海景区游览资源的限制，官湖村的游客通常是利用周末和短期假日进行休闲游，因此游客多为深圳本市或周边城市的居民。

⑤受访者交通方式：选择自驾出游的游客数量最多，约占总受访人数的81%，跟随团队大巴出行的人数约为8%，选择公共交通的游客约为5%，乘坐出租汽车前来的游客约占总受访人数的4%，最后有极少数人群选择骑行。由于大鹏半岛位于深圳市最东端，离市区较远，地铁尚未开通，公共汽车线路接驳并不顺畅，从市区中心到官湖村需要3小时，因此选择公共交通出游的游客较少。没有满足自驾条件的游客通常选择乘坐出租汽车或参加旅行社团组织的自由行到达。

⑥受访者共游人员组成：以家庭为单位的旅游模式较多，占总人数的39%。多人游的模式和双人游的模式数量相当，分别占总数的28%和21%。团队游的模式占总数的12%。

⑦受访者的停留天数：根据受访者停留情况的统计结果发现，停留两天一夜的游客较多，约占受访总人数的52%。一日游或不在官湖村住宿的游客约占总数的37%。还有11%的游客在官湖村停留时间3天及以上。

⑧受访者到达频率：第一次到官湖村的游客最多，占比63%，第二次来的游客约为总受访人数的32%，到官湖村3次及以上的游客占总数的5%。

⑨受访者所进行的活动：受访者在官湖村公共空间内进行的活动种类较多，包括海边戏水、玩沙、拾贝、拍照、烧烤、购物、用餐、闲聊和闲坐休息等。其中购物和用餐这两项活动的参与性最强，参与人数占总人数的100%。另外，78%的受访者选择在海边戏水，57%游客会在公共空间里拍照，而选择玩沙、拾贝和烧烤活动的受访者分别是46%、38%和43%，散步、闲聊和闲坐休息的受访者分别占总数的21%、53%和32%。

3. 公共空间活力评价结果与整体分析

通过实地勘测与问卷收集，获取官湖村空间活力评价样本的各指标数据由于各指标的单位差异较大，需要利用五分法将各指标统一。通过横向比较，将同一指标下12处公共空间中最好的空间评价数据设为满分5分，其他样本评价得分按相应比值依次得出。

$$U_i = \sum_{i=1}^{n} R_i \times W_i \qquad （5-1）$$

式中，U_i——活力评价最终结果；

R_i——二级指标得分；

W_i——二级指标对总目标权重。

根据以上公式，得到官湖村 12 处公共空间活力评价最终结果。根据评价语义将所有公共空间分为 4 类，较高活力空间有购物街 M_4，得分在 3.5 分以上；中等活力空间包括古树广场东侧街道 X_2、湖龙一巷 X_5、沙滩 M_1、中心广场 M_2 和海滨广场 M_4；较低活力空间有古树广场 M_3、篮球场 M_5、湖龙九巷 X_6、民宿群内街道 X_1 和老村内街道 X_3 共 6 处空间样本。低活力空间有村口牌坊 D_1，具体得分如表 5-5 所示：

表 5-5 样本活力评价结果

活力评价	空间编号	评价结果
3.5＜较高活力空间≤4.5	X_4	3.71
2.5＜中等活力空间≤3.5	X_5	3.47
	M_1	3.40
	M_2	3.24
	M_4	3.12
	X_2	2.84
1.5＜较低活力空间≤2.5	M_3	2.31
	M_5	2.07
	X_6	1.88
	X_1	1.83
	X_3	1.71
低活力空间≤1.5	D_1	1.44

5.1.4 公共空间活力表征与样本筛选

选择游客经常聚集的且空间活力较低的样本，进行空间优化。其他活力较低、地处偏远的空间样本暂不考虑优化。

1. 游客分布

（1）游客位置与年龄分布

靠近海滩附近的公共空间游客数量最多，随着公共空间与海滩距离的增加，游客分布数量也逐渐减少（图 5-2）。

结合前文对受访者年龄的统计，发现不同年龄层次的游客在官湖村公共空间内的分布情况有所差异（图 5-3）。官湖村作为滨海旅游村落，游客以中青年人群为主。同时，对老年人和儿童来说，越靠近沙滩的空间对他们的吸引力越大。

综上可知，公共空间受到自身条件的限制，对不同类型的游客具有一定的吸引或排斥，通常能满足更多年龄层游客需求的公共空间活力会更好。在官湖村中，靠近沙滩和商业功能多样的公共空间内游客年龄层丰富且大量集中。

（2）游客活动分布

根据实地调研发现，游客的活动受到时间和空间的影响。官湖村公共空间研究的根本目的是为游客提供一个休闲放松的旅游目的地。由于旺季游客数量较多，更方便进行观察及分析，因此选取周末有代表性的 4 个时间段，分别对上午 9∶00～11∶00、中午 12∶00～14∶00、下午 16∶00～18∶00、晚间 18∶00～20∶00 进行观测，并根据不同时段内官湖村公共空间的内游客的活动行为和分布情况，绘制出游客活动分布图。本节将游客的行为分为必要性活动（通行等）、自发性活动（休憩、餐饮、娱乐等）及社会性活动（交谈等）3 类。

①上午 9∶00～11∶00：在官湖村主要街道内游客进行必要性活动较多，这一时间段内游客大量涌入景区，游客通行需求较大。此外游客自发性活动也开始增加，购物、餐饮、海边娱乐等活动有所增加。（图 5-4）

②中午 12∶00～14∶00：滨海空间游客明显减少，一是由于午休时间游客回到住处休息或用餐，二是由于午间阳光过于强烈，室外气温较高且沙滩上没有充足的遮阳设施。村落空间中社会性活动有所增加，游客穿梭于民宿区街巷空间中，在有休息设施和遮阳设施的场所停留和交谈，进行棋牌等活动。（图 5-5）

③下午 16∶00～18∶00：游客的自发性活动异常活跃，滨海空间及广场空间等大型开放公共空间的游客人数均达到一天之中的最大值。海边拾贝、划艇等海上体育活动的参与人群也达到最高峰。同时，沙滩出现人员拥挤现象，广场上活动人群也较为密集。此时气候环境较为宜人，游客的必要性活动有所减少。（图 5-6）

④晚间 18∶00～20∶00：游客必要性活动大幅度增加，一日游的游客大部分在此时间段开始返程，人群多聚集在民宿区内各个主要街道中。滨海及广场空间人群有所减少，社会性活动基本结束，沙滩娱乐休闲活动逐渐减少，游客多聚集在停车场附近及民宿区出入口处。（图 5-7）

由以上不同时间段的游客活动可知，一天当中官湖村游客活动最为频繁的时段为下午（16∶00～18∶00），在旺季的这一时段通常会出现沙滩、广场及主要通行道路拥挤的现象。其余时段由于游客的活动类型不同及空间品质不同也会出现局部环境品质较高的空间利用率高，环境品质欠佳的空间利用率低的现象。另外，游客的自发性活动和社会性活动多集中在官湖路以南的靠近海滩的公共空间内。本节结合公共空间活力评价及游客行为的观察两方面共同分析，从而得出客观合理可行的评价结果及优化策略。

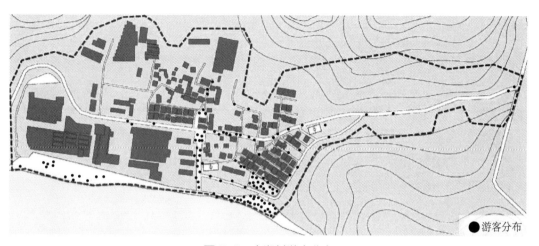

图 5-2　官湖村游客分布

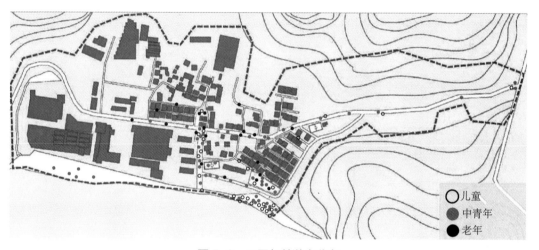

图 5-3　不同年龄游客分布

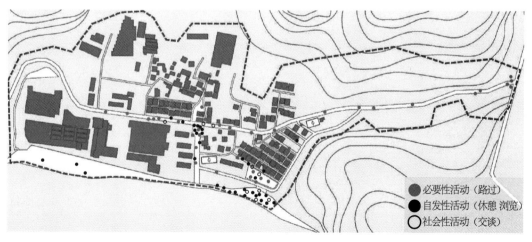

图 5-4　9：00～11：00 游客活动分布

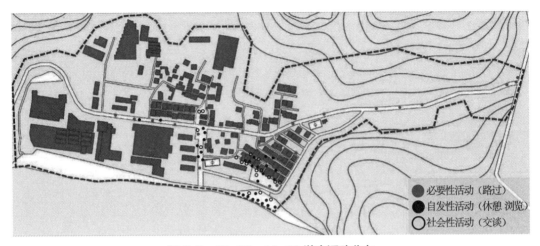

图 5-5　12：00～14：00 游客活动分布

图 5-6　16：00～18：00 游客活动分布

图 5-7　18：00～20：00 游客活动分布

2. 公共空间筛选

基于以上对游客活动分布的规律进行分析发现，游客的主要活动范围集中在海滩附近，海滩对游客的活动有重要影响，游客多聚集在沙滩等毗邻滨海景点的公共空间，因此离海滩越近的公共空间活力越好。

停车场附近游客较多，停车场附近的公共空间是大多数游客的必经场所，对人流的数量有影响，但不能延长游客的停留时间。

官湖村被官湖路由东至西贯穿，整个村落被分南、北两部分。根据游客分布和活动分布发现，游客多集中于靠近海滩的东南侧村落，湖龙一巷 X_5、沙滩 M_1、中心广场 M_2、海滨广场 M_4 和篮球场 M_5 位于游客经常活动的范围内且活力评价较低，属于需要优化的公共空间。其中篮球场 M_5 作为活动场地，游客鲜少进入，附近驻地部队官兵和商户闲暇时间偶尔在篮球场内进行体育活动，空间长时间闲置，空间活力逐渐衰弱。篮球场靠近海滩，为了合理利用公共空间提升官湖村旅游竞争力，将篮球场纳入改造范围内，针对游客需求，进行空间优化。

古树广场 M_3、民宿群内街道 X_1、老村内街道 X_3、湖龙九巷 X_6 和村口牌坊 D_1 位于官湖路北侧附近，游客较少经过停留，不属于游客活动范围，不作为空间优化的研究对象。

5.1.5　官湖村公共空间活力问题分析与优化策略

1. 公共空间活力问题分析

前文提出需要进行优化的公共空间包括湖龙一巷 X_5、沙滩 M_1、中心广场 M_2、海滨广场 M_4 和篮球场 M_5 共 5 处。其中，湖龙一巷 X_5 属于线状公共空间，其余 4 处属于面状公共空间。为了对各公共空间存在的问题有更直观的了解，为后续优化提供有效的依据，本节根据 33 项二级指标的重要性（对总目标权重）及活力评价结果绘制象限图。以评价指标的重要性作为纵坐标，取所有二级指标权重的中位数 1.2 为重要性分界数值；将所有评价指标的活力评价结果作为横坐标，以活力评价结果"一般活力"的中间值 3.0 为活力值分界点，从而得到Ⅰ、Ⅱ、Ⅲ、Ⅳ 4 个象限，分别代表着"高重要性—高活力值""高重要性—低活力值""低重要性—低活力值"和"低重要性—高活力值" 4 部分的空间评价。根据 5 处公共空间的评价指标重要性和活力结果建立象限图，重点关注"高重要性—低活力值"象限内的指标，分析该空间存在的主要问题。

以湖龙一巷 X_5 为例，以各指标的活力得分建立象限图（图 5-8）。其中位于Ⅱ象限范围内的指标包括使用者数量 C_1、公共空间与停车场距离 C_8、公共交通站点数 C_{10} 和建筑功能种类 C_{11}。根据分析发现该空间样本中主要存在的活力问题包括与停车场和外部交通联系性差，空间附近建筑功能单一等，需要重点改进（图 5-9）。另外属于Ⅲ象限范围内的指标有景观小品特色 C_{24}、垃圾箱密度 C_{28}、公共厕所数量 C_{29}、无障碍设施密度 C_{30} 和活动设施密度 C_{31}，说明该空间存在景观特色不明显，设施不完善等问题，可以进行适度优化以提升空间活力。

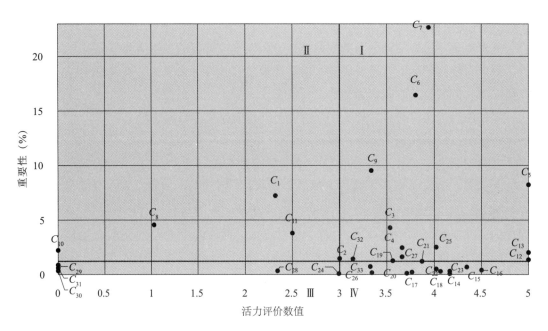

图 5-8 湖龙一巷 X_5 重要性——活力评价数值象限分析

（a）街道立面　　　　　　　　　　（b）街道断面

图 5-9 湖龙一巷 X_5 空间现状

2. 公共空间优化策略

由于各公共空间面临的空间问题不同，各空间形态不同且空间环境条件迥异，提出优化策略各有侧重，需要分开讨论。以湖龙一巷 X_5 为例，提出公共空间优化策略。

湖龙一巷属于线状公共空间，街道宽约 3 m。街道北侧毗邻整排民宿建筑，兼有部分餐厅（图 5-10）。湖龙一巷与南面海滩距离较近，因此海滩上的游客多选择在此入住和就餐。湖龙一巷距离停车场较远，南接海滨广场，两者间存在约 1.5m 的高差，台阶出入口多被附近商户封锁，通行不便（图 5-11）。湖龙一巷附近建筑功能单一，沿街建筑色彩丰富但空间特色略显不足，服务设施稍显不完善，这些空间问题亟须优化。官湖村中停车场的位置固定，难以改变，因此优化策略不予考虑。购物街与湖龙一巷同属官湖村内的线状公共空间，且空间活力较好。参照购物街的活力优势，提出湖龙一巷具体优化策略。

图5-10　湖龙一巷区位

图5-11　湖龙一巷实景

（1）建筑功能优化与活动植入

湖龙一巷位于沙滩与离沙滩最近的民宿区之间，空间附近建筑以民宿和餐厅为主，仅在用餐时间游客多，活力较好。由于湖龙一巷较窄，在街道内设置活动场所较为困难，重点关注街道界面的功能复合，通过在建筑内植入新的功能，提供新的活动，延长游客在街道中的停留时间。考虑到官湖村今后的发展，建议附近商家在业态的选择上可以进行差异化发展，多植入旅游纪念品商店、双人自行车租赁点、海文化主题咖啡厅、独立电影院或书店等，丰富游客在公共空间内的活动（图5-12）。另外需要对附近商户进行统一管理，避免商业活动对街道空间的过度侵占，影响游客正常通行。

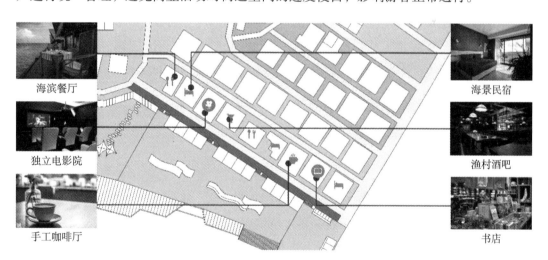

图5-12　湖龙一巷附近建筑功能植入示意

（2）街巷空间风貌优化

湖龙一巷沿街建筑在色彩搭配上，较为符合滨海旅游村落特色。既保留原有村落特色，又符合海滨民宿的活泼感。建议在对现有的建筑色彩进行协调，对于色彩突兀的建筑提出改造建议，保证主要街巷的建筑色彩和谐。可以从滨海生活中提取颜色，注意色彩对比和搭配，浓淡相宜，形成整体感。

为了保证游客在湖龙一巷内的舒适感，需要在街道的尺度感和街道的连续性等方面进行精心设计。建议通过设置构筑物、遮阳棚、庭院绿篱、多层次景观植物等对街道空间进行丰富（图5-13）。在街道界面材质的选择方面鼓励商户因地制宜，多使用当地海洋副产品，既环保又极具滨海村落特色。许多海鲜可以为村落界面装饰提供材料，如将生蚝壳、贝壳等嵌入墙体或作为墙体填充物，都是极具滨海特色的营造方式（图5-14）。

街巷景观小品布置方面，可利用官湖村现有的植物和海上活动用品。在景观植物布置上，宜将高大乔木和低矮灌木相结合，乔木树冠可以为空间提供遮阴，低矮的植物与街道立面结合，更具文艺气息。废弃的海上活动用品也可以重新利用作为装饰，如废弃的船锚、救生圈、汽车轮胎、渔网等可作为官湖村滨海特色元素装饰在街道界面上（图5-15）。

（3）街道层次优化

湖龙一巷宽约3m，结合南边悬挑平台约宽6m，北侧与商铺前院毗邻，因此整体街道宽度较宽，可以进行合理的空间层次规划。利用休憩设施、绿色植物和商铺遮阳篷及橱窗将街道分为多个层次，丰富街道功能和激发更多活动（图5-15）。

  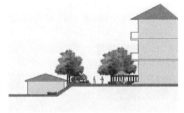

图5-13 湖龙一巷街道界面图　图5-14 湖龙一巷街道景观图 图5-15 湖龙一巷街道优化剖面

（4）服务设施优化

由于游客数量较多，建议增加湖龙一巷内垃圾箱等卫生设施的数量，满足游客需求。官湖村公共空间内所有卫生设施可以统一进行滨海主题的造型处理，既满足卫生要求又可以提升空间特色。此外，在条件允许的情况下，在各商铺入户处布置无障碍设施，为行动不便和携带大型物品的游客提供方便，有利于空间整体品质的提高。

5.2　南头古城街巷空间活力评价

本节以深圳南头古城中的街巷空间作为研究对象，通过实地踏勘、拍摄记录等方式获取日常生活行为数据，并利用归纳对比的方法总结街巷空间活力特征。最后，对街巷

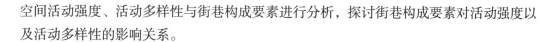

空间活动强度、活动多样性与街巷构成要素进行分析，探讨街巷构成要素对活动强度以及活动多样性的影响关系。

5.2.1　南头古城街巷空间活力特征基本情况

1.深圳城中村街巷空间背景

深圳市城中村街巷空间有着不同于一般城市公共空间的本体特征，它承载着高度复合的业态分布模式，容纳着丰富多元的日常生活行为，体现着特色鲜明的空间活力。人们对深圳城中村的评价不再仅仅是负面的批评，而是对其进行更加正面的客观解析，也从"推倒重来"单一的粗暴手段转向环境整治、社区整合、社会公平等多重方式相融合的综合治理模式。城中村日常生活的价值已经得到社会各界的认可，城中村空间所承载的社会价值及意义让人们有机会认识到深圳城市化进程中的多元性和丰富性。因此，深圳城中村的多元活力需要用多维的角度进行研究，城中村街巷空间所承载的日常生活行为模式是城中村空间活力的重要体现。

由于城中村空间拥挤度较高，建筑密度较大，很少有为公共活动设置特定的公共活动场所。城中村中的街巷是主要的线状户外空间类型，街巷的相互衔接一般构成了城中村空间形态的主体结构，对内及对外都具有较高的可达性。相较于面状的广场空间，街巷的尺度及视域相对较小。一般主要街巷的宽度为 6～7m，次要的街道宽度为 3～4m，街道的长度则由城中村的本身尺度以及与其他街道的连接情况等因素决定。在日常生活中城中村的街巷既承载着较大的交通人流，也包含着丰富的活动类型，例如购物、交谈、吃饭、休憩、表演等。街巷本身一般包含了车行道与人行道，且一般为人车混行。

本节结合对城中村街巷中日常生活行为的观察记录，总结出街巷空间活力特征的两种量化指标——活动强度与活动多样性——采用可视化图解对街巷空间中日常生活行为的时空特征进行解析。采用实证研究的方法，以深圳城中村南头古城的街巷空间为例，通过统计分析其街巷空间中活力特征与街巷构成要素的指标，深度解析街巷构成要素对日常生活行为的内在影响机制。

2.南头古城街巷空间

南头古城位于深圳市南山区，占地面积约为 7hm²，东西方向跨度约为 680m，南北向约为 500m。历史上南头古城以凸状城垣构成整体骨架，以山丘轮廓为背景，形成"六纵一横"的街道格局。古城的传统肌理为"内街支巷"，垂直于主街街巷发展，形成疏密有致、有规律的肌理形式。虽然在城市化进程中，整体空间结构基本保留，但南头古城的居住环境密度、建筑形态以及社会人口构成发生了较大的变化。其中原有的古城空间肌理也逐渐消失，现代空间肌理则为大体量的建筑物组合。由于私搭乱建的现象严重，原有肌理呈现出一定程度的混乱和无序。

（1）街巷空间解析

南头古城主要的公共空间类型为线状的街巷空间和面状的广场空间。其中，线性的街巷段构成了古城主要的空间结构形态，衔接着城中村内外空间的主要路径，具有较高的空间可达性，承载了多样化的日常生活行为（图5-16，图5-17）。南头古城东西向主要街巷为中山东街、中山西街、中山南街一坊以及中山南街二坊；南北向主要街巷段首先是中山南街，为南北主要的交通空间以及商业空间，其余分别为梧桐街、春景街、乐平街、朝阳南街等。

图5-16　中山东街

图5-17　中山南街

　　中山东街与中山西街分别连接着南头古城东西侧入口，是最主要的东西向街巷，空间尺度较大，承载着东西向的主要交通。中山东街空间中集中了大量的集市空间，包括菜店、肉铺以及熟食店等，主要提供日常生活所需的食用物品。中山西街相比于东街较短，空间中的功能业态更多是家具建材以及餐饮等类型；此外，中山南街一坊与中山南街二坊是次一级的东西向街巷，空间尺度及所连接的东西向出入口也相对较小。其中，一坊主要集中了大量的餐饮空间；二坊则是有着古城最大的百货超市，其余的临街店铺也有杂货店、菜店、手机维修店等，业态类型较为分散，店铺数量较少。

　　中山南街是南头古城南北方向上最为重要的街巷，连接着古城南向的出入口，并与中山东西街相连，承载着南北向的主要交通。街巷的北侧主要集中了休闲娱乐等类型的业态，如书店、美容美发店、养生馆、奶茶店等；南侧主要分布着餐饮店与杂货店，为人们提供食品及日常生活用品。其余南北向的街巷更多为内向型，街巷空间尺度较为狭小，且街巷两侧一般直接与住户相连，商业业态主要以休闲娱乐的棋牌室为主。

　　（2）南头古城街巷空间研究范围

　　选取中山东街、中山西街、中山南街、中山南街一坊以及中山南街二坊作为日常生活行为数据的采集对象，共分为18段街巷空间，按照序号进行标记，如图5-18所示。其中，街巷1、2属于中山西街；街巷3～8属于中山东街；街巷9～12属于中山南街；街巷13属于中山南街一坊；街巷14～18属于中山南街二坊。

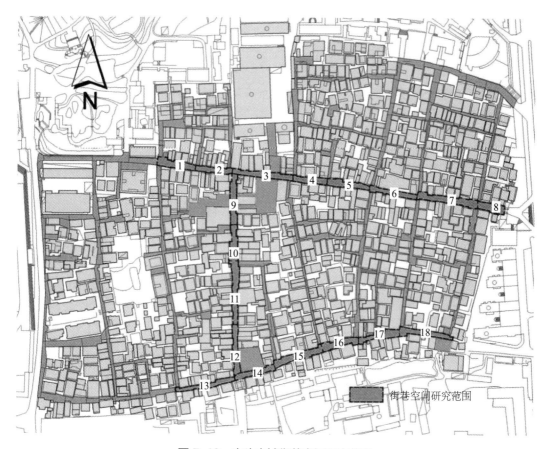

图 5-18　南头古城街巷空间研究范围

（3）街巷空间构成要素

城中村街巷空间的构成要素主要包括街巷的底界面、建筑物围合成的侧界面、设施和景观绿植。

①底界面：基底面或路面，通过长宽、空间尺度变化、凹凸情况等的限定，对街巷上行人的活动区域（通行区域、驻足观看区域和活动区域）及其行为活动起到限定和引导作用。街巷空间为城中村最主要的户外公共空间，在日常生活中除容纳部分的车行交通行为外，主要承担了人群的步行交通、互动交往、购物等日常生活活动。

②侧界面：与底界面相垂直的是侧界面，包括建筑墙体、围栏、构筑物等，它们对公共空间的开敞、封闭、连续等空间特征起到决定性的作用，也能对人们产生强烈的视觉和心理作用。街巷的临街界面在物质空间层面有着门窗、附属界面设施、界面材质以及垂直绿植等，在功能层面上也说明了多种类型店铺的功能业态。此外，较高街巷空间界面的连续性及平滑性，能够较好地增强街巷空间中的人流导向性与方向感。相反，如果街巷界面起伏程度较大，能够影响人群的视线，也能形成多样的停留性空间。

③设施：城中村街巷空间作为城中村日常生活重要的容纳场所，承载着大量的日常生活行为，因此街巷空间中需要各类相关设施支持不同人群的活动需求。城中村街巷空

间中的设施包括座椅、垃圾箱、广告牌、路灯、雕塑小品、绿植等，这些是城中村日常生活中不可缺少的元素，体现着城中村的文化发展内涵以及所容纳的日常生活品质，起到服务活动主体、美化环境、传递信息等重要功能。

④景观绿植：城中村街巷空间中的绿化主要包括街巷两侧的以乔木为主的行道树、花坛树池、藤蔓或绿篱等。通过造型与搭配把不同颜色和类型的植物进行合理组织，美化城中村户外空间形象。

3. 街巷空间日常生活行为与活动类型划分

（1）日常生活行为类型的划分

深圳市城中村街巷中广泛分布着丰富的日常生活行为类型，共同构筑了城中村多元的户外日常生活场所。本节将人群的公共活动性质划分为必要性活动、自发性活动以及社会性活动3种。

（2）活动类型的划分

对于具有特殊空间形态的城中村街巷空间而言，结合活动行为分类以及对城中村街巷段的实地观察，本节对城中村街巷空间中的日常生活行为做出以下分类（表5-6）。

表5-6　城中村街巷空间中的日常生活活动性质及分类

活动性质	活动类型
必要性活动	交通性出行、商业性购物、户外工作、做家务、吃饭
自发性活动	驻足观望、休闲逗留、照看孩子、散步游憩、运动锻炼
社会性活动	互动交谈、玩游戏、儿童嬉戏、跳舞

4. 活动主体特征与街道要素

（1）年龄特征与街道要素

虽然活动主体即人群在城中村街巷空间中的活动类型、方式、时间段等因每个人的年龄、性别、活动目的及身份的不同会有所差异，但在同一年龄段的活动主体的整体日常生活行为具有较为明显的统一性，对街道要素的需求也较为一致。

（2）空间感知特征与街道要素

公共空间中人与人之间的距离决定了参与者的感受和他们的活动行为，在某种程度上也影响着公共空间的尺度。爱德华·T·霍尔（Edward T. Hall）把人们交往的空间距离分为4类：亲密距离（0～0.5m）、个人距离（0.5～1.2m）、社交距离（1.2～3.6m）和公共距离（3.6～7.6m）。[①] 这4种类型的距离给人们带来的感官和心理感受各不相同。

（3）心理需求特征与街道要素

为了解人们在公共空间中的各种活动动机，需要从人群的心理需求特征进行分析。

---

① HALL E T. The Hidden Dimension［M］. New York: Anchor Press，1990.

本节将城中村街巷空间中日常生活行为的心理需求分为舒适性、便捷性、安全性、交往性和自我选择性。

①舒适性：户外空间中舒适的微气候如温度、风速、湿度等是支持各种类型活动发生的重要因素。例如，炎热的夏季人们多在树荫或者骑楼下散步或乘凉，这样可以遮阴避雨，这些地方为人们提供舒适的环境。此外，公共空间环境还应为人们的活动模式提供支持，例如符合人体工程学的环境设施、为人们所接受的街道色彩以及适宜人们交往的街道空间尺度等。合理的街巷尺度、舒适的街巷微环境、干净整洁的街巷环境、数量适宜的街巷设施等都会给城中村街巷空间使用者带来生理和身体的舒适感，进而激发自发性、社会性户外活动的产生。因此，合理的尺度，充足的休息设施、环卫设施和服务设施，以及良好的空间绿化等是影响城中村街巷空间活力的重要因素，合理的设置能使街巷空间使用者的生理和心理得到充分满足。

②便捷性：人们在公共空间中活动的便捷性对于人们是否选择在这条街道上行走或者是否停留发生其他行为具有重要影响。例如，过窄的街巷空间不仅造成通行的不便，也使人们不愿意在街巷中驻留休憩；广场空间中存在高差处但无台阶和坡道的衔接，将会阻碍人们的通达，给出行带来了极大不便。便捷性一方面是指人群在进行步行等通过性活动时的便捷程度，例如垂直高差时，为老人、残疾人等行动不便者设置坡度合适的坡道；设置合理的步行空间尺度保证街巷段使用者有足够的通行空间。另一方面指街巷空间中合理的设施布置给人们带来了便捷性，例如可移动的座椅、指示牌等。

③安全性：除了生理需求之外，人最根本的需求是安全。安全分为心理安全和人身安全两类。心理安全，即人们心理上感到安全。例如，昏暗的、有构筑物遮挡、沿街无店铺的街巷缺乏人们视线的监督，使人们在夜晚缺乏安全感，人们只想尽快离开这样的空间。人身安全，在公共空间中可以主要理解为避免车辆的出入对空间中活动人群的安全产生威胁。例如，城中村街巷空间中夹杂的车行交通行为导致空间中的人，尤其是儿童与青少年，无法安全自由地活动。城中村街巷环境中的许多要素都会影响人们心理安全和人身安全。心理安全方面，维护得很好的绿化、清晰且易识别的边界、两侧各种类型的商业业态等都能使在街巷空间中活动的人产生安全感和归属感。人身安全方面，人们在夜晚通常会选择在光线充足的空间中进行活动，因为足够的亮度能够保证人们看清户外空间的环境状况，及时发现安全隐患。

④交往性：个体或团体之间只有通过交往才能得到归属感，交往是人对情感和归属的一种需求，也是社会发展中的必然产物和基本前提。交往有利于人们的身心健康，在交往过程中，人们能互相获取信息，同时也能增进人们对自身的认识，减少社会隔离的风险。例如，"人看人"作为街道上常见的行为之一，充分体现了人们对信息、交往、认同的需求。因此，营造促进人群交往的公共空间场所对于社会和个人发展都是不可缺少的。交往性可以体现在街巷空间界面的室内外互动交流上，也可以是城中村街巷空间提供人们相互交流的场所环境。从空间界面互动性来看，人们更愿意把目光停留在沿街

面通透的商铺店面上，因为通透的沿街面能向人们清晰地展示店铺内的活动、商品，激发人们，尤其是儿童的好奇心、求知欲，给街巷空间中活动的人群带来感官上的愉悦。从城中村街巷段来看，人们更愿意在尺度较大的街巷中交谈，因为这既能保证人与人交往的正常距离，同时又不会被来往的人群干扰。

⑤自我选择性：随着生活水平的提升，人们不仅仅满足于对基本物质的需求，越来越多的人期望在功能业态丰富且服务设施齐全的街道环境中活动。一方面，这可以满足人们日常生活所需要的各种商品；另一方面，这也可以满足人们在闲暇时间里的休闲娱乐、文化交往等丰富多彩的生活，提升自身的生活品质。人们出于不同的目的来到街巷空间中进行活动，希望城中村街巷空间可以提供一个多样化的环境场所以满足自身个性的选择和多元的需求。

5.2.2 活力特征指标构建与调研

目前关于城中村公共空间、街巷空间的研究文献较多，但是针对空间中活动行为与空间环境关系的量化研究较少，缺乏对城中村空间活力的精细化、系统化的研究。城中村丰富多样的日常生活是街巷空间活力的重要来源与直接体现，可以作为评估城中村街巷环境的重要指标，以此来表征街巷空间活力。本节以日常生活作为研究切入视角，系统梳理城中村街巷空间中日常生活行为的相应特征，总结出以活动强度和活动多样性两方面的活力特征，并选取实际的深圳城中村街巷空间案例对其中承载的日常生活行为进行量化测度，分别从定量与定性分析的角度来解析街巷构成要素对空间活力的影响。

1. 活力特征指标构建

本书基于活动强度和活动多样性两项指标对街巷空间的活力特征进行描述，并从时间和空间两个维度对城中村街巷空间的日常生活行为进行分析。

（1）活动强度

活动强度是指街巷空间内的活动密度，人们在选择活动空间时因为空间特征及活动偏好不同，造成空间中的活动密度有所差异。本节将基于现场调研的影像记录进行信息解读，提取出街巷空间的活动人数，并结合对应的场地面积得出活动强度值。活动强度用活动密度的大小来表示，指的是街巷空间中每 $100m^2$ 内的活动人群数量。

（2）活动多样性

活动多样性是指街巷空间内发生活动过程中表现出的活动丰富程度，用活力多样性指数进行表示，具体表现为活动主体年龄结构的多样性 A、活动性质的多样性 B、活动类型的多样性 C 以及活动时间段的多样性。以下为活力多样性指数的测度流程。

①统计分析：对街巷空间中的日常活动行为分类统计进行分析。活动主体年龄结构方面，根据中国最新年龄段划分的儿童、少年、青年、中老年 4 类进行观测，计算不同年龄段街巷空间中活动的人数及占比。活动性质包括必要性活动、自发性活动和社会性活动，根据不同性质类别的活动数量占比来分析。活动类型方面，参考前文对

城中村街巷空间中的日常生活行为的分类，根据街巷空间中不同活动类型的人数占比来分析。

②分类计算：根据 3 类占比，利用均匀度指数法计算出街巷空间中活动主体年龄结构多样性、活动性质多样性以及活动类型多样性的数值大小。

③归一处理：由于活动主体年龄结构、活动性质、活动类型 3 项指标的计算量纲不同，使用线性函数归一化的方法对以上 3 项指标的数据规范化，去掉量纲属性，这使得指标之间具有可比性。线性函数归一化方法，即将原始数据通过等比缩放转化成［0，1］的数值范围，计算公式（5-2）如下：

$$X_{\text{norm}} = (X - X_{\min}) / (X_{\max} - X_{\min}) \qquad (5-2)$$

式中，X_{norm} —— 各活动多样性指标归一化结果；

　　　X —— 不同指标类别的初始数据；

　　　$X_{\min}$ —— 对应指标数据中的最小值；

　　　$X_{\max}$ —— 对应指标数据中的最大值。

④确定权重：利用变异系数法来确定活动主体年龄结构、活动性质和活动类型 3 项指标在影响活动多样性指数中所占的权重。变异系数法又称标准差系数法，其方法原理在于依据各项指标数据中所直接包含的信息，通过客观计算的方式来得到各类指标对目标结果的影响程度大小，并得出影响权重系数，计算公式（5-3）（5-4）如下：

$$\varepsilon_i = \sigma_i / x_i \qquad (5-3)$$

$$Q_i = \varepsilon_i / \sum_{i=1}^{n} \qquad (5-4)$$

式中，ε_i —— （$i=1$，2，3…n）第 i 项指标原始数据值的变异系数；

　　　σ_i —— 第 i 项指标原始数据值的标准差；

　　　x_i —— 第 i 项指标原始数据值的算术平均数；

　　　Q_i —— 第 i 个变异系数值的权重。

⑤获得指标值：计算得到活动多样性中 3 项指标因子的所占权重后，将其赋权后的数值求和进而得到活动多样性指标值，计算公式（5-5）如下：

$$V_i = Q_A \times a + Q_B \times b + Q_C \times c \qquad (5-5)$$

式中，V_i —— 活动多样性指标值；

　　　a —— 年龄结构多样性 A 指标值；

　　　b —— 活动性质多样性 B 指标值；

　　　c —— 活动类型多样性 C 指标值。

2. 活力特征数据获取与分析

（1）基础数据获取

①获取内容：本节主要从活动行为与空间环境的相关性来探究城中村街巷空间活力，需要收集活力特征维度的基础数据。活力特征方面主要依托实地调研记录收集城中村街

巷空间中不同时间与空间的活动人群的数量、年龄结构、活动性质以及活动类型以及空间位置等基础数据，为下一步测度活力特征中的活力强度与活力多样性做好基础。

②获取方法：在获取实际基础数据前，需要提前策划好调研内容与要求，明确调研目的，将调研对象及记录方式进行结构化处理，以便更好地采集调研数据。在活力特征方面，拟采用实地观察法对街巷空间中不同时间点的日常生活行为进行调研记录。此方法的优势在于能够直观地记录空间活动行为，可信度较高，记录位置与角度灵活。但其方法的缺陷在于调研资料的内容庞大，整理时间成本较高，且资料的实时性较强，资料内容效度较弱[①]。本次研究拟采用依托车辆平台行进摄像的方法对南头古城公共空间的活动行为进行调研记录。

（2）数据分析

首先，参照前文研究的理论基础，将所获得的基础数据整理成相应的图表，依次为活动密度、活动主体年龄结构、活动性质和活动类型4项基本特征，并依托GIS平台绘制相应的时空分布图，总结出城中村街巷空间的日常生活行为特征与规律。其次，通过活动密度得出活力强度指标值，通过均匀度指数法等求得活动多样性指标值。再次，街巷构成要素方面，参考上文的统计计算方式，对各项指标进行统计分析，得出街巷构成要素的基本变化特征。最后，根据量化结果，同时结合实地观察，分析各项街巷构成要素如何对街巷空间活力特征产生影响，得出城中村日常生活行为与街巷物质空间环境之间的内在关系，进而提出相应的城中村街巷空间活力优化及空间更新建议。

3. 街巷空间活力特征调研

本研究调研的主要内容是南头古城街巷空间活力特征，主要观测记录街巷空间中活动主体的数量、年龄结构、活动性质、活动类型以及所处的空间位置5个方面。

（1）调研流程

本次调研流程的策划主要包括以下3个方面。

一是调研时间的合理安排，包括现场调研的日期和实地踏勘的周期。休息日中的日常生活行为较为随机，缺乏一定的规律性，活动的偶然性较大。相较于休息日，工作日内城中村的时空行为变化更能代表城中村街巷日常生活的规律模式。因此，综合选取一个工作日内的城中村街巷日常生活行为进行调研。

二是考虑到居住在南头古城中90%以上的人口都是外来租户，并在深圳生活居住，在南头古城街巷中人们的日常生活行为会受到深圳早晚高峰的冲击和影响，因此将每天的调研时间规划为6点、8点、10点、12点、14点、16点、18点、20点、22点，获得城中村街巷空间活力特征在不同时间的分布及变化信息。

三是综合考虑深圳的天气情况、国家法定节假日以及南头古城原有的节庆时间，选

---

① 戴晓玲. 城市设计领域的实地调查方法：环境行为学视角下的研究［M］. 北京：中国建筑工业出版社，2013.

取 2018 年 6 月～7 月之间，选择天气晴朗、温度适宜的工作日，避开节假日与休息日，进行日常生活行为与街巷环境的调研。

（2）分组调研

首先，将 18 个街巷空间划分为 A、B、C、D、E 共 5 个片区，其中 A 片区包括街巷 1～5，B 片区包括街巷 6～8，C 片区包括街巷 9～12，D 片区包括街巷 13～15，E 片区包括街巷 16～18。每个片区由一名调查员负责。

其次，每名调查员对所负责的街巷空间进行标注，在工作日中的特定时间点开始进行活动行为数据采集。每人骑一辆小型折叠电瓶车，将微型摄像机放置在车前方，按照预订规划好的路线匀速前行并对公共空间中的行为进行录像，在车辆行进到街巷的转折点或者交叉点时，需要调查员讲出对应公共空间的标注点，以便在视频录制过程中明确调研方位。

最后，在完成不同时间点的行为采集后需要将拍摄的视频进行分类整理，将对应时间点和空间点的日常生活行为进行相应的统计，为后续的行为与空间环境相关性研究做好数据基础。

5.2.3　南头古城街巷空间活动强度

通过前文对深圳城中村街巷空间活力特征的分析以及对日常生活行为的实地调研，依托定量与定性相结合的方式分别对南头古城街巷空间活力特征中的活动强度与活动多样性进行分析。活动强度即研究划定的南头古城街巷空间中的活动密度，主要分为一个工作日中街巷活动强度的时间特征、活动强度的时空分布特征。

1. 活动强度时间特征

南头古城街巷空间的活动强度变化分为一天中的总体活动强度变化以及各街巷空间的活动强度变化。

（1）街巷总体活动强度变化特征

一天中总体活动强度变化为双波峰趋势，后一次的波峰值略大于前一次的波峰值，活动强度的最大值为晚上 20:00，最小值为下午 14:00。根据图 5-19 可知，早上 6:00～8:00 之间，活动强度值呈现出骤增的趋势，这与居住在南头古城中的中青年上班、少年及儿童上学以及中老年人前往早市购物买菜等日常生活行为密切相关；上午 8:00～12:00 之间，活动强度值逐步下降，在此期间，街巷空间中的活动人群主要为老年人以及各类商贩；在中午 12:00～14:00 的时段中，活动强度值继续下降，街巷空间中的中老年等活动人群陆续进入室内空间进行就餐与午间休息；下午 14:00～晚上 18:00 之间，活动强度值逐渐升高，并在晚上的 20:00 达到最高峰，这与 18:00 以后越来越多的中青年下班、少年及儿童放学以及各个年龄段的人群在街巷空间中的就餐、散步休闲等活动密切相关，这段时间中街巷空间的活动行为最为丰富；在晚上 20:00 到 22:00 的时间中，街巷空间的活动强度值下降较快。

单位：人/100m²

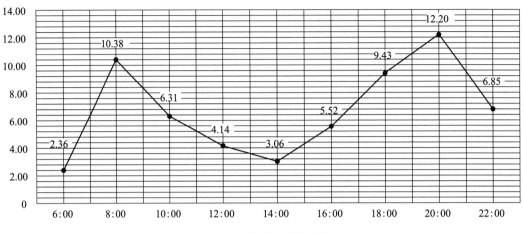

图 5-19　街巷总体活动强度

（2）各街巷空间活动强度变化特征

从各街巷空间的活动强度变化趋势来看，大多数的街巷空间活动强度的变化趋势与总体活动强度的变化趋势类似，但不同街巷空间活动强度的变化程度则不尽相同，说明街巷段活动强度的变化与街巷环境的特性有着密切的关系。根据图 5-20 可知，中山东街中的街巷 4~8 的活动强度值起伏较大，一般在早上 8：00 以及晚上 18：00~20：00 间达到活动强度的峰值。中山东街连接着南头古城东向的出入口，有着较高的空间可达性，同时有着丰富多样的店铺类型，吸引着较多的人群在此活动。此外，街巷 13、15~18 的活动强度值起伏较小，这些街巷空间属于中山南街一坊与中山南街二坊，这两条街巷处于南头古城的南侧，相较于中山东街、中山南街，其空间尺度较小，空间可达性较弱，且街巷中承载的店铺数量较少，活动人群的数量也相对较少。其余街巷空间中的活动强度也会随着一天中时间的变化而不尽相同，这与街巷空间的构成要素有着密切的关系。

（3）各街巷空间总体活动强度特征

从各街巷空间的总体活动强度来看，总体活动强度随着街巷环境特性的不同而变化。根据图 5-21 可知，街巷 4~8 的总体活动强度明显高于其他街巷空间，以上街巷空间属于中山东街；街巷 15~18 的总体活动强度在调研的街巷空间区域偏低，以上街巷空间属于中山南街二坊。其余处于活动强度中间值的街巷段为中山西街、中山南街。根据实地观察发现，相较于中山东街以及中山南街一坊来说，中山南街与中山西街中承载的餐饮店以及菜店相对较少，但休闲娱乐类型及家具建材类的店铺较多，比如奶茶店、养生店、书店以及二手家具店等，活动人群对此类店铺的使用率相比餐饮店及菜店的使用率更低，因此这些街巷空间吸引的人群也相对较少。

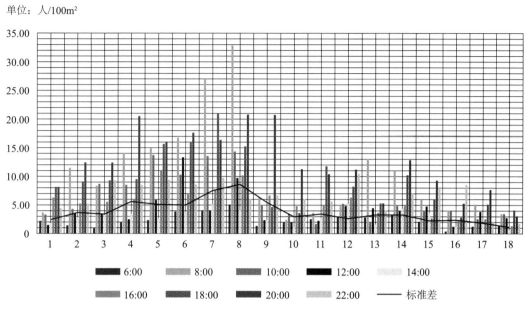

图 5-20　各街巷空间活动强度

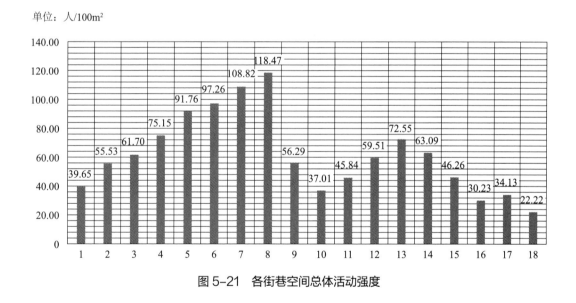

图 5-21　各街巷空间总体活动强度

2. 活动强度的时空分布特征

按照一天中不同的时间点将各街巷空间的活动强度分布呈现在地理空间中，活动强度越大，颜色越深，活动强度越小，颜色越浅。对不同时间点上各街巷空间的活动强度进行描述性统计，分析各街巷空间在该时间点上的分布特点。例如，根据图 5-22 可知，早上 6：00 整个街巷空间中的活动强度值都普遍较低，其中街巷 6～8 的活动强度值较高，依次为 3.87 人 /100m²、4.10 人 /100m²、5.09 人 /100m²；街巷 16～18 的活动强度值较低，依次为 0.41 人 /100m²、1.28 人 /100m²、1.39 人 /100m²；其余的街巷空间活动强度处于 1.39 人 /100m²～3.87 人 /100m² 的区间内。从图 5-23 可知，首先，中山东街东段靠近南头古城东向主要出入口的空间区域颜色最深，活动强度值最高。此空间区域集聚着南头古城的早市，大量的商贩在此售卖日常生活所需的菜品、肉品以及生鲜类食品，吸引着南头古城及周边的中老年人来此购物。其次，中山南街北段且靠近南头古城南向主要出入口的空间区域颜色也较深，活动强度值较高。此空间区域连着城内外的出入口，分布着较多提供早餐的餐饮店，因此也吸引着较多的人在此购买早餐。其余街巷空间，如中山西街、中山南街以及中山南街一坊的颜色较浅，活动强度较低，活动人群的数量较少。

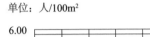

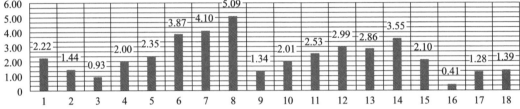

图 5-22　各街巷空间在早上 6：00 时的活动强度

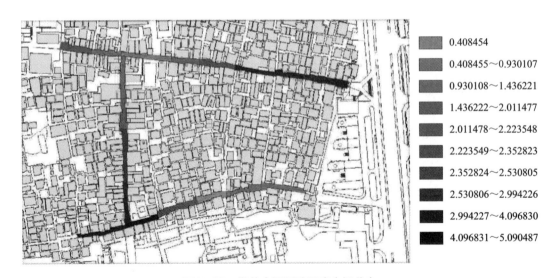

图 5-23　街巷空间活动强度空间分布

3. 街巷构成要素对活动强度的影响

（1）空间本体对活动强度的影响

从空间本体来看，空间可达性对街巷空间的人流密度有着决定性作用，对活动强度有着重要的影响。视觉可见度是由人在街巷空间中的视线决定的，对活动强度也有着促

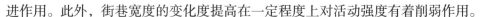
进作用。此外，街巷宽度的变化度提高在一定程度上对活动强度有着削弱作用。

（2）空间界面对活动强度的影响

从空间界面来看，人群在街巷空间中会因为日常生活的需求发生直接关联，透明度的提升能够有效地增加街巷空间强度。与城市公共空间特征不同的是，城中村街巷空间开敞度的增加反而减弱活动强度。一般透明度较高的街巷空间意味着商业氛围较为浓厚，为了增加商业的连贯性与集聚性，街巷开敞度反而更低。

（3）空间设施对活动强度的影响

从空间设施来看，考虑到街巷空间承载的活动类型主要为必要性活动，座椅设施的存在会适当地减弱活动强度。广告牌设施直接与店铺功能相联系，能够有效增加活动强度。

（4）空间绿化对活动强度的影响

在必要性活动占比较大的街巷空间中，绿地率较高的区域里自发性及社会性活动的会相应增加，从而导致活动强度一定程度的降低。

（5）空间功能对活动强度的影响

从空间功能来看，由于城中村街巷空间中大部分的店铺功能是以提供餐饮、售卖蔬菜生鲜为主的生活用品店，业态混合度的增加意味着店铺种类的增加，能有效地增加自发性活动与社会性活动，从而减弱活动强度。店铺密度、社会场所密度与活动强度呈现相互促进的关系。

5.2.4　南头古城街巷空间活动多样性

1.活动主体的年龄结构特征

（1）各年龄段数量变化特征

从图 5-24 可知，不同年龄段的活动主体数量变化趋势并不一样，青年与中老年活动主体数量变化趋势中的波动远大于少年与儿童，受到时间因素的影响更为明显。同时，不同年龄段的活动主体数量也是不同的，作为街巷空间中最为主要的两类活动主体年龄段，青年与中老年数量远大于少年与儿童。

从青年活动主体来看，在早上 6:00～8:00 之间，青年数量急剧增加，并在 8:00 达到一天中的第一个波峰，这与此时为工作日中年轻人出行上班早高峰有直接关联；在上午 8:00～10:00 期间，随着青年外出数量越来越多，只剩下在南头古城内部工作以及不上班的青年群体；上午 10:00～下午 14:00 之间，街巷空间的青年活动主体数量持续降低至白天中的最低值；在下午 14:00～晚上 20:00 之间，青年数量开始增加，并在下午 18:00 以后呈现出骤增的趋势。在 20:00 以后，青年活动主体逐渐减少。

中老年活动主体数量的变化趋势与青年类似，但在波峰与波谷的变化中稍有些不同。在早上 6:00～8:00 的时间中，中老年的数量不断增加，大多数中老年人会到南头古城中山东街的早市上购买日常生活所需的蔬菜、生鲜等必需品。在上午 8:00～中午 12:00 的时间里中老年数量则不断下降，同时一般会在空间较为宽阔的街巷空间以及广场空间中进行散步、驻足休憩、照看孩子等活动行为。从中午12：00～下午14：00的时间里大多数的中老年人会回到室内进行午休。从下午14：00～晚上20：00中，中老年的数量不断增加，进行购物、散步休闲等活动，并在20：00达到第二次峰值。晚上20：00以后，中老年活动主体的数量同样开始减少。

儿童活动主体在上午8：00前的数量基本最小，从8：00后开始有较为明显的增长，并在上午10：00的时候达到峰值，这与儿童的日常生活习惯密切相关。儿童由于自我保护意识较弱，需要在成年人的看护下才能在街巷空间中进行户外活动。因此，随着上午8：00青年群体上班早高峰的逐渐消退，一些中老年开始带着孩子在南头古城的街巷空间中进行散步、休憩以及休闲娱乐。到了中午时分，儿童活动主体的数量又再次减少，除了午餐的因素外，儿童更需要午间休息。下午14：00以后，儿童活动主体数量又开始增多，继续进行下半天的室外活动。到了晚上20：00左右，此时儿童的父母下班回来，他们会在晚饭后带着儿童进行户外散步、娱乐等相应活动。

少年活动主体数量的变化与少年上下学行为有着密切关联。少年一般会在早上8：00达到峰值，这与少年上学的时间点较为吻合。此外中午12：00前后的少年活动主体数量达到最大，通过实地调研发现，在南头古城周边上学的少年会在中午来到古城的街巷空间中就餐，增加了少年活动主体的数量。第三次峰值则是在下午18：00～晚上20：00这段时间里，在这段时间中，前半段是受少年放学活动影响，后半段则是少年会在晚饭后继续到街巷空间中进行嬉戏玩耍有关。

单位：人

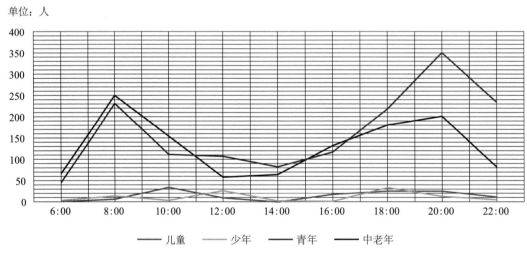

图5-24　各年龄段数量

（2）各年龄段密度特征

首先，从各街巷空间活动主体不同年龄段密度来看，南头古城街巷空间中主要活动人群为青年，可能与深圳青年群体人口结构基数偏大有关。其次，活动主体密度较大的是中老年人群体，一方面城中村大量的服务业，如餐馆、商店、菜市场对中老年人的就业有着较大的吸引力，另一方面，中老年人也需要为在深圳工作的青年人照顾家庭，主要是照看孩子。最后，少年与儿童群体的整体基数较小，在各街巷空间中的活动主体密度也相对较小。

根据图 5-25 可知，中山东街中的街巷 5～8 对中老年人的吸引力较大，在这些空间中有着大量服务日常生活的商店与流动摊点，中老年人主要在这些空间中购买日常所需的用品。青年人则在街巷空间中的分布较为均匀，主要集中在中山东街、中山西街、中山南街北段以及中山南街一坊，这些街巷空间承载着青年人群上下班以及购物、就餐等活动。少年群体的空间分布状况更为广泛，这是少年的活动习惯及上下学时间特征的综合结果。儿童群体由于年龄较小，缺乏单独活动的能力，大多数都由中老年人照看，其活动空间一般同中老年人的类似。

单位：人/100m²

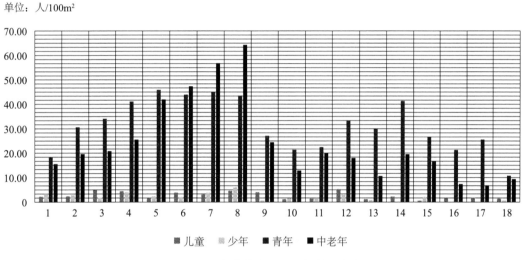

■儿童　■少年　■青年　■中老年

图 5-25　各街巷空间不同年龄段密度

（3）各街巷空间年龄结构特征

从各街巷空间中年龄结构占比来看，不同年龄段所占人群比例是不同的。青年与中老年在各街巷空间中都占了较大的比例，其次为儿童占的比例，最小的为少年。如图 5-26 所示，除了街巷 16、17，其余街巷空间都存在不同年龄阶段的活动主体。在街巷 5～8 以及街巷 11 中，中老年人的活动主体占比较大，这些街巷空间有着较多的零售商铺，比如菜市、熟食店等。街巷 2～4、9、10、13、16、17 中的青年人占比较大，这些街巷空间中一部分有着较高的可达性，且均匀分布着各式各样的餐馆，另一部分则是青年通行率较高的空间。街巷 1、3、4、14、15 中儿童与少年活动主体的比例较多，此类街巷空间中尺度较为开敞，视线较为开阔，环境较为干净舒适，易于少年及儿童安全地游憩、玩耍。

单位：百分比（%）

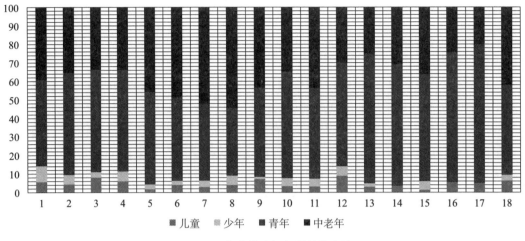

图 5-26　各街巷空间年龄结构占比

2. 活动主体的活动性质特征

（1）各活动性质数量变化特征

从各活动性质的活动主体数量变化特征来看，3 种活动性质的活动主体变化趋势区别较大。从图 5-27 可知，必要性活动变化起伏较大，在早上与下午呈现出上升的趋势，在早上的 8：00 以及晚上 20：00 达到一天中的两个波峰，其中上午的波峰最高；自发性活动的变化趋势相对必要性活动起伏较小，在早上、上午前半段以及下午呈现缓慢增长的趋势，并在上午的 10：00 以及晚上 20：00 达到峰值，且晚上的峰值较大；社会性活动在 3 种活动性质比较中变化最小，早上 6 点～10 点以及中午 12 点～下午 18 点的时间段中呈现上升趋势，并在第二个波峰达到最高值，其余时间处于下降趋势。综合对比 3 种活动性质发现，相较于其他两种活动，自发性活动在一天中占有较大的数量规模。必要活动数量略大于社会性活动。3 种活动性质数量在一天中都有两个峰值，但是活动的峰值点不尽相同。必要性活动的峰值最早达到，社会性活动的峰值最早结束。相对于必要性活动，自发性及社会性活动具有延后性。

（2）各街巷空间不同活动性质密度特征

街巷空间的自发性、社会性与必要性活动密度有着较高的关联，一般在必要性活动密度大时，自发性及社会性反而较低，且社会性活动在街巷空间中的活动密度最小，说明南头古城街巷空间特性对人群互动的激发性较低。

从图 5-28 中可以看出，街巷 5～8 的必要性活动有着较高的活动密度，自发性及社会性活动密度较低，这与以上街巷空间中有着较高的可达性以及街巷空间毗邻的功能分布有着密切的关系。街巷 9、10、16～18 的必要性活动密度较低，这与以上街巷空间的店铺密度较少以及空间可达性较弱也有着直接关联；街巷 3～5、7、14、15 由于空间的开敞度较高，且空间内部有着较多的服务设施，其自发性及社会性活动密度较高。在必要性及社会性活动密度较小的街巷空间中，一般空间本身业态较为单一，且空间尺度较小，不利于活动人群停留，进行互动交谈、休闲散步等活动。

单位：人

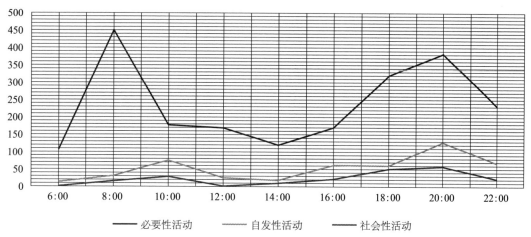

图 5-27　各活动性质数量

单位：人/100m²

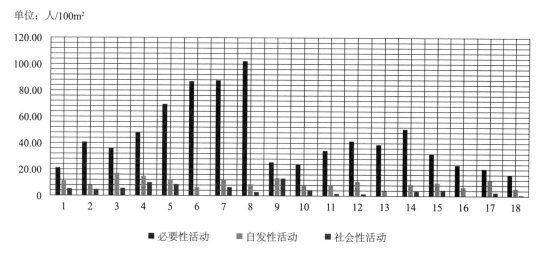

图 5-28　各街巷空间不同活动性质密度

（3）各街巷空间活动性质结构特征

从各街巷空间活动性质占比来看，必要性活动是所有街巷空间最为主要的，其次是必要性活动，最小的为社会性活动。从图 5-29 可知，必要性活动占比较高的街巷空间其自发性及社会性活动占比较低。其中，街巷 5～7、13 的必要性活动占比较高，街巷 9、10、17 的自发性及社会性活动占比较高。

3. 活动主体的活动类型特征

（1）各活动类型数量变化特征

从各活动类型数量变化特征来看，不同活动类型的数量变化趋势不尽相同。属于必

单位：百分比（%）

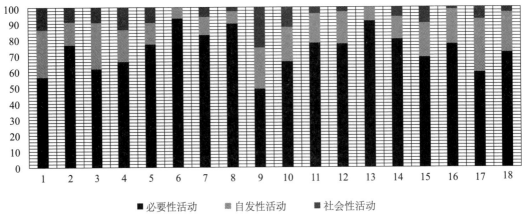

■ 必要性活动　　■ 自发性活动　　■ 社会性活动

图 5-29　各街巷空间活动性质结构

要性活动的活动类型数量变化特征表现出较为类似的波动趋势，即一般在上午 8:00 前后以及晚上 18:00~20:00 之间达到该活动类型数量的峰值。属于自发性及社会性活动类型的一般在上午 10:00 前后以及晚上 20:00 前后达到该活动类型的峰值。

　　从图 5-30 可知，交通出行、商业购物这两种类型的活动数量较大，且变化的波动趋势要远远大于其余活动类型。交通出行的活动类型主要对应在深圳上班的中青年群体，活动数量的变化符合深圳市早晚高峰的时间点。商业购物则对应青年以及中老年群体，在青年上下班的时间段也是中老年人购物的时间点。此外，休闲逗留、驻足观望、照看孩子以及互动交谈等活动类型主要由中老年群体参与，在中青年早晚高峰结束后街巷空间人数相对减少，随后中老年人开始在街巷空间中进行休闲散步、照看孩子以及互动交谈等自发性及社会性活动，这些活动类型刚好与交通出行、商业购物等活动类型的时间点错开。儿童嬉戏、玩游戏等活动类型一般发生在下午 18:00 以后，各类人群结

单位：人

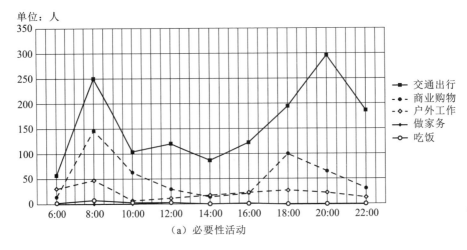

（a）必要性活动

图 5-30　各活动类型数量

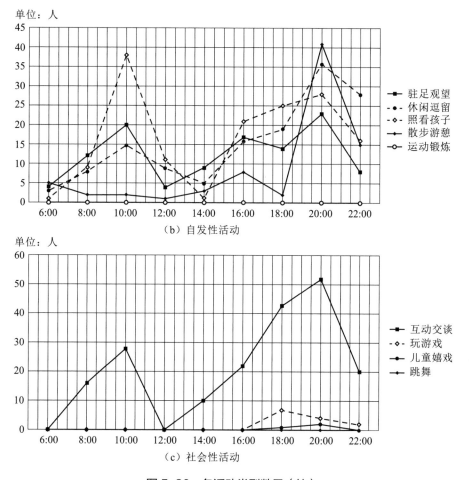

图 5-30 各活动类型数量（续）

束了一天的工作、学习，在晚上会进行休闲放松的活动。

（2）各街巷空间不同活动类型密度特征

从各街巷空间不同活动类型密度特征来看，各街巷空间承载的活动类型侧重都有不同，与街巷空间本身特征以及空间功能有着密切的关系。

从图 5-31 来看，交通出行、商业购物以及户外工作是南头古城街巷空间中主要的活动类型，以上 3 种活动类型密度远远大于其余活动，且在各街巷空间中的活动类型密度差别也较大。其中交通出行活动密度较高的有中山东街的街巷 6~8，这些街巷空间直接与南头古城东侧出入口相连，交通出行较多；商业购物活动密度较高的有街巷 5~8，该街巷空间中承载较多的店铺以及较高的业态混合度，吸引着南头古城及其周边区域的人群来此购物；户外工作活动密度在各街巷空间的分布较为均匀，街巷 3、4、14 的活动密度较高，街巷空间中的户外工作包括维修家具与电器、搬运货物以及送外卖等活动行为，分布较为广泛。

互动交谈、玩游戏、儿童嬉戏等自发性及社会性活动在街巷空间中分布相对均匀，

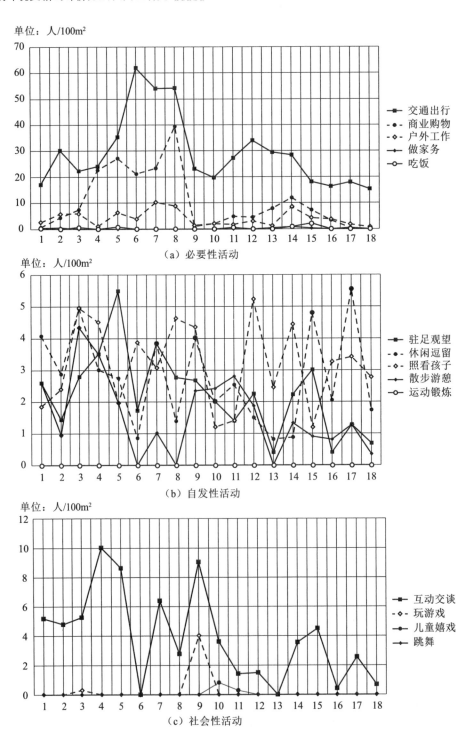

图 5-31　各街巷空间不同活动类型密度

街巷之间的活动类型密度相差较小，在街巷 9、13～15 中分布较多，这与以上街巷空间的尺度较宽、座椅数量及绿地率较高有直接关系，通过观测发现人们更喜欢在宽敞的场所进行社会活动；休闲逗留、照看孩子、散步游憩等自发性活动行为分布较为均匀，很多情况下行人出行过程中的必要性活动与自发性活动会相互转换，比较倾向于街巷 1、2、9、10、13、14，这些街巷空间较为开敞安静，有着较好的空间视线与景观环境，适合人群进行自发性活动。

（3）各街巷空间活动类型结构特征

从各街巷空间活动类型结构来看，必要性活动占比远大于自发性以及社会性活动。其中，交通出行是各街巷空间中占比最大的活动类型。其次，商业购物活动在大部分的街巷空间中都占据较大的比值。从图 5-32 可知，属于必要性活动性质的活动类型占比

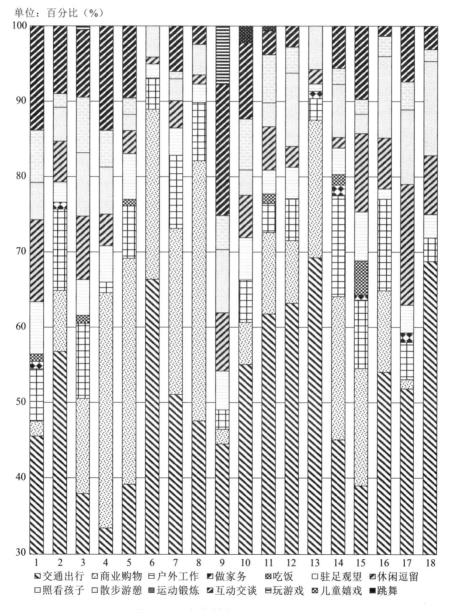

图 5-32　各街巷空间活动类型结构

注：30% 以下均为交通出行活动所占。

较高的有街巷 6~8、11~13。其中街巷 6~8 属于中山东街东段，直接与古城出入口相连，空间通行需求较高，同时承载的商铺较多，吸引购物人群，因此必要性活动类型较多。属于自发性以及社会性活动性质的活动类型占比较大的有街巷 1、3、9、10、15、17，这些街巷空间中空间尺度较大，座椅数量较多，且业态功能中较多的休闲娱乐及生活用品类别的店铺，能够较好地激发活动人群的自发性及社会性活动类型。

4. 活动多样性指标

（1）均匀度指数法的应用

采用均匀度指数法，对各街巷空间中活动主体年龄结构、活动性质以及活动类型多样性指标进行分类计算，并得出计算结果。

（2）线性函数归一化的应用

由于活动主体年龄结构、活动性质、活动类型 3 项指标的计算量纲不同，使用线性函数归一化的方法对以上 3 项指标的数据规范化，这使得指标之间具有可比性，计算结果见表 5-7。

表 5-7 各街巷空间年龄结构、活动性质和活动类型多样性及归一化结果

街巷空间	a_{norm}	b_{norm}	c_{norm}
1	0.93	1.00	1.00
2	0.63	0.68	0.63
3	0.42	0.92	0.75
4	0.59	0.77	0.80
5	0.08	0.59	0.51
6	0.20	0.00	0.00
7	0.00	0.30	0.30
8	0.27	0.25	0.14
9	0.39	0.82	1.00
10	0.62	0.87	0.90
11	0.40	0.50	0.49
12	0.63	0.43	0.49
13	0.16	0.16	0.10
14	0.14	0.79	0.48
15	0.26	0.95	0.71
16	0.40	0.81	0.56
17	0.29	0.88	0.94
18	1.00	0.42	0.74

（3）变异系数法的应用

在对各街巷空间中年龄结构、活动性质以及活动类型多样性的指标进行统一测算后，需要进一步地分析确定各项指标对活动多样性指数的影响程度，即各项指标

表 5-8 活动多样性指标赋权系数

指标	变异系数法赋权
A	0.25
B	0.13
C	0.19

所占的权重。采用变异系数法来测算各指标因子的权重，其测算结果见表 5-8。

（4）活动多样性指标值的计算

综合以上测算过程可得出各街巷空间活动多样性指标值，如图 5-33 所示。活动多样性指标值较高的街巷空间为街巷 1、9、10、18；其次，街巷 2~4、15~17 处于活动多样性指数的中间值；最低的为街巷 6~8、13。因此，根据街巷空间所处的空间位置，中山西街以及中山东街西段、中山南街北段、中山南街二坊东段的活动多样性指数较高，这些街巷空间本身的空间尺度较大，且店铺功能较为多元，紧邻南头古城的广场空间，能够吸引不同年龄段的人群在此进行各种类型的日常生活行为，增加街巷空间中活动的丰富性；中山东街东段、中山南街南段以及中山南街一坊的活动多样性指数较低，这些街巷空间由于与南头古城的主要出入口相连，且承载的业态功能较为单一，人群活动强度较大，导致空间中承载的活动类型较为单一，主要是交通通行、日常购物等必要性活动，不能较好地满足自发性及社会性活动的发生条件。

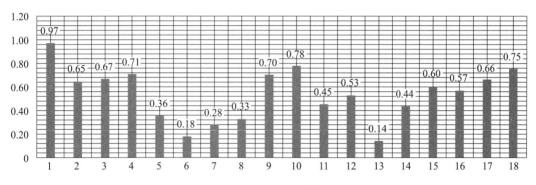

图 5-33　各街巷空间活动多样性指标值

5.街巷构成要素对活动多样性的影响

（1）空间本体对活动多样性的影响

从空间本体来看，街巷宽度对活动多样性有着重要的影响，空间尺度的大小与活动的丰富性密切相关。城中村街巷高宽比值普遍较大，导致空间较为压抑，会一定程度减弱活动多样性。

（2）空间界面对活动多样性的影响

从空间界面来看，透明度与开敞度之间呈现"竞争"关系，透明度的增加意味着活动多样性的减少，开敞度的增加意味活动多样性的增强。

（3）空间设施对活动多样性的影响

从空间设施来看，座椅设施的增加能够提高街巷空间的生活品质，增加活动多样性。广告牌密度的增加会相应地提升商业氛围，减弱活动人群以及活动类型的丰富性。

（4）空间绿化对活动多样性的影响

空间绿化与活动多样性有着正相关性的关系，增加街巷空间中休闲活动场所，进而

增加人群交往的机会。

（5）空间功能对活动多样性的影响

从空间功能来看，业态混合度的提升、店铺密度的降低是增加活动多样性的关键因素，人群活动多的空间更易于产生社会场所空间。

本章小结

在官湖村的公共空间活力评价中，通过建立景区依托型村落公共空间活力评价体系，得到各空间样本的评价结果并根据游客所需的活动服务筛选需要进行优化的空间。

南头古城街巷空间活力评价中，通过对街巷空间活动强度、活动多样性与街巷构成要素进行分析，探讨街巷构成要素对活动强度以及活动多样性的影响关系。

本章主要内容包括沙湾古镇女性视角下的公共空间游客体验评价、较场尾乡村民宿区公共空间游客满意度评价。

6.1 沙湾古镇女性视角下的公共空间游客体验评价

本节选取沙湾古镇公共空间为研究对象，从女性视角出发，通过游客体验评价体系的构建和运用，总结公共空间不足之处。本研究可为类似的其他历史古镇公共空间优化提供借鉴。

6.1.1 沙湾古镇女性视角下的公共空间概况介绍

沙湾古镇历史悠久，从南宋何氏宗族定居至今，近800年的不断建设才发展到今天的规模。2009年，政府大力推广"宝墨生辉""沙湾粤韵"两个番禺新八景，努力打造旅游新品牌，游客显著增多。2010年，沙湾古镇成立旅游开发办公室，负责沙湾古镇旅游开发的相关事务，并邀请相关单位编制旅游发展规划，开始有计划地对古镇内重要建筑、重要街巷进行修缮。2014年，沙湾古镇引入"鱼灯展览馆""传统婚庆馆"等项目，并举办沙湾飘色艺术节、美食欢乐节、开笔礼等活动。2016年，沙湾古镇开启夜间游览模式，根据沙湾古镇的环境特色打造"梦田·沙湾"灯光秀。旅游开发后，沙湾古镇不断拓展公共空间、优化整体风貌、完善基础设施，满足游客的游览需求，现已发展成为成熟的旅游景区（图6-1）。

1. 古镇公共空间背景

（1）古镇旅游迅速发展

沙湾镇位于广东省广州市，是"中国历史文化名镇"，其历史街区位于沙湾镇中部。2012年1月，沙湾古镇旅游正式启动，坚持"以文促旅、以旅彰文"道路发展文化旅游。2017年5月获评"国家AAAA级旅游景区"，2018年11月被列入为"广东省文化旅游融合发展示范区"。沙湾古镇旅游迅速发展，已成为广州市发展全域旅游的重要环节。

（2）公共空间设计中性化

女性在旅游消费中已处于主导地位，并且地位日益突出，但景区公共空间的建设往

图6-1　沙湾古镇

往忽视女性特殊的空间需求，给她们的旅游体验造成不便[①]。旅游开发过程中，男性与女性本质差异所带来的空间需求差异不被重视，形成公共空间设计中性化的趋势，这对女性游客的人文关怀不足。在这样的背景下，市场需求对古镇公共空间的提升发展提出了更高的要求。当下，如何优化景区公共空间、体现以人为本的设计理念，更好地满足女性游客需求来提高景区的旅游竞争力，已经成为旅游开发建设者们亟待解决的问题。

（3）旅游网络平台日益成熟

在旅游市场中，网络平台的重要作用日益凸显，影响了人们旅游时的决策、消费和体验方式，越来越多的人借助网络平台完成部分旅游行为[②]。这些旅游服务平台提供的数据包括游客信息、点评文本、点评图片等内容，这些数据成为解决现实问题的重要依据。

2. 女性游客视角下的游客体验研究意义

（1）理论意义

目前，从女性游客角度出发，对古镇公共空间进行满意度评价的研究相对较少。本节希望通过基于女性游客满意度的沙湾古镇公共空间评价及优化研究，深化女性视角在建筑、规划设计中的意义，完善相关理论的不足。同时，本节希望可以促进建筑学科、旅游学科的交叉融合，并通过环境心理学等相关理论的补充，为古镇旅游开发中公共空间的塑造提供更加充足的理论依据。

---

① 黄春晓，顾朝林. 基于女性主义的空间透视：一种新的规划理念［J］. 城市规划，2003（6）：81-85.

② PAN B，FESENMAIER D R. Semantics of Online Tourism and Travel Information Search on the Internet: A Preliminary Study［J］. Information and Communication Technologies in Tourism，2002（3）：320-328.

（2）实践意义

古镇旅游已成为旅游市场开发的热点，项目实践不断增多，但从业者多从自身专业角度出发主观判断，较少结合游客反馈进行设计。本节基于女性游客视角，通过构建满意度评价体系对沙湾古镇公共空间进行评价，并根据评价结果分析公共空间存在的问题，为沙湾古镇公共空间的优化更新提供依据。

3. 公共空间游客体验评价的必要性及可行性

（1）必要性

①为公共空间优化提供依据：伴随着现代旅游观念的转变，人们越来越注重旅游过程中的参与感和体验感，这对古镇的公共空间品质提出了更高的要求。因此有必要了解女性游客对沙湾古镇公共空间满意度评价，依据评价结果，对古镇公共空间提出优化策略。

②增强沙湾古镇旅游竞争力：越来越多的古镇旅游开发过分注重商业的发展，忽略特色公共空间的优化，导致了古镇面貌的千篇一律，不利于古镇旅游业的可持续发展。为了提升沙湾古镇旅游竞争力，基于女性游客满意度对沙湾古镇公共空间进行评价，并对公共空间优化提升是十分有必要的。

（2）可行性

①男性游客与女性游客差异明显：以女性游客视角为出发点对古镇公共空间进行满意度评价，是建立在男性游客与女性游客差异性的基础上的，因此首先通过前期的理论研究充分验证了男性游客与女性游客之间的差异性。从女性视角出发看待公共空间设计问题是对一般公共空间设计的补充和完善，一般的设计原则对女性游客同样适用。

②评价方法可操作性强：沙湾古镇作为一个发展成熟的旅游景区，游客基础较好，能为研究提供充足的数据来源。在评价过程中，需要对网络数据进行收集分析，伴随着互联网技术的发展，数据的收集与处理变得简单、易操作。以实地调研分析与网络数据分析作为基础，结合问卷数据的重要性—绩效表现分析（Importance-Performance Analysis，IPA）方法，可以使分析结果更加科学合理。在实际的旅游景区调研中，对旅游景区各评价指标的满意度可作为其绩效表现的表征值。因此，本研究在评价过程和评价方法上可操作性强，在技术和实施方面均具有可行性。

4. 评价体系构建思路

（1）评价主体

通过实地调研发现，沙湾古镇当地居民、外来游客和外来商户是沙湾古镇公共空间的主要使用者。其中沙湾古镇当地居民和外来商户对公共空间的使用较少、影响较小。游客在沙湾古镇公共空间进行游览、购物、休憩等活动，对公共空间的使用较多、受其影响较大，尤其在节假日时期更加明显。因此，首先将游客作为主体进行研究，通过实地调查分析和网络数据分析游客行为的性别差异；然后将女性游客作为主体，进行问卷发放，获取其对沙湾古镇公共空间的满意度评价。

（2）评价方法

通过对沙湾古镇公共空间的实地调研发现，沙湾古镇公共空间数量较多、差异明显。在不同的公共空间中，各评价指标的影响程度不同，因此各个空间的优化策略也不相同。通过对相关研究的比较分析，决定采用IPA法构建女性游客满意度评价体系。该方法的主要操作步骤如下：

①建立评价体系：首先通过文献、实地调研等方法确定评价指标，然后确定各指标量化分值，收集调研数据。

②建立坐标系：以女性游客所选择的重要性分值作为横坐标，满意度分值作为纵坐标，计算出重要性和满意度分值的平均值，以两者平均值构成的坐标点为原点，绘出两条坐标轴，即得到重要性I轴和满意度P轴，从而将原坐标轴划分为4个象限。

③分析评价数据：将各评价指标的重要性和满意度实际得分构成的坐标点对应标注在坐标系上，即得到图示结果，进而分别对4个象限的评价指标进行分析和解释。第Ⅰ～Ⅳ象限分别为优势区、维持区、机会区和改进区。

（3）评价流程

沙湾古镇女性视角下的公共空间游客体验评价主要分为公共空间游客行为分析、公共空间筛选、构建女性游客体验评价体系3个步骤。

①公共空间游客行为分析：对沙湾古镇公共空间游客行为进行分析，得到公共空间的使用情况。通过行为观察记录对游客轨迹行为进行分析，了解古镇内游客的分布情况。通过对旅游服务平台网络评价数据进行分析，了解游客对古镇公共空间的评价及关注情况。综合以上分析结果，可以全面了解沙湾古镇公共空间的使用情况，为公共空间样本筛选奠定基础。

②公共空间筛选：基于全面性、代表性、差异性的筛选原则，对沙湾古镇公共空间进行筛选，选取具有代表性且不同性别的游客行为差异较大的公共空间作为样本，进行女性游客体验评价。

③构建女性游客体验评价体系：在初步建立评价体系过程中，通过相关评价指标借鉴，结合沙湾古镇自身特点得到预设评价指标集。然后根据专家意见确定评价指标，设计调查问卷，完成评价体系构建。

6.1.2 女性视角下的公共空间游客行为分析

由于生理、心理等方面差异的存在，不同性别游客在沙湾古镇公共空间中的行为存在明显差异，这些行为差异体现在游览路线、停留休憩、购物消费、景区评价等方面。为了解沙湾古镇公共空间的使用情况，明确不同性别游客的行为差异，为公共空间样本筛选和游客体验评价体系构建奠定基础，本节对沙湾古镇公共空间游客行为进行分析。

调查中发现，因为沙湾古镇距离广州市区较远，游客往返交通方式以自驾为主，部分年轻游客选择搭乘公共交通。游客通常以身体健康、行动能力强的中青年人为主；老人和儿童数量较少，且多在家人陪伴下游览。在游客组成方面，多数游客以家庭为单位出游，其次是以朋友、情侣为单位结伴出游，极少数游客单独游览。结合调查数据，沙湾古镇游客中女性游客数量较多，约是男性的 1.2 倍。

1. 行为分析

（1）动态行为分析

①调查方法及过程：针对沙湾古镇的游客动态行为采用行为观察记录法进行调查。预调查时间选取在 2019 年 4 月 5 日（清明节假期期间），并根据预调查情况确定最终调查方案。正式调查时间为 2019 年 5 月 3 日（劳动节假期期间），天气晴朗，目的在于了解客流量较大时，沙湾古镇一天的人流变化及游客空间分布情况。首先将古镇划分为 A、B、C、D 4 个区域，每个区域有 4 个数据采集点，共计 16 个采集点，采集点覆盖沙湾古镇出入口、广场、街巷等所有重要的公共空间。通过前期调查发现，沙湾古镇游客以日间游览为主，夜间游客数量极少，所以选取 8∶00～18∶00 之间为调查时间，两个小时为一时间段，共 5 个时间段对游客行为进行观察记录。每名调查员负责一个区域，在各个数据采集点摄影记录，每次记录 5 分钟，隔一小时再记录一次，将两次记录数据取平均值作为该时段该采集点的客流量数据。

②游客时间分布：沙湾古镇游客数量时间分布不均匀（图 6-2）。约 37% 的游客选择 12∶00～14∶00 游览，约 25% 的游客选择 14∶00～16∶00 游览，约 20% 的游客选择 10∶00～12∶00 游览，8∶00～10∶00 和 16∶00～18∶00 两个时间段游客数量相对较少。约 70% 游客选择在下午游览，这与游客的行程安排有关，大多数游客会选择在上午游览广州市番禺区其他景点，如滴水岩公园、宝墨园等，下午游览沙湾古镇。由于绝大多数游客以家庭、情侣、朋友的形式出游，所以游客在游览时间选择上没有明显的性别差异。

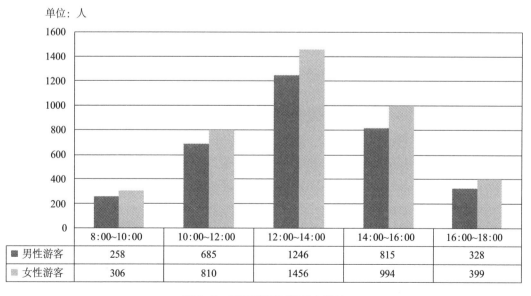

单位：人

	8∶00～10∶00	10∶00～12∶00	12∶00～14∶00	14∶00～16∶00	16∶00～18∶00
■男性游客	258	685	1246	815	328
■女性游客	306	810	1456	994	399

图 6-2 游客数量时间分布统计

③游客空间分布：沙湾古镇游客数量空间分布不均匀，性别差异明显。游客数量较多的空间有西广场、留耕堂广场、安宁广场、大巷涌路、安宁西街等，游客数量较少的空间有大马巷、鹤鸣街等。形成这种差异的主要原因在于不同空间的游客吸引力不同，而景点、交通设施、商业设施、自然环境都会成为影响游客路线选择的因素，其中景点的吸引力和交通的便捷性起到的作用最大。如文峰塔广场游客数量较少主要是因为交通便捷性差，道路狭窄且距离较远。而鹤鸣街区域游客数量较少的原因主要是缺少有吸引力的景点，可游览性较差。

在性别差异方面，由于沙湾古镇内女性游客跟男性游客数量比约为1.2∶1，所以在分析过程中，将女性游客跟男性游客数量比大于1.3或小于1.1的空间视为男女游客数量差异明显的空间。其中该比例大于1.3的空间有车陂街、安宁广场，比例小于1.1的空间有文峰塔广场、留耕堂广场北部。这种差异产生的主要原因是不同性别游客的游览偏好不同，男性游客偏好历史氛围浓厚、场地开阔、有标志性的空间，而女性游客偏好空间体验丰富、环境优美、基础设施完善的空间。

（2）静态行为分析

①调查方法及过程：针对沙湾古镇的游客静态行为采用行为地图观察法进行调查。预调查时间选取在2019年4月6日（清明节假期期间），根据预调查情况确定最终调查方案。调查时间为2019年5月4日，天气晴朗，选取12∶00～14∶00时段，该时段古镇内人流量最大，通过游走观察研究区域，每隔一个小时进行一次记录，用不同符号表示游客不同的行为，并记录在平面图上，综合两次的记录结果，绘制沙湾古镇游客行为地图的分析图。行为地图采用不同的图形符号对各种行为类型进行记录，可以呈现研究区域的空间使用特征和游客活动类型特点。游客停留的公共空间也是游客静态行为密集的空间，如西广场、留耕堂广场、安宁广场、安宁西街等。在记录过程中将游客主要静态行为分为购物消费、驻足观赏、停留休憩3类，分别用不同的图形符号进行记录，绘制成游客静态行为空间分布图。

②购物消费行为分布：整体来看，女性游客的购物消费行为明显多于男性游客，女性游客更偏好小吃、饰品的消费，男性游客则偏好手工艺品的消费。安宁西街、安宁路、大巷涌路是古镇重要的特色购物街，购物店铺、美食店铺密集，吸引了大量游客购物消费。西广场是古镇美食文化区，小吃众多，是游客购物消费的重要场所。安宁西街是沙湾古镇最具代表性的商业街，以安宁西街为例，对不同性别游客购物消费行为进行详细记录（图6-3）。停留在手工艺品店的男性游客明显多于女性游客，停留在小吃、饰品店的女性游客明显多于男性游客。部分店铺为吸引女性游客，在装饰上采用粉色、花瓣等元素，有些店铺则专营旗袍、首饰等女性用品。

③驻足观赏行为分布：在驻足观赏方面，女性游客跟男性游客之间性别差异明显。女性游客多驻足于空间体验丰富、环境良好、有趣味性的空间，男性游客多驻足于历史建筑、标志性的空间。如文峰塔和留耕堂前拍照的男性游客较多，而女性游客较少。在安宁广场

喷泉前和西广场荷花塘前拍照的女性游客较多，而男性游客较少。西广场是沙湾古镇的入口广场，有大面积的池塘和绿地，自然环境良好。留耕堂广场是沙湾古镇内最重要的建筑留耕堂的前广场，在古镇公共空间中具有重要象征意义。西广场与留耕堂广场相连，以两者为例，对不同性别游客驻足观赏行为进行详细记录（图6-4）。在留耕堂广场驻足观赏的男性游客明显多于女性，在西广场驻足观赏的女性游客明显多于男性游客。

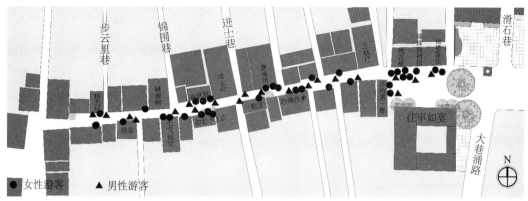

图6-3　安宁西街游客购物消费行为分布

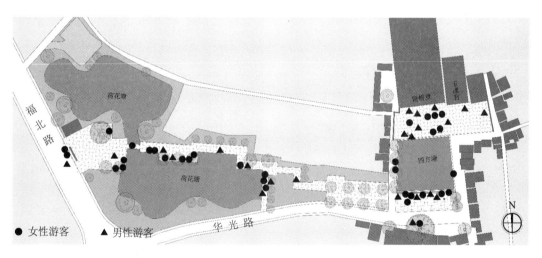

图6-4　西广场、留耕堂广场游客驻足观赏行为分布

　　④停留休憩行为分布：在停留休憩方面，女性游客对休憩空间的需求明显大于男性游客，古镇中随处可见停留休憩的女性游客，在安宁广场、西广场有树荫遮蔽地方，休憩的游客更加集中。由于街巷中缺乏休憩设施，许多游客只能选择席地而坐。另外，沙湾古镇中公共洗手间数量过少，且分布不均匀，交通标识不够清晰，难以满足女性游客需求，导致厕所排队现象严重。安宁广场是古镇内重要的公共空间，周边商业设施密集，客流量大，有古树、清水井等景观节点，周边有衍庆堂（何炳林院士纪念馆）、沙湾广东音乐馆两座展览馆，一物堂、奶牛皇后等特色商铺，是游客游览的重要场所。

以安宁广场为例，对不同性别游客停留休憩行为进行详细记录（图6-5）。现场调研发现，女性游客的停留休憩行为明显多于男性，她们大多选择树荫下、广场周边等有遮蔽、较私密的空间内进行休憩，男性游客往往处于陪伴状态（图6-6）。

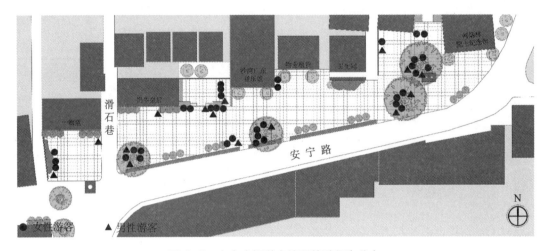

图6-5　安宁广场游客停留休憩行为分布

（a）女性游客卫生间排队　　　　　　　　　　　（b）游客席地而坐

图6-6　女性游客停留休憩现状

2. 网络评价分析

网络评价能直观地反应游客对景区公共空间的评价及关注情况。为了进一步了解游客对沙湾古镇公共空间的使用情况，基于沙湾古镇网络评价数据作了相关研究。目前关于沙湾古镇的网络评价数据主要分为社交网络（微博等）和旅游点评类网站（大众点评、去哪儿旅行、携程旅行等）两类。此次研究选择旅游点评类网站作为数据来源，这主要因为其数据针对性强和有效率高。社交类网站带有"社交色彩"，在点评过程中会夹杂很多个人情感，文本内容缺乏针对性。而旅游点评类网站点评内容多与景区密切相关，数据针对性强，更具有研究价值。另外，社交类网站数据中有效数据比例低，数据量庞大，筛选复杂。旅游点评类网站数据有效数据比例高，且数量较多。

最终选取大众点评网站上的游客对沙湾古镇景区的评价数据作为基础数据，大众点评网是人们日常生活中常用工具之一，用户在旅游体验后可以自由发表对景区的评价，其用户数量多，使用范围广，在旅游点评类网站中具有代表性。

（1）调查方法及过程

①数据获取：以大众点评网沙湾古镇景区游客点评数据为样本，获取 2014 年 3 月 19 日～2019 年 3 月 19 日共 5 年的点评数据，共计 1148 条。数据包括点评文本和图片两种形式，具体信息包括用户名、性别、居住地、评论内容、点评照片、点评时间。将点评数据进行分类整理，方便后续研究。

②数据筛选：为保证网络数据的有效性，对网络数据进行筛选，剔除条件为评论内容少于 10 个字，或评论内容或图片与沙湾古镇无关，或性别、居住地等个人信息不完整。经筛选，筛除 231 条无效数据，剩余 917 条有效评论，评论数据有效率 80.0%。

③数据分析：大众点评网中游客对沙湾古镇的点评数据主要包括评论的文本和现场拍摄的照片。借鉴张天洁等的研究方法[①]，文本分析主要利用 ROST CM6 软件对文本数据进行关键词统计分析。通过对点评文本关键词词频的统计分析，将文本内容转化为清晰直观的数据，方便对不同性别游客的点评内容进行挖掘。照片数据的分析主要通过对照片拍摄内容进行识别，并将拍摄地点相应地绘制在分析图上，得到不同性别游客的点评照片空间密度分布，用以比较不同性别游客的视觉偏好性差异。

（2）调查结果整理

①点评用户基本信息：大众点评中沙湾古镇景区点评用户为曾经游览过沙湾古镇的游客，其中女性用户 696 人，占用户总人数 75.9%；男性用户 221 人，占用户总人数 24.1%。由统计可以看出，81% 的女性用户居住地为广州，76.9% 的男性用户居住地为广州，女性略高于男性；省内其他城市用户多来自深圳、中山、佛山、珠海等广州市周边城市，男女用户比例接近；省外用户占女性用户的 9.7%，男性的 14.1%，女性略低于男性。（表 6-1）

②游览时间选择：点评数量最多的为 2 月份，最少的为 6 月份，且不同性别游客在游览时间选择上差异不大。整体来看，春季和冬季点评数量较多，夏季点评数量较少，但受劳动节、国庆节假期影响会出现客流反弹。用户点评数量的变化趋势反映出沙湾古镇游客游览时间选择的变化趋势，春季、冬季为游览高峰期，游客数量相对较多，而夏季为游览淡季，游客数量相对较少。这与当地的气候条件有关，夏季炎热多雨，不适宜出游，而春季、冬季凉爽舒适，适宜出游。

---

①　张天洁，张晶晶，师宇豪. 基于网络评论的女性游园者历史景观感知研究：以天津中心城区历史公园为例［J］. 中国园林，2016, 32（3）：30-36.

表 6-1　用户基本信息统计

用户居住地	女性		男性	
	人数	百分比	人数	百分比
广州市用户	563	81.0%	170	76.9%
广东其他城市用户	65	9.3%	20	9.0%
其他省市用户	68	9.7%	31	14.1%
合计	696	100.0%	221	100.0%

③基于点评文本的关键词分析：随机选取 200 名女性用户（占女性用户总数的 28.7%）和 200 名男性用户（占男性用户总数的 90.5%）的点评文本，对点评文本的关键词进行提取，并将其在点评中提及的频率进行统计，词频为该关键词占关键词总数的比例（表 6-2）。分析发现，女性用户比男性更关注沙湾古镇的"小吃""美食"等商业设施，词频为 23.5%，而男性用户比女性更关注"岭南""传统"等历史文化有关内容，词频为 38.4%；游览过程中女性用户更关注于"特色""环境"；对于古镇公共空间，女性游客较多提到"小巷""街道"，男性用户较多提到"广场"；女性用户会提到"拍照""美食节""小店"，而男性用户均未曾提及这些关键词；女性用户对出游同伴和人际交往更为关注，她们会较多提到"朋友""游客""村民""当地人"等词汇，而男性用户则很少提及。不同性别游客在评价过程中表现出明显的差异性，这体现了他们游览过程中不同的关注点以及对公共空间的不同需求。

表 6-2　点评关键词词频统计

关键词类别	代表性关键词	女性游客	男性游客
文化历史	文化、岭南、历史、传统	29.8%	38.4%
商业设施	小吃、美食、商业	23.5%	13.9%
空间环境	小巷、巷子、街道	3.1%	0.8%
人际交往	朋友、游客、村民、当地人	1.7%	0.4%

④游客视觉偏好分析：获取的用户点评数据中，有 439 名女性用户带图点评，125 名男性用户带图点评，从中随机抽取 100 名女性用户与 100 名男性用户的点评照片，共包括女性用户点评照片 863 张，男性用户点评照片 838 张。将点评照片中研究范围之外、照片重复、无法识别位置的照片剔除，得到女性用户有效点评照片 722 张，男性用户有效点评照片 729 张。将所获取的有效照片进行拍摄地点识别，并相应用点标注在沙湾古镇地图上，分别得到女性用户点评照片空间密度分布（图 6-7）和男性用户点评照片空间密度分布（图 6-8）。通过对比女性用户跟男性用户点评照片的空间密度分布可以发现，不同性别的用户点评照片空间密度分布整体相似，沿游览线路集中分布，空间分布不均匀。局部来看，部分空间不同性别的用户点评照片空间密度分布差异较大。将

不同空间照片数量进行统计，发现留耕堂广场、安宁广场、西广场、安宁西街、车陂街是游客游览过程中被拍摄较多的公共空间，关注度较高。这主要是因为这些空间核心景点密集，具有代表性，是沙湾古镇景区主要的展示部分，是游客游览参观的主要部分。女性游客与男性游客在不同空间表现出了明显的视觉偏好差异，女性游客更偏好于留耕堂广场南部、安宁西街、安宅里、车陂街等公共空间，这些空间环境品质良好，空间体验丰富，基础设施完善，商业服务设施较多。男性游客则更偏好于留耕堂广场北部、大巷涌路、步云里巷等公共空间，这些空间历史建筑保存较好，能较好体现沙湾古镇的历史文化、建筑风貌，标志性强（表 6-3）。

图 6-7　女性用户点评照片空间密度分布

图 6-8　男性用户点评照片空间密度分布

表 6-3　点评照片空间密度分布差异统计

空间类别	拍摄地点		女性游客照片数 a	男性游客照片数 b	c	空间偏好
面状空间	留耕堂广场	广场北	72	95	-0.14	男性偏好
		广场南	67	48	0.17	女性偏好
	安宁广场		161	179	-0.05	差异不明显
	西广场		84	77	-0.04	差异不明显
	文峰塔广场		41	46	-0.06	差异不明显
线状空间	安宁西街		88	63	0.17	女性偏好
	车陂街		63	51	0.11	女性偏好
	安宅里		31	15	0.35	女性偏好
	大巷涌路		26	38	-0.19	男性偏好
	庐江遇道		27	14	0.32	女性偏好
	步云里巷		2	10	-0.67	男性偏好
其他			60	93	-0.22	男性偏好
合计			722	729		

注：$c = (a-b)/(a+b)$，当 $c \leq -0.1$，则空间为男性偏好型；当 $-0.1 < c \leq 0.1$，则空间性别差异不明显；当 $c > 0.1$，则空间为女性偏好型。

3. 公共空间游客行为综合分析

对沙湾古镇公共空间游客行为进行分析，目的是对古镇公共空间的使用情况有更加全面的了解。综合对照动态行为、静态行为、网络评价的调查成果，总结沙湾古镇公共空间的使用情况。

（1）游览时间选择

春节和冬季是沙湾古镇游览的旺季，夏季是游览的淡季，这与沙湾古镇的节庆活动及气候特征密切相关。一天中，游客大多选择下午游览，上午游客相对较少，夜间几乎无游客，这主要与游客的游览行程安排有关。

（2）游客空间分布

从整体来看，沙湾古镇游客空间分布不均匀，部分空间游客数量较多，如留耕堂广场、西广场、安宁广场、安宁西街等；部分空间游客数量较少，如大马巷、锦围巷、鹤鸣街等。这主要受景点吸引力、交通便捷性等方面的影响。从局部来看，男性游客与女性游客空间分布差异明显。女性游客明显多于男性游客的空间有车陂街、安宁广场，女性游客明显少于男性游客的空间有文峰塔广场、留耕堂广场北部。这主要受空间环境、商业设施、基础设施等因素影响。

（3）游客活动分布

从整体来看，沙湾古镇游客活动分布不均匀，男女差异明显。游客的购物消费多集中于安宁西街、安宁路、大巷涌路、西广场等空间，并且女性游客的购物消费行为明显多于男性游客。女性游客更偏好小吃、饰品的消费，男性游客偏好手工艺品的消费。游客的驻足观赏多集中于留耕堂广场、安宁广场、车陂街等景点密集的空间。女性游客多在空间环境好、丰富有趣的空间停留观赏，男性游客多停留于历史建筑、标志性的空间。游客的停留休憩多集中于安宁广场、西广场等较为开阔的广场空间，且女性游客对休憩空间、遮阴避雨设施、公共卫生间的需求大于男性游客。

（4）游客评价及关注点

不同性别游客在评价中差异明显，女性游客更关注古镇的商业设施，男性游客更关注于历史文化。女性游客在游览过程中注重人际交往、空间环境，喜爱拍照、美食。通过对点评照片的分析发现，沙湾古镇中留耕堂广场、安宁广场、西广场、安宁西街等空间是游客游览过程中偏好拍摄的空间，关注度较高。在留耕堂广场、安宁西街、车陂街、安宅里等空间，不同性别游客拍摄照片数量差异较大，关注度差异明显。

6.1.3　女性视角下的公共空间筛选

1. 筛选原则

沙湾古镇公共空间数量较多，首先要对具体研究的对象进行筛选，在筛选过程中遵循全面性、代表性和差异性的原则。结合前期游客行为分析，本节选取线状空间车陂街、安宁西街，面状空间留耕堂广场、安宁广场作为公共空间样本进行女性游客体验评价（图 6-9）。

2. 公共空间介绍

（1）车陂街

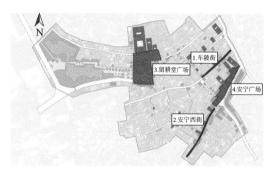

图 6-9 公共空间筛选

车陂街是古镇内重要的街巷，客流量大，游客活动密集，游客关注度高。车陂街有何少霞故居、佑启堂（沙湾鱼灯馆）、炽昌堂（中式婚礼展览馆）3 座展览馆，老房子、探客茶馆等商业店铺。车陂街女性游客数量明显多于男性游客，且女性游客对其关注度高于男性游客，车陂街的游客活动以驻足观赏为主。

（2）安宁西街

安宁西街是古镇内重要的特色商业街，客流量大，游客活动密集，游客关注度高。安宁西街有镇南祠（崖柏艺术馆）、进士会、三稔厅（广东音乐纪念馆）3 座展览馆，并且汇集了古镇传统店铺珠珠照相馆，购物店铺桃花酿、柏艺轩、如意手工店等，美食店铺沙湾往事、春驻坊、往事如宴等，是沙湾古镇最具代表性的商业街。女性游客对安宁西街的关注度明显高于男性，安宁西街的游客活动以购物消费和驻足观赏为主。

（3）留耕堂广场

留耕堂广场是古镇内最重要的公共建筑留耕堂的前广场，由北广场、南广场和四方塘组成，是举办大型活动、游客游览与集散的重要场所，其客流量大、游客活动密集、游客关注度高。除留耕堂外，广场周边分布有重要宗教建筑玉虚宫，五星楼、杰怡牛奶店、陀螺王等商业店铺。广场北部女性游客数量较少，女性游客关注度较低，而广场南部女性游客关注度明显高于男性。留耕堂广场的游客活动以购物消费、驻足观赏和停留休憩为主。

（4）安宁广场

安宁广场是古镇内重要的广场空间，客流量大，游客活动密集。有古树、清水井等景观节点，周边有衍庆学、沙湾广东音乐馆两座展览馆，一物堂等特色商铺。广场女性游客数量明显多于男性游客，但是在关注度上女性游客低于男性游客。安宁广场的游客活动以购物消费、驻足观赏和停留休憩为主。

6.1.4 女性游客体验评价体系构建

构建女性游客体验评价体系，首先，要通过相关评价因子筛选，并结合沙湾古镇自身特点得到预设评价指标集。然后，结合专家意见修改完善，确定最终评价指标。最后，设计调查问卷并发放。

1. 评价体系初步构建

（1）确定体验评价指标的原则

在体验评价指标的选取上要遵循逻辑性、真实性及可操作性的原则。

①逻辑性：评价指标的划分要做到逻辑清晰、层次分明，一级指标与二级指标之间层层递进。

②真实性：评价指标的选择应贴近实际，符合游客的游览感受。

③可操作性：受访游客随机选择，涵盖各个年龄层次、文化水平及职业，在评价指标确定过程中要注重可操作性，易于理解，避免专业术语及晦涩难懂的表述。

（2）相关评价因子借鉴

薛海燕在基于女性视角的城市规划设计研究中，根据马斯洛需求理论从生理需求、安全需求、爱和归属的需求、尊重需求及自我实现需求5个方面构建女性的空间需求体系。①郭思思在女性视角下的城市公园景观设计研究中，从舒适性、安全性、感性化的3个层次选取评价因素。②李佳芯等在风景园林空间分析中，从女性游园者视角出发，提出从安全性、感性化、舒适性、标示性4个方面营造满足女性需求的绿地活动空间。③林佳思等在基于性别差异的城市公共空间认知模式研究中提出，应从安全性、私密性和舒适度、场所感等方面优化城市公共空间。④以上文献为评价指标的选择提供了重要参考，最终指标的确立还需要结合沙湾古镇自身的特点。

（3）沙湾古镇自身特点

沙湾古镇历经800年的建设，形成了自身独特的建筑风貌、传统艺术，挖掘其地域、空间及文化特色，并结合女性游客的空间需求，对二级指标进一步完善。

①地域特色：沙湾古镇位于广东省广州市，气候炎热多雨，夏季长、冬季短。因此，遮阳避雨设施是生理和安全层次的重要组成部分。

②空间特色：沙湾古镇街巷错落纵横，古镇格局保存完好，并保留了大量具有历史文化价值的古建筑（图6-10）。因此将场地色彩的协调性、场地材质的舒适性、传统建筑的保护与展示作为二级指标。

③文化特色：沙湾古镇历史文化资源丰富，民间艺术享誉全国。沙湾自古以来重视教育，人才辈出，至今仍举办开笔礼等活动。沙湾飘色、传统美食、广东音乐等民俗活动、传统艺术传承有序（图6-11）。因此，将体现沙湾历史文化特色（宗族、科举）、传统艺术的保护与展示（音乐、飘色）、特色购物商铺作为二级指标。

（4）初步评价体系框架

从生理和安全、心理和情感及文化和审美3方面构建一级指标，从道路的通达性等20项构建二级指标，初步形成沙湾古镇女性视角下的公共空间游客体验评价体系框架（表6-4）。

①　薛海燕. 女性·尊重·规划［D］. 兰州：兰州大学，2015.

②　郭思思. 女性视角下的城市公园景观设计研究［D］. 哈尔滨：东北林业大学，2016.

③　李佳芯，王云才. 基于女性视角下的风景园林空间分析［J］. 中国园林，2011，27（06）：38-44.

④　林佳思，丁艳，章程. 基于性别差异的城市公共空间认知模式研究：以苏州市石路商业步行街为例［J］. 福建建筑，2015（08）：9-15.

图 6-10 沙湾古镇广东音乐馆　　　　　图 6-11 沙湾古镇功名旗杆夹

2. 评价体系正式构建

（1）专家意见调查

根据表 6-4 设计调查问卷，对相关领域专家意见进行问卷调查。本阶段共调查建筑学领域相关专家 15 人，城市规划领域相关专家 12 人，其他领域专家 3 人，共计 30 人。发放并回收有效问卷 30 份，问卷有效率 100%。

（2）评价指标确定

根据专家的筛选结果及指导意见，取统计结果中赞同意见占 80% 以上的评价指标作为最后的评价指标，将赞同意见不足 80% 的指标删除。根据专家意见对体系初步框架进行修正，形成最终评价指标（表 6-5）。

6.1.5 女性游客体验评价体系的应用与统计

在车陂街、安宁西街、留耕堂广场、安宁广场 4 处公共空间进行问卷发放并现场回收，统计受访游客的基本信息，对问卷进行信度检测，然后对 4 处公共空间分别进行重要性分析、满意度分析、差异分析、IPA、不同类型女性游客评价结果差异分析，找出各公共空间的不足之处。现场发放调查问卷，并及时回收，回收后对受访游客的基本信息进行统计，并对问卷的信度进行检验，确保问卷的可靠性。

1. 体验评价调查问卷

（1）调查问卷设计

①问卷的形式：考虑到此次研究是从女性游客角度出发，对沙湾古镇公共空间进行体验评价，为了获取的评价数据更加全面科学，问卷将采用现场发放的形式。现场发放问卷可以覆盖女性游客的各个年龄层次、各种旅游形式，数据更加全面。

②问卷的结构：调查问卷由游客基本信息和满意度、重要性评价两个部分组成。第一部分为女性游客基本信息，包括游客的年龄、从事工作、居住地等 7 个问题，获得的

表 6-4　沙湾古镇女性视角下的公共空间
游客体验评价体系初步框架

一级指标	二级指标
生理和安全层次	道路的通达性（标识系统、道路指引）
	休息设施的数量和位置
	遮阳避雨设施数量和位置
	卫生间的数量和位置
	无障碍设计
	场地材质舒适，平整不易打滑
	卫生环境（垃圾桶的位置、数量及日常维护）
	餐饮店铺的质量、数量
心理和情感层次	公共空间的丰富度和趣味性
	绿化景观的多样性
	景观小品（雕塑、水景）美观性
	场地色彩的协调性
	场地材质的舒适性
	噪声和拥挤程度
文化和审美层次	体现沙湾历史文化特色（宗族、科举）
	传统艺术保护与展示（音乐、飘色）
	传统建筑的保护与展示
	特色活动组织参与
	特色商业店铺
	对当地居民生活的体验

表 6-5　沙湾古镇公共空间满意度评价最终
评价指标

一级指标	二级指标
生理和安全层次 A	道路的通达性（标识系统、道路指引）A_1
	休息设施的数量和位置 A_2
	遮阳避雨设施的数量和位置 A_3
	卫生间的数量和位置 A_4
	无障碍设计 A_5
	卫生环境（垃圾桶的位置、数量及日常维护）A_6
	设施安全性（护栏、座椅等）A_7
	噪声和拥挤程度 A_8
心理和情感层次 B	公共空间的丰富度和趣味性 B_1
	绿化景观的多样性 B_2
	景观小品（雕塑、水景）美观性 B_3
	场地色彩的协调性 B_4
	场地材质的舒适性 B_5
	空间的私密性和围合感 B_6
文化和审美层次 C	体现沙湾历史文化特色（宗族、科举）C_1
	传统艺术的保护与展示（音乐、飘色）C_2
	传统建筑的保护与展示 C_3
	特色购物商铺 C_4
	特色美食店铺 C_5
	特色活动组织参与 C_6
	对当地风土人情的体验 C_7

女性游客信息数据可以为评价结果的分析及空间优化策略的提出提供客观依据。第二部分为对 3 项一级指标和 21 项二级指标构成的评价体系进行评价。评价分为满意度评价与重要性评价两个部分，采用李克特量表（Likert scale）对指标评语赋予不同的数值，把女性游客游览时的主观感受转化为直观的数据进行分析，指标评语对应的赋值如表 6-6 所示，游客通过勾选其中一项进行评价。

表 6-6　评语量化赋值

满意程度	非常满意	比较满意	一般	比较不满意	非常不满意
重要程度	非常重要	比较重要	一般	比较不重要	非常不重要
赋值	531	4	3	2	1

③样本的选择：选择到此游玩的女性游客为问卷调查的样本，男性游客、当地居

民、商户、服务人员等其他人群均不在样本选择范围内。对所确定的 4 处公共空间样本进行访谈式问卷发放，每处公共空间发放调查问卷 100 份。发放对象应涵盖各年龄段、各出游类型，保证问卷数据的客观性、全面性、有效性。

（2）调查问卷发放回收

①发放问卷：调查问卷的发放分为 4 次，包括节假日 6 月 1 日和 2 日两天，工作日 6 月 3 日和 4 日两天。6 月 1 日～3 日天气晴朗，适宜游客游览，4 日天气阴有阵雨，对游客游览造成一定影响。问卷发放地点为沙湾古镇车陂街、安宁西街、留耕堂广场、安宁广场 4 处，每天均发放 10 小时（8：00～18：00）。4 次累计发放问卷 400 份，其中节假日发放 280 份，工作日发放 120 份，每处公共空间样本为 100 份。

②回收问卷：车陂街发放问卷 100 份，回收有效问卷 92 份，问卷有效率 92%；安宁西街发放问卷 100 份，回收有效问卷 98 份，问卷有效率 98%；留耕堂广场发放问卷 100 份，回收有效问卷 95 份，问卷有效率 95%；安宁广场发放问卷 100 份，回收有效问卷 95 份，问卷有效率 95%。累计有效问卷 380 份，问卷有效率 95%。

（3）基本信息统计

在受访游客基本信息统计中，分别对受访游客的年龄、职业、居住地、游览次数、停留天数、游览人员组成、游览动机等方面分别进行统计，以便了解沙湾古镇女性游客的基本情况。

①年龄：受访游客年龄分布不均匀，中青年为主，老人和儿童较少，受访游客中在 18～45 岁之间的人数超过总人数的 80%。其中，2.4% 的受访游客年龄在 18 岁以下，35.3% 的受访游客年龄在 18～30 岁之间，46.1% 的受访游客年龄在 31～45 岁之间，13.1% 的受访游客年龄在 46～60 岁之间，3.1% 的受访游客年龄在 60 岁以上（图 6-12）。沙湾古镇位于广州市番禺区，距离市区较远，公共交通不够便利，游客多以家庭为单位自驾前往，这给老年人和儿童的出行造成了一定影响。

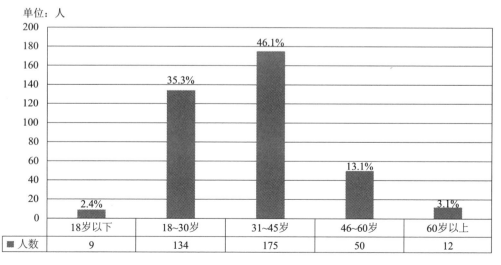

图 6-12　受访游客年龄统计

②职业：在受访游客职业调查中，私营企业工作人员数量最多，占受访人数的33.4%；其次是学生，占受访人数的32.1%；另外，个体经营者占受访人数的22.1%，国家公务员占受访人数的10.3%，退休人员最少，占受访人数的2.1%。

③客源地：在受访游客居住地调查中，绝大部分游客来自广州本地，占受访人数的90.5%；广东其他城市游客和外省游客较少，分别占受访人数的7.1%和2.4%，因此沙湾古镇以服务广州市及周边城市游客为主，省外知名度还有待提升。

④游览次数：在受访游客游览次数调查中，99.0%的受访游客是首次游览沙湾古镇，1.0%的游客为第二次游览。游客重游率较低，这也体现了沙湾古镇公共空间优化提升的必要性。

⑤停留天数：在受访游客停留天数调查中，99.5%的受访游客选择停留一天，当天往返。0.5%的游客选择停留两天一晚，入住沙湾古镇民宿及附近宾馆。游客停留时间较短，一方面原因是绝大部分游客来自广州，距离较近，往返便利；另一方面是沙湾古镇面积相对较小，所需游览时间较短，且古镇住宿设施不够完善，接待能力有限。

⑥游览人员组成：在受访游客游览人员组成调查中，以家庭为单位进行游览的人数最多，占总人数的51.0%，家庭人员的组成多为年轻的父母与孩子，少数为夫妻陪同年长的父母。其次是以朋友为单位和以情侣为单位，两者数量相同，各占总人数的24.0%。单独到访的游客数量较少，占总人数的1.0%。调查中未发现以团队为单位进行游览的游客。

⑦游览动机：在受访游客游览动机调查中，绝大部分游客来沙湾古镇的目的是欣赏岭南建筑和品尝沙湾美食，其次是领略民间艺术、体验风土人情，少数游客目的是欣赏自然风光（图6-13）。沙湾古镇的游客吸引力主要体现在岭南建筑和美食两个方面，民间艺术和风土人情两个方面有待进一步加强。沙湾古镇属于历史文化古镇，自然风光不是其主要吸引力，但古镇的自然环境仍需要进一步提升。

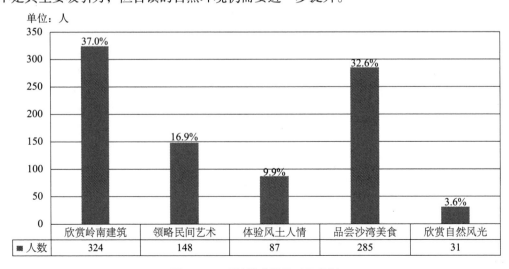

图6-13 受访游客游览动机统计

（4）调查问卷信度检验

数据信度检验是用于研究定量数据，尤其是态度量表问题评价结果的可靠性、一致性及稳定性，克隆巴赫 α 系数（Cronbach's α）是目前最常用的信度测量方法，如果信度系数小于 0.6，说明评价结果不够可靠，需重新设计调查问卷；如果信度系数介于 0.6～0.7，说明评价结果可以接受，有一定的改进空间；如果信度系数介于 0.7～0.8，说明评价结果较为可靠；如果信度系数大于 0.8，说明评价结果非常可靠。

本研究通过 SPSS Statistics 19.0 分析软件对 21 道客观题进行信度分析，计算结果如表 6-7 所示，4 个公共空间样本整体信度的 Cronbach's α 系数均大于 0.8，说明研究数据信度质量高，评价结果可靠。

表 6-7　受访游客问卷数据信度检验

公共空间样本	整体信度		满意度信度		重要性信度	
	Cronbach's α 系数	变量项数	Cronbach's α 系数	变量项数	Cronbach's α 系数	变量项数
车陂街	0.81	42	0.83	21	0.81	21
安宁西街	0.86	42	0.86	21	0.88	21
留耕堂广场	0.81	42	0.85	21	0.79	21
安宁广场	0.82	42	0.76	21	0.86	21

（5）数据统计分析方法

本研究主要运用均值分析、差值分析、配对样本 T 检验对数据进行统计分析，形成各公共空间样本的调查结果统计表。

①均值分析：均值反映了数据的集中趋势，是指在一组数据中所有数据之和再除以这组数据的个数。在分析中分别计算出各评价指标重要性均值 I 值，满意度均值 P 值。

②差值分析：计算各评价指标重要性均值 I 值与满意度均值 P 值之间的差值 $I-P$，以了解两者之间的差异。

③配对样本 T 检验：配对样本 T 检验是基于 T 分布理论得出差异发生的概率大小的检验运算，结果用显著性（Significance，Sig.）表示，用于比较满意度均值与重要性均值之间是否存在显著性差异。若检验结果 Sig.（双侧）> 0.05，则两者之间不存在显著性差异；若 Sig.（双侧）≤ 0.05，则两者之间存在显著性差异。

2. 线状空间

线状公共空间样本包括车陂街和安宁西街两处，对公共空间进行重要性分析、满意度分析、重要性与满意度差异分析、IPA 和不同类型女性游客重要性、满意度差异分析。

（1）车陂街

对车陂街公共空间的问卷数据进行统计分析，得到调查结果统计表，进而做出以下分析。

①重要性分析：女性游客认为对于车陂街公共空间重要性排名前 5 的评价指标为噪声和拥挤程度 A_8、道路的通达性（标识系统、道路指引）A_1、传统建筑的保护与展示 C_3、卫生间的数量和位置 A_4、体现沙湾历史文化特色（宗族、科举）C_1。说明女性游客在车陂街游览时，非常关注街巷的拥挤程度及噪声大小、道路的通达性、公共卫生间的便利性、能否体现沙湾古镇的历史底蕴和文化特色。女性游客认为场地色彩的协调性 B_4、无障碍设计 A_5 是相对次要的评价指标。这是因为车陂街传统风貌保持较好，场地色彩相对协调，且非专业人士对色彩感知并不敏感。同时，沙湾古镇游客中以行动力强的中青年人为主，对无障碍设施要求较低。

②满意度分析：女性游客对于车陂街公共空间满意度排名前 5 的评价指标为体现沙湾历史文化特色（宗族、科举）C_1、传统建筑的保护与展示 C_3、传统艺术的保护与展示（音乐、飘色）C_2、空间的私密性和围合感 B_6、卫生环境（垃圾桶的位置、数量及日常维护）A_6。说明女性游客对车陂街在沙湾古镇传统文化与艺术保护展示、卫生环境方面比较认可，并且认为车陂街公共空间的私密性与围合感较好。女性游客对无障碍设计 A_5、休息设施的数量和位置 A_2、绿化景观的多样性 B_2 满意度较低。主要因为车陂街高差较多，缺乏无障碍设计；休息设施数量较少，难以满足游客需求，景观布置欠佳，绿植种类单一。

③重要性与满意度差异分析：整体而言，只有场地色彩的协调性 B_4、空间的私密性和围合感 B_6 两项评价指标的满意度均值超过其重要性均值，说明女性游客对这些评价指标的满意度高于期望值，而其他指标则低于期望值。其中噪声和拥挤程度 A_8、道路的通达性（标识系统、道路指引）A_1、休息设施的数量和位置 A_2、卫生间的数量和位置 A_4 这几项指标的差异性较大，说明这些指标的满意度远低于期望值。

④配对样本 T 检验：有 18 项评价指标的 Sig. 均小于 0.05，说明这些评价指标存在统计学意义的相关，即存在显著性差异，适合进行 IPA。

⑤IPA：以二级指标的重要性平均值作为横坐标，取所有二级指标重要性分值的平均值 3.71 为纵轴。以二级指标的满意度平均值作为纵坐标，取所有二级指标满意度分值的平均值 2.84 为横轴，建立坐标系从而得到车陂街 IPA 图（图 6-14）。

根据车陂街 IPA 图可知，第 Ⅰ 象限优势区的评价指标为卫生环境（垃圾桶的位置、数量及日常维护）A_6、体现沙湾历史文化特色（宗族、科举）C_1、传统艺术的保护与展示（音乐、飘色）C_2、传统建筑的保护与展示 C_3，这一象限内的评价指标应继续保持现状，适当强化，发挥其优势；第 Ⅱ 象限维持区的评价指标为设施安全性（护栏、座椅等）A_7、场地色彩的协调性 B_4、场地材质的舒适性 B_5、空间的私密性和围合感 B_6，这一象限内的评价指标满意度较高，且相对重要性较低；第 Ⅲ 象限机会区的评价指标为遮阳避雨设施的数量和位置 A_3、无障碍设计 A_5、公共空间的丰富度和趣味性 B_1、绿化景观的多样性 B_2、景观小品（雕塑、水景）美观性 B_3、特色活动组织参与 C_6、对当地风土人情的体验 C_7，这一象限内的评价指标优化的优先程度较低；第 Ⅳ 象限改进区的评价指标为道路的通达性（标识系统、道路指引）A_1、休息设施的数量和位置 A_2、卫生间的数量和位置 A_4、噪声和拥挤程度 A_8、特色购物商铺 C_4、特色美食店铺 C_5，这一象限内的评价指标意味着远不能满足游客需求，是最迫切需要优化的一些指标。

⑥不同类型女性游客重要性、满意度差异分析：从年龄、游览人员组成两个方面对不同类型的女性游客作进一步分析。在年龄方面，随着年龄增长，游客对空间的需求也在发生变化，相比较年轻游客（18~30 岁，占受访游客的 38.0%），年长游客（30~60 岁，占受访游客的 56.0%）认为生理和安全层次 A 更加重要，尤其是噪声和拥挤程度 A_8、休息设施的数量和位置 A_2 和遮阳避雨设施的数量和位置 A_3 几个方面，而对无障碍设计 A_5、休息设施的数量和位置 A_2 满意度较低。年轻游客认为传统建筑的保护与展示 C_3 较为重要，对特色购物商铺 C_4、特色美食店铺 C_5 的满意度较低。在游览人员组成方面，以家庭为单位的游客（占受访游客的 51.0%）认为道路的通达性 A_1、噪声和拥挤程度 A_8 是最重要的评价指标，对无障碍设计 A_5、休息设施的数量和位置 A_2 满意度最低。以情侣为单位的游客（占受访游客的 29.0%）和以朋友为单位的游客（占受访游客的 18.0%）认为传统建筑的保护与展示 C_3 较为重要，对绿化景观的多样性 B_2 满意度较低。

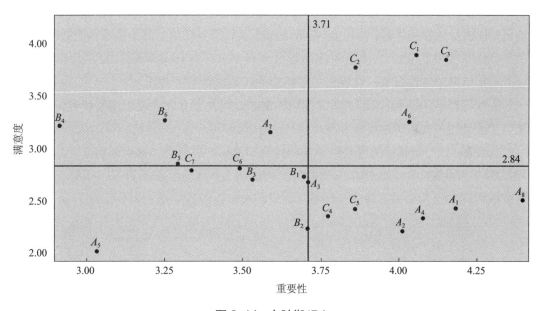

图 6-14　车陂街 IPA

（2）安宁西街

对安宁西街公共空间的问卷数据进行统计分析，得到调查结果统计表，进而做出以下分析。

①重要性分析：女性游客认为对于安宁西街公共空间重要性排名前 5 的评价指标为噪声和拥挤程度 A_8、道路的通达性（标识系统、道路指引）A_1、卫生环境（垃圾桶的位置、数量及日常维护）A_6、传统建筑的保护与展示 C_3、卫生间的数量和位置 A_4。说

明女性游客在安宁西街游览时，非常关注街巷的物理环境，包括了道路的通达性、卫生环境、公共卫生间的便利性和古建筑的保护展示。女性游客认为场地色彩的协调性 B_4、无障碍设计 A_5 是相对次要的评价指标。这是因为安宁西街传统风貌保持较好，场地色彩相对协调，且非专业人士对色彩感知并不敏感。同时，沙湾古镇游客中以行动力强的中青年人为主，对无障碍设计 A_5 要求较低。

②满意度分析：女性游客对于安宁西街公共空间满意度排名前 5 的评价指标为传统建筑的保护与展示 C_3、传统艺术的保护与展示（音乐、飘色）C_2、特色美食店铺 C_5、特色购物商铺 C_4、景观小品（雕塑、水景）美观性 B_3。说明女性游客对安宁西街在沙湾古镇传统建筑与艺术保护展示方面比较认可，安宁西街商业设施密集，特色美食店铺和购物店铺较多，满足了女性游客购物需求。在街巷入口处、店铺门口有景观小品进行装饰，增加了空间的趣味性。女性游客对无障碍设计 A_5、卫生间的数量和位置 A_4、噪声和拥挤程度 A_8 这几项评价指标满意度较低。主要因为安宁西街道路高差较多，缺乏无障碍设计；街巷附近没有卫生间，给游客造成不便；街巷狭窄，人流量较大易造成拥挤，这对游客的游览体验造成了一定影响。

③重要性与满意度差异分析：整体而言，各项评价指标的满意度均值超过其重要性均值，说明女性游客对安宁西街公共空间的满意度低于期望值。其中噪声和拥挤程度 A_8、卫生间的数量和位置 A_4、休息设施的数量和位置 A_2、遮阳避雨设施的数量和位置 A_3 这几项指标的差异性较大，说明这些指标的满意度远低于期望值。

④配对样本 T 检验：有 17 项评价指标的 Sig. 均小于 0.05，说明这些评价指标存在统计学意义的相关，即存在显著性差异，适合进行 IPA。

⑤IPA：以二级指标的重要性平均值作为横坐标，取所有二级指标重要性分值的平均值 3.69 为纵轴。以二级指标的满意度平均值作为纵坐标，取所有二级指标满意度分值的平均值 2.87 为横轴。建立坐标系从而得到安宁西街 IPA 图（图 6-15）。

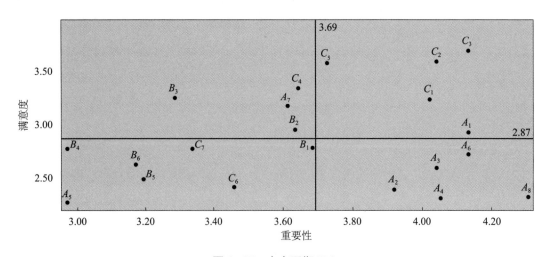

图 6-15　安宁西街 IPA

⑥不同类型女性游客重要性、满意度差异分析：从年龄、游览人员组成两个方面对不同类型的女性游客做进一步分析。在年龄方面，随着年龄增长，游客对空间的需求也在发生变化，相比较年轻游客（占受访游客的33%），年长游客（占受访游客的63%）认为生理和安全层次 A 空间更加重要，尤其是噪声和拥挤程度 A_8、卫生环境 A_6、道路的通达性 A_1 几个方面，而对无障碍设计 A_5、卫生间的数量和位置 A_4、噪声和拥挤程度 A_8 满意度较低。年轻游客更加重视心理和情感层次 B，他们认为传统建筑的保护与展示 C_2、传统艺术的保护与展示 C_3 较为重要，对场地色彩的协调性 B_4、遮阳避雨设施的数量和位置 A_3、场地材质的舒适性 B_5 满意度较低。在游览人员组成方面，以家庭为单位的游客（占受访游客的51%）认为道路的通达性 A_1、卫生环境 A_6、噪声和拥挤程度 A_8 是最重要的评价指标，对无障碍设计 A_5、卫生间的数量和位置 A_4、噪声和拥挤程度 A_8 满意度最低。以情侣为单位的游客（占受访游客的29%）和以朋友为单位的游客（占受访游客的18%）认为传统建筑的保护与展示 C_2、传统艺术的保护与展示 C_3 较为重要，对场地色彩的协调性 B_4、场地材质的舒适性 B_5 满意度较低。

3. 面状空间

面状公共空间样本包括留耕堂广场和安宁广场两处，对公共空间进行重要性分析、满意度分析、重要性与满意度差异分析、IPA 和不同类型女性游客重要性、满意度差异分析。

（1）留耕堂广场

对留耕堂广场公共空间的问卷数据进行统计分析，得到调查结果统计表，进而做出以下分析。

①重要性分析：女性游客认为对于留耕堂广场公共空间重要性排名前5的评价指标为休息设施的数量和位置 A_2、体现沙湾历史文化特色（宗族、科举）C_1、传统艺术的保护与展示（音乐、飘色）C_2、遮阳避雨设施的数量和位置 A_3、卫生环境（垃圾桶的位置、数量及日常维护）A_6 和传统建筑的保护与展示 C_3，其中后两项得分一致。说明女性游客在留耕堂广场游览时，非常关注广场休息设施、遮阳避雨设施等基础设施，关注对沙湾古镇历史文化资源的保护与展示，同时对广场卫生环境有较高的要求。女性游客认为场地色彩的协调性 B_4、无障碍设计 A_5 是相对次要的评价指标。这是因为留耕堂广场传统风貌保持较好，场地色彩相对协调，且非专业人士对色彩感知不够敏感。同时，沙湾古镇游客中以行动力强的中青年人为主，对无障碍设施要求较低。

②满意度分析：女性游客对于留耕堂广场公共空间满意度排名前5的评价指标为传统建筑的保护与展示 C_3、体现沙湾历史文化特色（宗族、科举）C_1、噪声和拥挤程度 A_8、传统艺术的保护与展示（音乐、飘色）C_2、道路的通达性（标识系统、道路指引）A_1。说明女性游客对留耕堂广场在沙湾古镇传统建筑与艺术保护展示方面比较认可，且留耕堂广场道路通达性好，场地开阔。女性游客对遮阳避雨设施的数量和位置 A_3、绿化景观的多样性 B_2、无障碍设计 A_5 这几项评价指标满意度较低，主要因为留耕堂广场夏季

太阳直射严重，缺乏遮阳避雨设施；地面高差较多，缺乏无障碍设计，给婴儿车的使用造成不便；绿化景观单一，缺少观赏性。

③重要性与满意度差异分析：整体而言，各项评价指标的满意度均值超过其重要性均值，说明女性游客对留耕堂广场公共空间的满意度低于期望值。其中遮阳避雨设施的数量和位置 A_3、休息设施的数量和位置 A_2、卫生环境（垃圾桶的位置、数量及日常维护）A_6、绿化景观的多样性 B_2、特色美食店铺 C_5 这几项指标的差异性较大，说明女性游客对这些评价指标的满意度远低于期望值。

④配对样本 T 检验：有 18 项评价指标的 Sig. 均小于 0.05，说明这些评价指标存在统计学意义的相关，即存在显著性差异，适合进行 IPA。

⑤ IPA：以二级指标的重要性平均值作为横坐标，取所有二级指标重要性分值的平均值 3.74 为纵轴。以二级指标的满意度平均值作为纵坐标，取所有二级指标满意度分值的平均值 2.81 为横轴，建立坐标系从而得到留耕堂广场 IPA 图（图 6-16）。

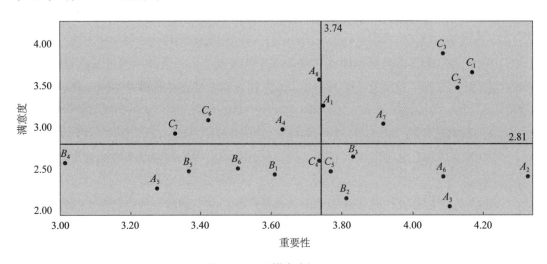

图 6-16　留耕堂广场 IPA

⑥不同类型女性游客重要性、满意度差异分析：从年龄、游览人员组成两个方面对不同类型的女性游客作进一步分析。在年龄方面，相比较年轻游客（占受访游客的 41%），年长游客（占受访游客的 58%）认为休息设施的数量和位置 A_2、遮阳避雨设施的数量和位置 A_4、体现沙湾历史文化特色 C_1 较为重要，对无障碍设计 A_5、遮阳避雨设施 A_3 满意度较低。年轻游客认为文化和审美层次 C 较为重要，尤其是体现沙湾历史文化特色 C_1、传统建筑、传统艺术的保护与展示 C_2 方面，对绿化景观的多样性 B_2、公共空间的丰富度和趣味性 B_1 满意度较低。在游览人员组成方面，以家庭为单位的游客（占受访游客的 52%）认为休息设施和遮阳避雨设施的数量和位置 A_2A_3 是较重要的评价指标，对遮阳避雨设施 A_3、无障碍设计 A_5 满意度较低。以情侣为单位的游客（占受访游客的 20%）和以朋友为单位的游客（占受访游客的 27%）认为体现沙湾历史文化

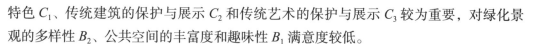

特色 C_1、传统建筑的保护与展示 C_2 和传统艺术的保护与展示 C_3 较为重要，对绿化景观的多样性 B_2、公共空间的丰富度和趣味性 B_1 满意度较低。

（2）安宁广场

对安宁广场公共空间的问卷数据进行统计分析，得到调查结果统计表，进而做出以下分析。

①重要性分析：女性游客认为对于安宁广场公共空间重要性排名前 5 的评价指标为休息设施的数量和位置 A_2、卫生环境（垃圾桶的位置、数量及日常维护）A_6、体现沙湾历史文化特色（宗族、科举）C_1、传统艺术的保护与展示（音乐、飘色）C_2、传统建筑的保护与展示 C_3。说明女性游客在安宁广场游览时，非常关注广场的休息设施和卫生环境，以及对传统文化、资源的保护展示。女性游客认为场地色彩的协调性 B_4、无障碍设计 A_5 是相对次要的评价指标。这是因为安宁广场传统风貌保持较好，场地色彩相对协调，且非专业人士对色彩感知并不敏感。同时，沙湾古镇游客中以行动力强的中青年人为主，对无障碍设施要求较低，所以认为无障碍设计 A_5 相对次要。

②满意度分析：女性游客对于安宁广场公共空间满意度排名前 5 的评价指标为传统建筑的保护与展示 C_3、传统艺术的保护与展示（音乐、飘色）C_2、体现沙湾历史文化特色（宗族、科举）C_1、景观小品（雕塑、水景）美观性 B_3、卫生间的数量和位置 A_4。说明女性游客对安宁广场在沙湾古镇传统资源、文化保护展示方面比较认可，安宁广场有喷泉、雕塑等景观小品点缀空间，增加了空间的趣味性、丰富度，给游客愉悦的游览体验。安宁广场设有公共卫生间，给女性游客带来了很大的便利性。女性游客对休息设施的数量和位置 A_2、空间的私密性和围合感 B_6、设施安全性（护栏、座椅等）A_7 这几项评价指标满意度较低。主要因为安宁广场缺乏休息设施，难以满足游客休憩需求；安宁广场空间过于开阔，缺乏围合感和私密性；广场设有几处喷泉水景，水池具有一定的深度，但缺乏必要围护设施，存在安全隐患。

③重要性与满意度差异分析：整体而言，只有景观小品（雕塑、水景）美观性 B_3、场地色彩的协调性 B_4、传统建筑的保护与展示 C_3、特色美食店铺 C_5 4 项评价指标的满意度均值超过其重要性均值，说明女性游客对这些评价指标的满意度高于期望值，而其他指标则低于期望值。其中休息设施的数量和位置 A_2、遮阳避雨设施的数量和位置 A_3、设施安全性（护栏、座椅等）A_7 这几项指标的差异性较大，说明女性游客对这些评价指标的满意度远低于期望值。

④配对样本 T 检验：有 10 项评价指标的 Sig. 均小于 0.05，说明这些评价指标存在统计学意义的相关，即存在显著性差异，适合进行 IPA。

⑤IPA：以二级指标的重要性平均值作为横坐标，取所有二级指标重要性分值的平均值 3.67 为纵轴。以二级指标的满意度平均值作为纵坐标，取所有二级指标满意度分值的平均值 3.26 为横轴，建立坐标系从而得到安宁广场 IPA 图。（图 6-17）

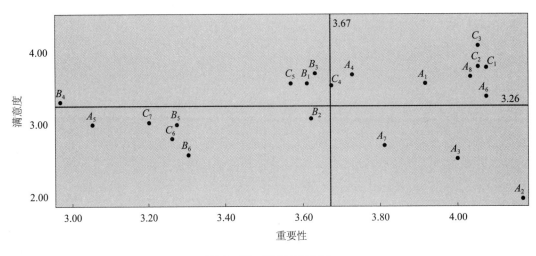

图 6-17　安宁广场 IPA

⑥不同类型女性游客重要性、满意度差异分析：从年龄、游览人员组成两个方面对不同类型的女性游客作进一步分析。在年龄方面，相比较年轻游客（占受访游客的29%），年长游客（占受访游客的62%）认为休息设施的数量和位置 A_2、卫生环境 A_6 较为重要，对休息设施和遮阳避雨设施的数量和位置 A_2 A_3 满意度较低。年轻游客认为文化和审美层次 C 较为重要，尤其是体现沙湾历史文化特色（宗族、科举）C_1、传统建筑的保护与展示 A_2、传统艺术的保护与展示 C_3 方面，对遮阳避雨设施 A_3、空间的私密性和围合感 B_6 满意度较低。在游览人员组成方面，以家庭为单位的游客（占受访游客的50%）认为休息设施的数量和位置 A_2 和遮阳避雨设施的数量和位置 A_3、卫生环境 A_6 是较重要的评价指标，对休息设施的数量和位置 A_2 和遮阳避雨设施的数量和位置 A_3 满意度较低。以情侣为单位的游客（占受访游客的26%）和以朋友为单位的游客（占受访游客的21%）认为休息设施的数量和位置 A_2、体现沙湾历史文化特色 C_1、传统艺术的保护和展示 C_2 和传统建筑的保护与展示 C_3 较为重要，对休息设施的数量和位置 A_2、空间的私密性和围合感 B_6 满意度较低。

6.2　较场尾民宿区公共空间游客满意度评价

在我国民宿产业快速发展的背景下，民宿区建设显得愈发重要，越来越多的滨海村落开始发展民宿产业，作为旅游区内村落可持续发展的路径之一。本节选取深圳市较场尾民宿区作为研究对象，从游客满意度调查入手，对其民宿区公共空间进行评价。

较场尾面积共 54hm²，其中建成环境较为成熟的滨海民宿区约 38hm²。该区域进深约 250m，海岸线长度约为 1000m。

6.2.1　民宿区公共空间概况介绍

1.较场尾民宿区背景

（1）滨海旅游资源开发

目前，拥有滨海资源的旅游目的地在全球范围内发展趋势迅猛，已经成为旅游热点之一，引起越来越多的人关注。大力发展沿海旅游业不仅可以提高城市经济水平，促进社会、经济及文化的快速发展，而且对于沿海地区居民的生活品质提高也起到了至关重要的作用。

（2）民宿产业良性发展

民宿产业不仅能够满足游客旅游住宿的需求，还能让游客感受当地民宿文化及人文氛围。对民宿经营者而言，民宿不仅能为其自身带来收益，更能提升当地经济水平。

（3）大鹏新区资源优越

深圳位于广东省南部，为中国南部主要滨海城市，毗邻香港，东接大亚湾和大鹏湾。其中深圳大鹏新区为民宿主要聚集地，大鹏新区位于深圳东部沿海地区，地理位置优越，且人文资源和自然资源丰富，是深圳历史文化保存较为完整的区域，由大鹏、葵涌、南澳3个街道组成，拥有133km海岸线，三面临海，沙滩沙质细腻，其沿岸分布沙滩数量众多。不仅如此，大鹏新区沿岸海域还适合冲浪、帆船等海上娱乐项目，为游客提供多元化服务。由于深圳大鹏新区有着良好的滨海旅游资源及文化资源，但该地区多年处于保护区，开发强度较低，所以其中有500余栋由民宅改造的特色民宿，在珠三角尤其是在深圳具有较大的知名度。

2.较场尾民宿区产业影响因素

本节的研究对象为深圳较场尾民宿区公共空间，其位于深圳东部大鹏新区大鹏街道。较场尾民宿区生态资源丰富，拥有较长的海岸线，沙质柔软细腻，是深圳最美的"八大海岸"之一，被誉为深圳的"鼓浪屿"。其民宿区建筑装修别致，风格迥异，凭借着优越的滨海资源条件及文化特色吸引了大批省内外游客。

较场尾民宿区的开发模式是由最初的本地居民自发组织及经营演变为现阶段的协会型开发模式。深圳大鹏新区从产业扶持、引导及发展的角度考虑，将原较场尾民宿商会管理范围外延至新区全范围，成立较场尾、南澳等民宿商会，隶属于新区民宿行业协会。大鹏新区正式发布《深圳市大鹏新区民宿管理办法（试行）》规定，新区采用社区自治与区域联合管理相结合的管理模式，将民宿定位为旅游服务设施，区别于旅馆业；对新区民宿不设置行政许可准入，在大鹏新区开办民宿将不需政府审批。

（1）政策因素

较场尾民宿区在深圳市相关政策鼓励下不断发展，《深圳市东部生态组团分区规划（2005—2020）》及《大鹏新区保护与发展综合规划（2013—2020）》的制定明确了大鹏新区的目标定位及发展方向，这些文件的颁布成为较场尾民宿区进一步发展的有利因素。

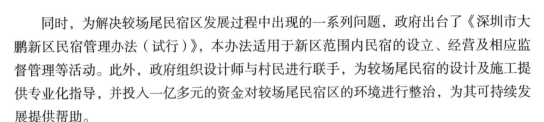

同时，为解决较场尾民宿区发展过程中出现的一系列问题，政府出台了《深圳市大鹏新区民宿管理办法（试行）》，本办法适用于新区范围内民宿的设立、经营及相应监督管理等活动。此外，政府组织设计师与村民进行联手，为较场尾民宿的设计及施工提供专业化指导，并投入一亿多元的资金对较场尾民宿区的环境进行整治，为其可持续发展提供帮助。

（2）经济及市场因素

经济因素主要涵盖了较场尾民宿区所在的大鹏新区的经济实力与其周边区域的经济发展水平。前者的经济水平决定了较场尾民宿区能承载的游客数量及接待能力，后者决定了客源的消费水平，两方面同时作用，从而在一定程度上影响了民宿产业的发展规模。

市场因素是影响民宿市场的基本因素，其包含市场需求量、预期需求量及市场变化趋势。近5年内，较场尾平均年接待游客15万人次，依据游客特征及消费水平的差异可以判断民宿市场的影响因素。此外，竞争因素也对民宿产业的发展产生一定的影响，相近区域内不同民宿区之间存在一定的竞争关系。在大鹏新区除较场尾民宿区外还有西涌民宿区、东涌民宿区、葵涌民宿区等几个滨海民宿区，其旅游资源和民宿资源的差异性形成了一定程度上的竞争关系。

（3）周边旅游资源因素

民宿所具有的旅游资源包括自然资源及文化资源，其周边旅游资源的多样化程度直接影响其民宿区的发展潜力。较场尾民宿区周边的自然资源及人文资源丰富，拥有独特的山海风光、毗邻大鹏所城、东山寺、观音山公园等丰富的历史人文资源，具有明显的区位优势和巨大的发展潜力。

（4）民宿区自身条件因素

除了以上的外部影响因素，民宿区自身的交通可达性、基础设施完善度、环境品质、管理服务水平等条件因素也是影响民宿产业发展的重要因素。

①交通可达性：是保证民宿区可持续发展的必要因素，快捷方便的交通条件能促进民宿产业的更快发展。较场尾民宿区主要通过鹏飞路和银滩路对外联系，存在两个车行入口，内部停车节假日拥堵，交通节点人车混行，内部交通除主街以外都较为狭窄。旺季时交通拥堵，可达性差。交通条件的制约在一定程度上影响了较场尾民宿产业的发展。

②基础设施完善度：较场尾民宿区基础设施相对匮乏，雨污合流、空中电线乱拉、供水不足、用电高峰断电现象时有发生、活动场地及设施缺乏、餐饮及休闲服务设施不足、卫生条件有待提高等均会影响到较场尾未来民宿产业的发展。

③环境品质：较场尾民宿区内景观设计较为单一，缺少高大乔木等具有遮阴效果的植物，景观层次性不足，绿地及广场空间分区也有待完善。民宿区与滨海资源的联系不够紧密，海滩面积狭窄且水深不足，沙质一般，不适合游泳。沿海烧烤摊位影响村容村貌，污染环境，缺乏管理。

④管理服务水平：旅游区管理服务水平决定区域未来的发展潜力。民宿经营者应具有较高的品牌服务意识，与入住的游客进行更多的交流，了解游客需求，明确自身的发展方向，不断完善民宿服务水平，规范化经营及管理，借鉴优秀民宿管理案例，打造蓬勃发展的较场尾民宿产业。

6.2.2　民宿区公共空间游客满意度评价体系框架初步构建

1. 民宿区公共空间构成要素与活动分析

（1）公共空间构成要素

从不同角度出发，公共空间的构成要素也有所不同，从空间性质角度出发可将空间分为政治性、生产性和生活性公共空间。从空间形态角度考虑，分为点状、线状和面状公共空间。从时间角度考虑，分为长期性和短期性公共空间。从功能角度考虑，分为交通空间、交往空间和景观空间。本节主要聚焦于交通空间和交往空间。

①交通空间：较场尾民宿区交通空间分为机动车通行空间及街巷空间。机动车通行空间分为对外交通空间及对内交通空间（图6-18）。对外交通主要为鹏飞路与银滩路，这两条道路为进入较场尾民宿区的必经之路。较场尾民宿区的街巷空间分为主要街巷及次要街巷。主要街巷空间尺度较宽，约6m左右，人流量较大，主要承担行人及车辆的通行，底商通常位于主要街巷空间两侧，方便游客休闲购物；次要街巷空间为各个民宿间的街道空间，其宽度较为狭窄，约2m左右，仅能容一两人通行。整体来讲，民宿区保留了原有村落的空间肌理（图6-19）。

②交往空间：此类空间为游客休闲活动的主要空间，绝大多数活动行为都与这类空间有关。交往空间是连接使用者与空间的纽带，其空间性质决定了其与游客行为关系较为密切。对于较场尾民宿区，其主要的交往空间为滨海空间及广场空间。

滨海空间为较场尾民宿区最重要的公共空间，人群聚集度高、自然景观较好、空间较开敞，分为堤岸硬质空间和沙滩空间两类。堤岸空间安全性较好，但距离海面较远，亲海度不足；沙滩空间亲海性强，进深较小，约15m，人群密度更大，是较场尾民宿区公共空间的核心空间，同时也是重点研究对象之一（图6-20）。较场尾民宿区入口有一个较大型的广场空间（图6-21），是较场尾民宿区内除滨海空间外的游客主要交往活动区域。老人及儿童经常聚集在此聊天或嬉戏。除此之外，较场尾民宿区内部还分布着其他规模较小的广场空间。

（2）公共空间行为分析

如表6-8所示将游客按年龄分为4类，即0～14岁儿童、15～28岁青年、29～59岁中年人和60岁以上老年人，分别列举游客各年龄段的活动类型，老人及儿童喜爱在海边及广场上休憩或进行适量运动，青壮年热衷于海上运动（帆船、冲浪）等较为剧烈的活动类型。总体来讲广场空间及滨海空间为民宿区主要的空间节点，人群聚集度高，而尺度较小的街巷空间的活动人群较少。较场尾民宿区的游客包含各个年龄段，以青年

 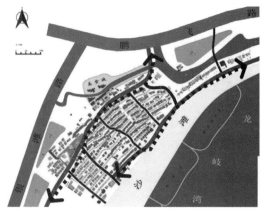

（a）对外交通　　　　　　　　　　　　　（b）对内交通

图 6-18　机动车通行空间

（a）主要街巷空间　　　　　　　　　　　（b）次要街巷空间

图 6-19　街巷空间

（a）硬质堤岸空间　　　　　　　　　　　（b）沙滩空间

图 6-20　较场尾民宿区滨海空间

（a）入口广场空间

（b）小型广场空间节点

图 6-21 较场尾民宿区广场空间

及中年人为主；在旺季，由于以家庭为单位出游的游客较多，所以常见儿童及老人来此。游客的主要来源于深圳本地及周边地区，省外游客较少（表 6-8）。

表 6-8 各年龄段游客对应活动类型

主要活动内容	停留时间	年龄结构	活动类型
海边沙滩玩耍	时间集中，有规律	儿童 （0～14 岁）	游戏型
海边休憩、冲浪等海上运动	时间分散，自由度大	青年 （15～28 岁）	运动型、娱乐型、社交型
广场健身、海边散步	时间分散，自由度大	中年人 （29～59 岁）	运动型、休闲型、社交型
海边散步、广场休憩	时间集中，有规律	老年人 （60 岁以上）	休闲型、社交型

由于旺季时游客数量较多，更方便进行观察及分析，故根据不同时段对较场尾民宿区公共空间的影响以及游客活动的时段性，选取旺季 5 月～10 月对较场尾民宿区游客进行了抽样观察。

不同时段在不同空间类型中游客的数量有较大的差别。上午 10：00 之前人流量较少，10：00 之后滨海空间开始出现较多游客；中午 12：00～14：00 海滨游客有所减少，街巷空间人流量开始增加，原因是游客进行餐饮等活动活跃于街巷空间中；下午 16：00～18：00 是另一个高峰时段，海滨游客达到最高峰，同时广场游客也有所增加；傍晚及夜间海边游客逐渐散去，游客多穿梭于街巷中散步休闲（图 6-22）。旺季时海滨空间往往会出现人群聚集现象，拥挤度较高，而街巷或广场空间中游客则相对减少很多，游客的分布不均也造成了民宿区公共空间使用率不均衡问题。

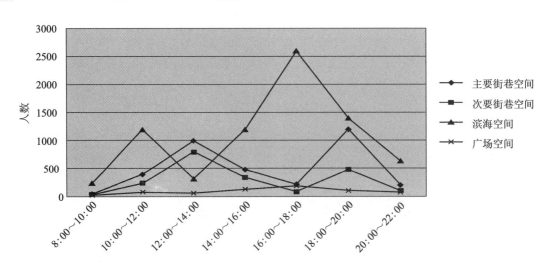

图6-22　旺季不同时段不同区域游客数量统计

　　根据不同时段不同区域的游客数量统计分析，为了更加详细地了解游客行为特征，故选取有代表性的4个时段进行游客行为地图的绘制，分别是上午（10:00～12:00）、中午（12:00～14:00）、下午（16:00～18:00）和晚间（18:00～20:00）。将游客的行为分为必要性行为（通行、餐饮等）、自发性行为（散步、休憩等）及社会性行为（海上娱乐、体验等）3类。

　　①上午时段：通过调研观察记录可以看出该时段在鹏飞路及银滩路的游客进行必要性行为较多，因为在这一时间段的游客大量涌入景区，游客通行需求较大。此外游客自发性行为也开始增加，滨海空间开始出现较多人群，社会性行为也有所增加。

　　②中午时段：此时段滨海空间游客有了明显减少，原因有两点，一是由于游客在午休时间回到住处休息或用餐，二是由于午间阳光过于强烈，室外气温较高且沙滩上没有充足的遮阳设施，故自发性及社会性行为有所减少。相反，必要性行为有所增加，游客穿梭于民宿区街巷空间中，多进行购物及餐饮活动。

　　③下午时段：此时段游客自发性行为异常活跃，滨海空间及广场空间等较大型的开放公共空间的游客人数均达到一天之中的最大值。社会性行为也较为活跃，冲浪、划艇等海上运动型行为的参与人群也达到最高峰。同时，沙滩出现人员拥挤现象，广场上活动人群也较为密集，儿童及老年人在此时段也开始进行一定程度的体育锻炼。此时气候环境较为宜人，是一天的黄金时段。但是此时游客的必要性行为有所减少，民宿区的主要街巷中可看到游客通行，但较少停留；次要街巷中几乎没有游客，略显冷清，人群分布极度不平衡。

　　④晚间时段：此时段游客必要性行为大幅度增加，一日游的游客大部分在此时间段开始返程，人群多聚集在民宿区内的各个主要街道中。滨海及广场空间人群有所减少，自发性行为减少、社会性行为基本结束，沙滩空间娱乐休闲活动大幅度减少。公共空间

内游客总人数减少，鹏飞路及银滩路人群数量开始增加，且游客多聚集在停车场附近及民宿区出入口处。

由以上不同时间段的游客行为可知，一天当中民宿区游客密度最大且活动较为频繁的时段为下午 16：00～18：00，旺季时这一时段通常会出沙滩、广场及主要通行道路的拥挤现象；其余时段由于游客的活动类型不同及空间品质的不同也会出现局部空间利用率高，而环境品质欠佳的空间利用率低的现象。这也是希望结合游客满意度及游客行为的两方面调查分析，从而得出较为客观、合理、可行的评价结果。

2. 游客满意度评价指标发掘

首先对相关公共空间游客满意度指标进行分析归纳总结，借鉴其评价指标分类，为较场尾民宿区公共空间的游客满意度评价指标的建立提供依据及参考。然后，基于已有相关内容的研究成果，根据较场尾民宿区自身特征及现状问题有针对性地设立评价指标，结合游客需求及行为，通过在多次实地调研及游客访谈的基础上先初步形成评价体系框架，并整理成问卷，在探索性研究阶段供游客填写及选择。

（1）确定满意度评价指标筛选原则及思路

通过大量的文献阅读，借鉴国内外学者经验，并结合较场尾民宿区自身的空间特征，通过问卷调查，根据统计结果进行筛选及分析，得出最终的评价指标，如图 6-23 所示。

（2）相关评价方法借鉴

姜尧在对桂林城市夜间旅游满意度研究时应用（模糊综合评价法）及 IPA，通过游客满意度模糊综合评价矩阵，对桂林城市夜间旅游进行模糊综合评价满意度测评。[①] 黄翼在对广州地区高校使用后评价过程中首先通过自由评价总结出评价指标集，然后运用 AHP 进行分析最终得出评价指标。[②]

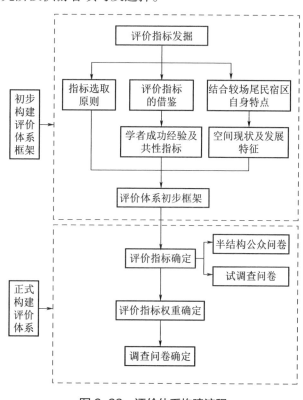

图 6-23　评价体系构建流程

①　姜尧. 基于模糊综合评价的桂林城市夜间旅游满意度研究 [D]. 桂林：广西师范大学，2013：86-92.

②　黄翼. 广州地区高校校园规划使用后评价及设计要素研究 [D]. 广州：华南理工大学，2014：112-130.

（3）相关评价指标借鉴

对于公共空间的评价，根据不同的评价对象及评价角度的不同，其选取的评价指标也各不相同。朱小雷认为要从物质层面要素、行为心理层面要素及人的特征3个方面进行评价因素的选取，以大学校园公共开放空间为例，从物质层面和社会精神层面选取评价指标，细分为物质构成要素、交通可达性、空间识别性和场所归属性等6个方面。[①]崔永峰针对游憩性城市公共空间，梳理了包括绿地率、交通可达性、铺装、活动场地、无障碍设施等24项评价指标。[②]刘继骁以珠江新城的公共空间为例建立评价体系，包括交通、景观绿化、服务设施、配套设施、场所精神、维护管理等7个方面。[③]赵金龙从风貌特色、旅游设施和民俗文化3方面评价广州小洲村公共空间现状，包括街巷、河涌、广场、绿地、服务设施、交通设施、民俗文化等方面。[④]

不同学者选取的公共空间评价指标均有所不同，但可以从中发现共性，总结出对于公共空间评价中一般评价指标（表6-9）：

表6-9 公共空间一般评价体系框架整理

共性要素分类	评价因素	相近概念
物质空间要素	绿地空间	绿化景观、生态环境
	广场空间	休闲场地
	道路空间	道路交通、街道空间
	公共服务设施	配套设施
精神文化要素	民俗文化	风俗文化、历史文脉
	场所精神	形象认知
其他要素	安全	安全保障
	维护管理	运行维护、运行保障

（4）较场尾民宿区自身特点

民宿区公共空间不同于一般的城市公共空间和村落公共空间，作为一种特殊类型的公共空间，对于指标的选择要结合较场尾民宿区特有的地理位置、空间定位及发展目标，着眼于其公共空间的服务功能及游客需求和行为，考虑到民宿区作为旅游地应有的场所文化，挖掘其自身的物质空间要素及文化要素，并且以游客的视角来选择其二级评价指标。

通过文献研究及借鉴前人的评级指标，以及上文根据对较场尾民宿区公共空间的预

① 朱小雷. 建成环境主观评价方法研究［M］. 东南大学出版社，2005：78-86.

② 崔永峰. 游憩性城市公共空间使用状况评价（POE）研究［D］. 西安：长安大学，2008：78-89.

③ 刘继骁. 珠江新城核心区公共空间使用满意度评价研究［D］. 广州：华南理工大学，2012：64-72.

④ 赵金龙. 广州市小洲村公共空间的现状评价和更新策略研究［D］. 哈尔滨：哈尔滨工业大学，2013：8-13.

调研及分析，初步从空间风貌、基础设施、场所文化及管理服务 4 方面构建较场尾民宿区公共空间评价体系框架，如表 6-10 所示。

表 6-10　较场尾民宿区公共空间游客满意度评价体系初步框架

准则层	一级指标	二级指标
空间风貌	街巷空间	街巷节点空间、街巷空间布局、沿街建筑风貌、街巷肌理
	广场空间	广场休闲活动设施、广场地面铺装、广场尺度、广场无障碍设计
	滨海空间	滨海开敞空间、滨海建筑界面、通向海边视觉廊道
	绿化空间	绿化多样性、绿化分布
基础设施	交通设施	外部交通便捷性、内部交通可达性、停车空间、慢行系统连续性
	公共服务设施	餐饮设施、休憩设施、游览设施
场所文化	民宿文化体现	提供休闲体验活动、民宿产业特色体现
管理服务	硬件维护	卫生质量维护、配套设施运行管理、景观维护情况
	服务品质	游客投诉处理问题

6.2.3　民宿区公共空间游客满意度评价体系构建

1. 游客满意度评价体系框架确定

（1）确定方法

① AHP：该方法将研究目标进行分解，通过多级目标逐层分析，将评价过程条理化、清晰化，逻辑性较强，便于研究人员应用且可以增强研究结果的可信性。

②德尔菲法：通过相关标准选择 50 名专家，使用问卷调查专家对各评价指标的评判。此过程与专家进行交流讨论，经过数次循环直至专家的意见相统一。

（2）评价指标确定

根据预设评价指标制定半结构公众问卷并进行结果统计，本阶段发放问卷 150 份，回收 136 份，有效率 90.7%。经过 50 名相关专家的筛选意见汇总，形成一级指标 8 项，二级指标 24 项。

通过试问卷调查对游客满意度进行初步调研，在此过程中通过试调查问卷的调研过程了解游客特征及需求，去除游客难以理解的专业词汇及表达方式不恰当的语言，最终确定游客满意度问卷。试调查阶段共发放问卷 200 份，回收有效问卷 185 份，回收率为92.5%。基于此过程将游客满意度评价指标确定为一级指标 8 项，二级指标 20 项。

基于以上分析过程，确定较场尾民宿区公共空间评价体系框架为表 6-11 所示，准则层为空间风貌、基础设施、场所文化及管理服务 4 方面。一级指标层包括街巷空间、广场空间、滨海空间、景观空间、交通设施、公共服务设施、民宿文化、管理服务 8 方面。为了在进行游客满意度调查时能够更好地与受访者交流，特设置游客满意度因子，将较为专业的因子评价层转译成公众均能理解的语句，保证今后调研的有效性及可操作性。

表 6-11　较场尾民宿区公共空间评价体系框架

准则层	一级指标	二级指标
空间风貌	街巷空间 A	街巷节点空间 A_1
		沿街建筑风貌 A_2
	广场空间 B	广场休闲活动设施 B_1
		广场地面铺装 B_2
		广场尺度 B_3
	滨海空间 C	滨海开敞空间 C_1
		滨海建筑界面 C_2
		通向海边视觉廊道 C_3
	景观空间 D	景观多样性 D_1
		景观分布 D_2
基础设施	交通设施 E	外部交通便捷性 E_1
		停车空间 E_2
		慢行系统连续性 E_3
	公共服务设施 F	餐饮设施 F_1
		休憩设施 F_2
		游览设施 F_3
场所文化	民宿文化 G	提供休闲体验活动 G_1
		民宿产业特色体现 G_2
管理服务	管理服务 H	卫生质量维护 H_1
		配套设施运行管理 H_2

2. 评价指标权重初步计算与判断矩阵构建

较场尾民宿区公共空间评价指标的权重的确定，首先应进行评价指标权重调查表的设计。本次调研问卷的发放对象是对较场尾民宿区较为熟悉的专家学者及游客，分别发放专家问卷及公众问卷。结合问卷结果通过层次分析法对评价指标进行重要性排序，具体的权重制定技术路线如图 6-24 所示：

本次问卷发放专家问卷 50 份，有效问卷 49 份，有效率为 98.0%，公众问卷 200 份，有效问卷 182

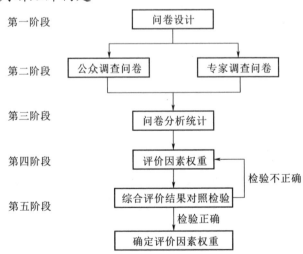

图 6-24　评价因素权重确定流程

份，有效率 91.0%。对于评价因子进行重要性排序的统计中，一般采取专家打分法来确定评价指标权重，但由于研究对象主体为游客，专家与普通游客心理感知不同，因此该权重计算是以公众问卷的重要性为主要依据，专家问卷作为参考校正。

根据问卷统计得出一级指标的重要性排序如表 6-12 所示。

表 6-12　一级指标重要性排序

一级评价因子	A	B	C	D	E	F	G	H
重要性排序	4	5	3	7	1	2	8	6

评价因子的权重计算主要采用判断矩阵法，应用层次分析法可以看出各一级指标所占权重值，权重为单项指标的几何平均值除以各项评价指标的几何平均值之和。（表 6-13）

表 6-13　一级指标权重计算表

对比值	A	B	C	D	E	F	G	H	权重
A	1.0000	2.0000	0.3333	4.0000	0.3333	0.3333	4.0000	3.0000	0.1061
B	0.5000	1.0000	0.3333	3.0000	0.2000	0.3333	4.0000	2.0000	0.0767
C	3.0000	3.0000	1.0000	5.0000	0.5000	0.5000	5.0000	3.0000	0.1719
D	0.2500	0.3333	0.2000	1.0000	0.1429	0.1429	2.0000	0.5000	0.0334
E	3.0000	5.0000	2.0000	7.0000	1.0000	2.0000	7.0000	5.0000	0.3004
F	3.0000	3.0000	2.0000	7.0000	0.5000	1.0000	6.0000	5.0000	0.2325
G	0.2500	0.2500	0.2000	0.5000	0.1429	0.1667	1.0000	0.3333	0.0262
H	0.3333	0.5000	0.3333	2.0000	0.2000	0.2000	3.0000	1.0000	0.0528

注：$C.R.$= 0.0334 ＜ 0.1，对总目标权重为 1。

由此可以得出权重指标的重要性分布规律如图 6-25 所示，据分析可明显看出交通设施的权重值明显高于其他因子，公共服务设施及滨海空间次之，民俗文化权重值最小。

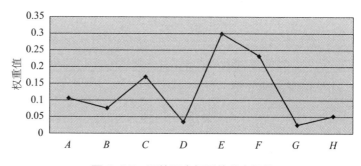

图 6-25　评价因素权重值分布规律

表 6-14～表 6-21 是各二级指标的权重及重要性排序。

表 6-14　街巷空间重要性排序及权重

A	A_1	A_2	权重	重要性排序
A_1	1.0000	3.0000	0.7500	1
A_2	0.3333	1.0000	0.2500	2

注：$C.R.$= 0.0000 ＜ 0.1，对总目标权重 0.1061。

表 6-15 广场空间重要性排序及权重

B	B_1	B_2	B_3	权重	重要性排序
B_1	1.0000	3.0000	0.5000	0.3090	2
B_2	0.3333	1.0000	0.2000	0.1095	3
B_3	2.0000	5.0000	1.0000	0.5816	1

注：$C.R.=0.0036<0.1$，对总目标权重 0.0767。

表 6-16 滨海空间重要性排序及权重

C	C_1	C_2	C_3	权重	重要性排序
C_1	1.0000	3.0000	0.3333	0.2363	2
C_2	0.3333	1.0000	0.1250	0.0819	3
C_3	3.0000	8.0000	1.0000	0.6817	1

注：$C.R.=0.0015<0.1$，对总目标权重 0.1719。

表 6-17 景观空间重要性排序及权重

D	D_1	D_2	权重	重要性排序
D_1	1.0000	0.5000	0.3333	2
D_2	2.0000	1.0000	0.6667	1

注：$C.R.=0.0000<0.1$，对总目标权重 0.0334。

表 6-18 交通设施重要性排序及权重

E	E_1	E_2	E_3	权重	重要性排序
E_1	1.0000	3.0000	7.0000	0.6491	1
E_2	0.3333	1.0000	5.0000	0.2790	2
E_3	0.1429	0.2000	1.0000	0.0719	3

注：$C.R.=0.0624<0.1$，对总目标权重 0.3004。

表 6-19 公共服务设施重要性排序及权重

F	F_1	F_2	F_3	权重	重要性排序
F_1	1.0000	4.0000	7.0000	0.7049	1
F_2	0.2500	1.0000	3.0000	0.2109	2
F_3	0.1429	0.3333	1.0000	0.0841	3

注：$C.R.=0.0311<0.1$，对总目标权重 0.2325。

表 6-20 民宿文化重要性排序及权重

G	G_1	G_2	权重	重要性排序
G_1	1.0000	0.5000	0.3333	2
G_2	2.0000	1.0000	0.6667	1

注：$C.R.=0.0000<0.1$，对总目标权重 0.0262。

表 6-21　管理维护重要性排序及权重

H	H_1	H_2	权重	重要性排序
H_1	1.0000	3.0000	0.7500	1
H_2	0.3333	1.0000	0.2500	2

注：$C.R.=0.0000<0.1$，对总目标权重 0.0528.

3. 一致性检验

为了避免计算结果出现较大偏差，需要对结果进行一致性检验，检验过程参考本书32 页"3. 一致性检验"。此次权重矩阵的一致性检验结果 $C.R.$ 均小于 0.1，全部通过检验，每个权重计算表下方均注有检验结果数据。最终得出各指标权重，形成较场尾民宿区公共空间游客满意度评价体系，如表 6-22 所示。

表 6-22　较场尾民宿区公共空间游客满意度评价体系

一级指标	一级权重	二级指标	二级权重	二级指标对总目标权重（%）
A	0.1061	A_1	0.7500	7.96
		A_2	0.2500	2.65
B	0.0767	B_1	0.3090	2.37
		B_2	0.1095	0.84
		B_3	0.5816	4.46
C	0.1719	C_1	0.2363	4.06
		C_2	0.0819	1.41
		C_3	0.6817	11.71
D	0.0334	D_1	0.6667	2.23
		D_2	0.3333	1.11
E	0.3004	E_1	0.6419	19.28
		E_2	0.2790	8.38
		E_3	0.0719	2.16
F	0.2325	F_1	0.7049	16.38
		F_2	0.2109	4.90
		F_3	0.0841	1.96
G	0.0262	G_1	0.6667	1.75
		G_2	0.3333	0.87
H	0.0528	H_1	0.2500	1.32
		H_2	0.7500	3.96

为了更直观比较分析，根据以上得出的权重值绘制各二级指标重要性比较，如图 6-26 所示。

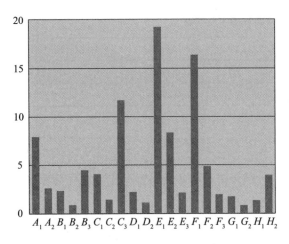

图6-26 二级指标权重分布

以上分析可以得出游客在交通便捷性、停车设施、餐饮设施、滨海视廊及街巷节点空间重要性较高，相比于景观空间、广场铺装及民宿文化方面，旅游基础设施的完善及滨海资源的有效利用更加重要，应在保证游客基本需求的基础上进行景观空间及文化软实力的建设及优化。

4. 确定评语集

评语集的设定见本书48页"5. 确定评语集"。

6.2.4 公共空间游客满意度评价结果与现状问题

1. 现状调查问卷

（1）调查问卷设计

①问卷的形式：在对相关评价指标进行的预调研基础上，满意度调查问卷的形式可以采用访谈式现场问卷及网络问卷两种方式。考虑到本节为较场尾民宿区游客满意度调查，为了更好地了解到游客的心理及行为特点，问卷形式以现场访谈式问卷为主。

②问卷的结构：本节的问卷为游客满意度评价体系的应用，其问卷结构包括3部分。第一部分为游客基本信息，包括性别、年龄、职业、受教育程度、客源地、交通方式、停留天数几个问题。其目的在于了解游客的人群特征及基本信息，为下一步的评价及优化设计提供背景支撑及依据。第二部分由20个问题构成，包括8项一级指标及20项二级指标，其二级指标的表述经过转译，避免了专业词汇，方便游客理解。其评价结果为"很满意""较满意""一般满意""不太满意""很不满意"5个等级，游客通过勾选其中一项进行主观评价。第三部分为开放性问题，试图了解游客认为较场尾民宿区亟待解决的问题及重要性排序。

③样本的选择：因本节为游客满意度调查，所以选择全部为到此游玩的游客，而民宿区内工作人员、民宿经营者及管理者等其他人群均不在样本选择范围内。拟定样本总数在300~500人之间，男女比例差距不应过大，又考虑到概率分布的问题，故样本选择时要分析不同空间类型游客特征及数量分布的特点，发放问卷时不同区域、不同年龄段、不同类型的游客应平等对待，尽量保证样本选择的合理性。

（2）问卷的发放回收

①发放问卷：调查问卷的发放共为4次，发放地点为较场尾民宿区公共空间的研究范围内，分别选择淡季及旺季各两天进行，每天均发放10小时（早9：00~晚19：00）。

淡季样本选择时间为 3 月 1 日和 2 日两天，旺季样本选择时间为 5 月 1 日和 2 日两天。4 次问卷累计发放 800 份，淡季两天累计发放 300 份，旺季两天累计发放 500 份，本次问卷发放共有 8 名调查员参与。

②回收问卷：淡季两天问卷累计回收 278 份，回收率 92.7%，其中淘汰无效问卷 16 份，得到有效问卷 262 份，有效率 87.3%；旺季两天累计回收 488 份，回收率 97.6%，其中淘汰无效问卷 32 份，得到有效问卷 456 份，有效率 91.2%。

本次调查问卷所获取的数据使用 IBM SPSS Statistics 19.0 分析软件进行处理。通过对 20 道客观题进行信度分析，该问卷的克隆巴赫 α 系数为 0.902，信度系数达到 0.9 以上，证明该测评的信度较好。

2. 受访者特征统计

（1）性别

通过分别对淡季及旺季时段较场尾民宿区游客性别进行观察记录及统计分析得出如图 6-27 所示，图中可以看出淡季时女性比例较大，约为 53%；旺季时男性比例较大，约为 58%。其原因为淡季时往往是一日游，以休闲放松为主，女性游客比例较多；旺季时海上娱乐项目较多，如划水、冲浪等体育运动，男性游客参与度更高。

（2）年龄

通过调研及问卷分析淡旺季时段游客年龄结构不同可以发现，如图 6-28 所示，13～34 岁的青年人占绝大多数，分别为 74.6% 及 54.6%。旺季气候宜人，老人和儿童多为青年人携带以家庭为单位出游，所占比例有所增加；淡季时多为情侣出游，家庭游较少，所以老人和儿童占比下降。

（3）受教育程度

由淡旺季图 6-29 可知游客教育程度分布在不同时段差距不大，本科及大专学历的游客在淡季及旺季分别占 72% 及 83%，高中及以下的人群占 10%～20% 左右，研究生以上学历的游客较少。

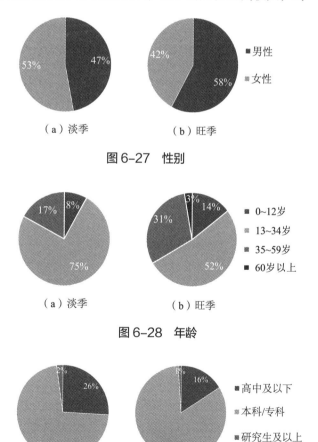

（a）淡季　　　　（b）旺季

图 6-27　性别

（a）淡季　　　　（b）旺季

图 6-28　年龄

（a）淡季　　　　（b）旺季

图 6-29　受教育程度

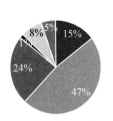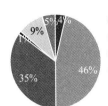

- ■ 企事业单位工作人员
- ▨ 私营业主
- ■ 非固定职业人员
- ■ 退休人员
- ▧ 学生
- ▩ 其他

（a）淡季　　　　（b）旺季

图 6-30　职业

（4）职业

受访游客职业调查如图 6-30 所示。私营业主及非固定职业的人群所占比例较大，旺季时私营业主所占比例 47.5%，非固定职业人群占 23.8%；淡季时私营业主占 46.2%，非固定职业人群占 35.0%。学生及退休人群所占比例均相对较少。淡旺季相比较可以看出，企事业单位工作人员在旺季时人数比例有较为明显的提升。

- ■ 广东省外游客
- ▨ 深圳游客
- ■ 除深圳外广东省内游客

（a）淡季　　　　（b）旺季

图 6-31　客源地

（5）客源地

根据统计结果可知（图 6-31），绝大部分游客来源于深圳本地，广东省外游客所占比例极少，其中淡季时深圳游客所占比例略高于旺季时所占比例。因此可知较场尾民宿区主要服务于深圳及省内游客，省外知名度还有待提升。

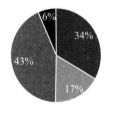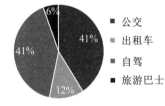

- ■ 公交
- ▨ 出租车
- ■ 自驾
- ■ 旅游巴士

（a）淡季　　　　（b）旺季

图 6-32　交通方式

（6）交通方式

图 6-32 分别为淡、旺季游客来此交通方式比例。虽然旺季公交出行比例有所上升，但旺季游客总数较大，自驾游客也明显增多，导致停车空间严重不足，道路拥挤。

（7）停留天数

如图 6-33 所示为游客淡旺季游玩天数所占比例对比分析，由图中可以看出无论是淡季还是旺季，两日游的游客均占绝大部分，即使在淡季天气不好时大部分游客仍选择留宿一晚，其吸引点可能在于其民宿文化而非其他原因。停留时间在三天及三天以上的游客所占比例极少，其原因可能是民宿区除民宿外其他要素的吸引力不足。

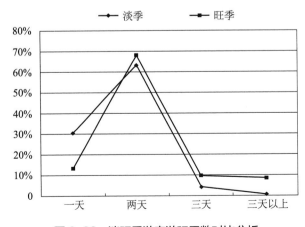

图 6-33　淡旺季游客游玩天数对比分析

3. 评价结果分析

（1）游客满意度平均值分析

如图 6-34 为一级指标满意度平均值，从图中可知街巷空间得分最高，说明游客对于街巷空间满意度较高；而滨海空间、交通设施、民宿文化及管理服务这 4 项指标满意度均值低于 3.0，说明这 4 项指标评价较低，游客对其需求及期望较高，亟待优化提升。

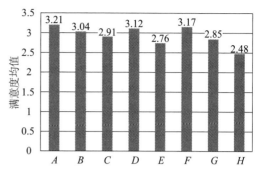

图 6-34 游客满意度一级指标平均值

下图 6-35 所示为各二级指标满意度平均值分析，分析可得出以下 3 点。

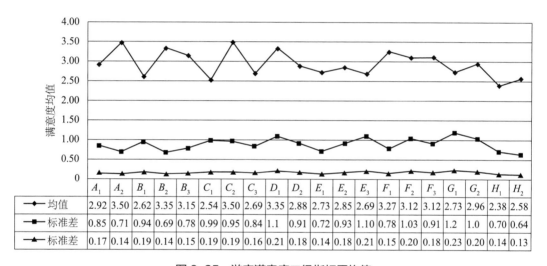

	A_1	A_2	B_1	B_2	B_3	C_1	C_2	C_3	D_1	D_2	E_1	E_2	E_3	F_1	F_2	F_3	G_1	G_2	H_1	H_2
◆ 均值	2.92	3.50	2.62	3.35	3.15	2.54	3.50	2.69	3.35	2.88	2.73	2.85	2.69	3.27	3.12	3.12	2.73	2.96	2.38	2.58
■ 标准差	0.85	0.71	0.94	0.69	0.78	0.99	0.95	0.84	1.1	0.91	0.72	0.93	1.10	0.78	1.03	0.91	1.2	1.0	0.70	0.64
▲ 标准差	0.17	0.14	0.19	0.14	0.15	0.19	0.19	0.16	0.21	0.18	0.14	0.18	0.21	0.15	0.20	0.18	0.23	0.20	0.14	0.13

图 6-35 游客满意度二级指标平均值

一是街巷建筑风格 A_2 及滨海建筑界面 C_2 满意度得分最高，说明游客对较场尾民宿区建筑风貌较为满意，由实地调研也可看出较场尾民宿的建筑风格及街巷立面均比较有特色，各民宿业主也为此花费了大量的人力物力。故整个民宿区街巷界面及滨海建筑界面的空间风貌较为良好，可不做优化重点，同时也可为其他条件相似的民宿区建设提供参考及借鉴。

二是满意度均值高于 3.0 的指标因子还有地面铺装 B_2、广场大小 B_3、景观层次 D_1、餐饮位置及数量 F_1、休闲座椅设置 F_2、游客服务点设置 F_3 这 6 项。受访游客对这几项的满意度均值达到"一般"以上，说明其并不存在根本性的问题，应多结合不同游客需求注重细节处理。

三是满意度较低的几项指标包括广场休闲活动设施 B_1、滨海步道设置 C_1、滨海视廊 C_3、交通设施 E、民宿区参与体验活动 G_1、卫生条件 H_1 及配套设施运行管理 H_2。

185

这几项指标游客普遍不满意，在访谈及发放问卷的过程中也收集到游客较多的反馈信息，故应在设计中对这几方面进行重点优化设计。

（2）游客满意度离散趋势分析

为了更加准确客观地分析游客满意度，在其平均值分析的基础上还应增设数据的离散趋势分析，即满意度最大值、最小值及标准差分析。此部分的数据分析有助于找出游客评价差异性较大的指标，并试图分析其原因。

由图 6-36 可知游客对各二级指标满意度评价的离散趋势及差异分析，从中可以较为直观地发现 3 点。

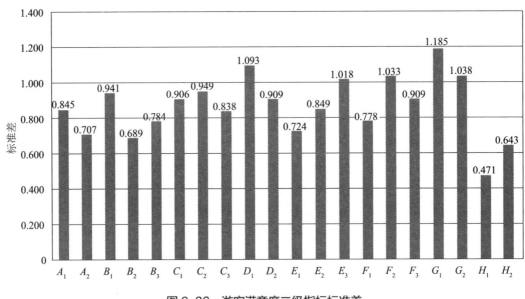

图 6-36　游客满意度二级指标标准差

一是广场空间 B、滨海空间 C、交通设施 E、民宿文化 H 的满意度评价等级均存在未达到"很满意"的评价指标，说明游客普遍对此类空间满意度欠佳，改进优化的空间较大。

二是各二级指标评价值离散度较大的 5 项分别为民宿活动 G_1、绿化多样性 D_1、民宿文化产业展示 G_2、慢行系统连续性 E_3。其差异性原因为不同类型游客由于性别、年龄、受教育程度等不同会造成某些指标满意度的差异。

三是指标离散度较为稳定的为沿街建筑风貌 A_2、广场铺装 B_2、外部交通便捷性 E_1、管理服务 H 4 项，说明不同类型游客对此类指标满意度差异较小，受访者意见较为一致，可结合满意度平均值进行优化设计。

（3）游客满意度性别属性分析

图 6-37 所示为不同性别游客对一级指标满意度平均值差异分析，不同性别游客对于一级指标的满意度也有一定的差异性。对于大部分评价指标，女性满意度高于男性，

但差距并不明显。其中，对于交通设施及公共服务设施，男性满意度高于女性。在滨海空间及民宿文化方面，女性满意度远远高于男性。

对图 6-38 男性与女性在各二级指标的满意度平均值进行分析，可以得出以下 4 点。

一是对于广场休闲活动设施 B_1 方面，男性满意度普遍低于女性，其原因为男性对于休闲活动设施需求较为强烈，而女性多为休憩聊天，对于活动设施要求不高，造成了满意度的差异。故在今后的设计中

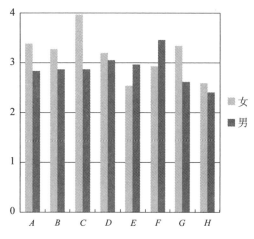

图 6-37　游客满意度一级指标性别属性

应根据男性活动特点及行为，在保证广场休憩设施的前提下适当提供活动器材。

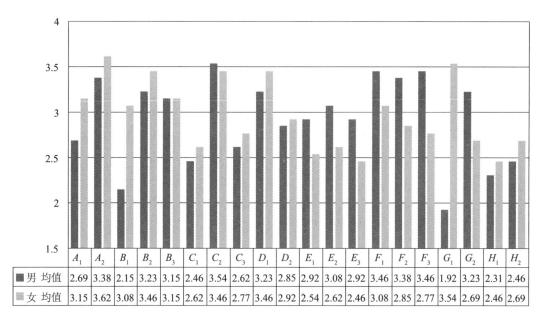

	A_1	A_2	B_1	B_2	B_3	C_1	C_2	C_3	D_1	D_2	E_1	E_2	E_3	F_1	F_2	F_3	G_1	G_2	H_1	H_2
■男 均值	2.69	3.38	2.15	3.23	3.15	2.46	3.54	2.62	3.23	2.85	2.92	3.08	2.92	3.46	3.38	3.46	1.92	3.23	2.31	2.46
▨女 均值	3.15	3.62	3.08	3.46	3.15	2.62	3.46	2.77	3.46	2.92	2.54	2.62	2.46	3.08	2.85	2.77	3.54	2.69	2.46	2.69

图 6-38　游客满意度二级指标性别属性

二是男性对公共服务设施 F 3 项二级指标的满意度均高于女性，说明男性对于餐饮、休闲座椅及游客服务点数量的需求低于女性。其次，男性通常在各种室外活动中起主导作用，包括游玩及用餐场地选取等，因此对于评价指标的不足更加敏感。另外通过实地调研及观察也可发现大部分在开放节点空间休憩的人群多以妇女儿童为主，说明此类人群对于公共服务设施较为依赖，故在今后设计中应加强人性化设计。

三是男性对民宿区内参与性体验活动 G_1 的满意度大大低于女性。其原因是男性对

此类活动参与度高，大部分参与海上冲浪及其他海上活动的人群也以男性为主，男性对于体验型活动的积极性远远高于女性，其需求较为强烈，因此在设置体验型活动设施时要结合男性游客心理及爱好进行设计。

四是女性对民宿文化展示 G_2 的满意度低于男性，其原因是女性对于场所精神的认同感较男性相比更为强烈，对于精神文化方面要求较高。另外考虑到有部分游客携带儿童一起游玩，为了增强教育意义及宣传作用，故更应注重较场尾民宿区文化展示工作的建设。

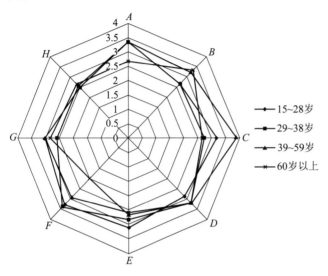

图6-39　游客满意度一级指标年龄属性分析

（4）游客满意度年龄属性分析

图6-39中，对不同年龄段人群对一级评价指标满意度平均值进行分析，60岁以上人群对各项指标满意度普遍较低，尤其在公共服务设施方面随着游客年龄的增长满意度逐渐降低。旺季时游客多为家庭游，儿童及老人所占比例有所增加，此类人群对公共空间的要求较高，包括无障碍设施、休闲座椅设置、餐饮及服务点设置等。

此外在滨海及广场空间评价方面，15～28岁年轻人满意度评价低于39～59岁中年人，可见年轻人对于滨海及广场这类主要的公共活动场所需求较高，优化时应结合此类人群的行为特征进行规划设计。

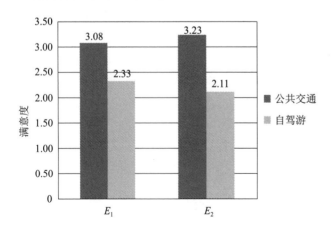

图6-40　游客满意度交通方式属性分析

（5）游客满意度交通方式属性分析

由离散趋势分析可知交通设施外部交通便捷性 E_1、停车空间 E_2 均存在一定的差异，故通过分析游客来此地游玩交通方式的不同进行满意度比较，进而有针对性地找出问题所在。如图6-40所示，选择公共交通来此地的游客对于交通设施的满意度普遍高于选择自驾的游客，其原因是自驾的游客对于交通的便捷性及停车空间的需求较高且感受更直接。旅游旺季随着游客数量的增加，此类问题更加凸显。故在今后的设计过程中，应根据自驾游客及车辆数目进行停车位的规划。虽然较场尾民宿区经过前期改造已经对停车位进行了增设，但统计显示游客的满意度依旧不高，需进行更深入的改进。

（6）游客满意度受教育程度属性分析

分析图 6-41 可知，受教育程度为高中以下的游客满意度平均值普遍高于高中以上学历，而在教育程度为专科大学或研究生及以上学历这两个人群中则没有表现出较为明显的变化趋势。其中在广场活动设施 B_1、绿化多样性 D_1、停车空间 E_2、慢行系统连续性 E_3、民宿文化 G 等方面，受教育程度为高中以上的人群满意度均明显高于受教育程度为高中及以下的人群。

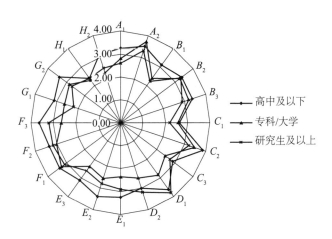

图 6-41　游客满意度二级指标受教育程度属性

（7）游客满意度停留天数属性分析

图 6-42 所示为游客停留天数与一级指标满意度的关系，可以发现随着停留天数的增加，游客对于各项指标的满意度均呈现下降趋势，其中民宿文化 G 的下降趋势最为明显，说明随着游客停留天数的增加，其对于场所精神这类文化软实力的要求逐渐增加。通过前期统计分析停留天数在两天的游客占绝大多数，故今后为了吸引游客增加停留天数、提高民宿区经营实力，应着重加强文化软实力的建设，增加民宿体验活动及当地文化展示及宣传。

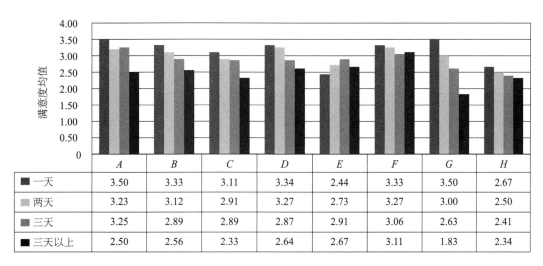

	A	B	C	D	E	F	G	H
一天	3.50	3.33	3.11	3.34	2.44	3.33	3.50	2.67
两天	3.23	3.12	2.91	3.27	2.73	3.27	3.00	2.50
三天	3.25	2.89	2.89	2.87	2.91	3.06	2.63	2.41
三天以上	2.50	2.56	2.33	2.64	2.67	3.11	1.83	2.34

图 6-42　游客满意度一级指标停留天数属性

此外，街巷空间 A、广场空间 B、景观空间 D 游客满意度数值也均出现了较大程度的减少。虽然其总体满意度均达到 3.0 以上，但停留天数在三天以上的游客满意度较低。因此应结合常住游客的需求进行补充及精细化设计，较大提升空间品质，让较场尾民宿区能够留住游客。

表 6-23　游客改进建议频数统计

改进建议	频数	占比
对外交通梳理	183	49.2%
停车位增加	142	38.2%
休闲体验活动增加	87	23.4%
卫生条件改善	215	57.8%
内部街道电动车禁行	106	28.5%
滨海休闲步道完善	67	18.0%
滨海视廊建设	46	12.4%
沙滩管理服务增强	166	44.6%

（8）游客满意度开放性问题分析

在游客满意度问卷的最后设置了开放性问题，需要游客写出较场尾民宿区亟须改善的几个方面，改进建议频数共 372 个，根据游客问卷的结果汇总得出表 6-23。

将出现频率较高的几点游客改进建议进行总结，其中卫生条件、交通设施、沙滩管理服务、慢行系统建设等均不同程度反映在改进建议中，与满意度分析结果一致。

4. 游客满意度模糊综合评价

模糊综合评价法是基于模糊数学的一种综合评价方法，其优势在于处理不完善的数据信息或信息不全面的情况，在游客满意度指标评价的衡量中，应用此评价方法，总结各评价指标满意度等级的模糊隶属度。

建立游客满意度评价集 $V = \{v_1, v_2, v_3, v_4, v_5\} = \{$很满意，满意，一般，不满意，很不满意$\}$；游客满意度评价指标集 $U = \{u_A, u_B, u_C, u_D, u_E, u_F, u_G, u_H\} = \{$街巷空间，广场空间，滨海空间，景观空间，交通设施，公共服务设施，民宿文化，管理服务$\}$。根据游客满意度问卷调查结果（表 6-24），计算每项评价指标隶属于评价集 V 的人数与参与问卷调查总人数的比值，即评价矩阵 R_i（$i = A, B, C, D, E, F, G, H$），利用模糊综合评价模型对各项一级指标进行综合评判。其中 R_A 为街巷空间评价指标中各满意度评语集人数比例，以此类推。

表 6-24　游客满意度问卷调查评分数据

一级指标	二级指标	很满意	满意	一般满意	不满意	很不满意
A	A_1	42	126	277	321	0
	A_2	188	343	187	48	0
B	B_1	8	95	213	354	96
	B_2	161	231	307	34	33
	B_3	153	124	301	188	0
C	C_1	0	92	211	362	101
	C_2	172	367	164	53	10
	C_3	24	181	256	211	94

续表

一级指标	二级指标	很满意	满意	一般满意	不满意	很不满意
D	D_1	155	251	234	87	39
	D_2	42	103	374	182	65
E	E_1	0	124	297	285	60
	E_2	0	184	341	208	33
	E_3	35	109	297	254	71
F	F_1	68	231	376	91	0
	F_2	64	116	339	194	53
	F_3	59	124	345	189	49
G	G_1	41	98	291	276	60
	G_2	39	142	391	128	66
H	H_1	0	32	201	395	138
	H_2	0	68	246	370	82

以 R_A 为例，A 街巷空间二级指标的评价集为：

$R_{A1}=(0.055，0.165，0.362，0.419，0.000)$

$R_{A2}=(0.245，0.448，0.244，0.063，0.000)$

由此得 A 街巷空间评价矩阵为：

$$R_A=\begin{Bmatrix}R_{A1}\\R_{A2}\end{Bmatrix}=\begin{Bmatrix}0.055，0.165，0.362，0.419，0.000\\0.245，0.448，0.244，0.063，0.000\end{Bmatrix}$$

$$R_B=\begin{Bmatrix}0.010，0.124，0.278，0.462，0.125\\0.210，0.302，0.401，0.044，0.043\\0.200，0.162，0.393，0.245，0.000\end{Bmatrix}$$

$$R_C=\begin{Bmatrix}0.000，0.120，0.275，0.473，0.132\\0.225，0.479，0.214，0.069，0.013\\0.031，0.245，0.334，0.275，0.123\end{Bmatrix}$$

$$R_D=\begin{Bmatrix}0.202，0.328，0.305，0.114，0.051\\0.055，0.134，0.488，0.238，0.085\end{Bmatrix}$$

$$R_E=\begin{Bmatrix}0.000，0.162，0.388，0.372，0.078\\0.000，0.240，0.445，0.272，0.043\\0.046，0.142，0.388，0.332，0.093\end{Bmatrix}$$

$$R_F=\begin{Bmatrix}0.089，0.302，0.491，0.119，0.000\\0.084，0.151，0.443，0.253，0.069\\0.077，0.162，0.450，0.247，0.064\end{Bmatrix}$$

$$R_G = \begin{Bmatrix} 0.054, & 0.128, & 0.380, & 0.360, & 0.078 \\ 0.051, & 0.185, & 0.510, & 0.167, & 0.086 \end{Bmatrix}$$

$$R_H = \begin{Bmatrix} 0.000, & 0.042, & 0.262, & 0.516, & 0.180 \\ 0.000, & 0.089, & 0.321, & 0.483, & 0.103 \end{Bmatrix}$$

通过综合评价矩阵 R 求模糊综合评价集 B，W 为各指标的权重系数，于是评价模型为：$B = W \cdot R$。

A 街巷空间的评价模型为：

$$B_A = (0.75, 0.25) \cdot \begin{Bmatrix} 0.550, & 0.165, & 0.362, & 0.419, & 0.000 \\ 0.245, & 0.448, & 0.244, & 0.063, & 0.000 \end{Bmatrix}$$

$$= (0.103, 0.236, 0.333, 0.330, 0.000)$$

B 广场空间的评价模型为：

$$B_B = (0.3090, 0.1095, 0.5816) \cdot \begin{Bmatrix} 0.010, & 0.124, & 0.278, & 0.462, & 0.125 \\ 0.210, & 0.302, & 0.401, & 0.044, & 0.043 \\ 0.200, & 0.162, & 0.393, & 0.245, & 0.000 \end{Bmatrix}$$

$$= (0.142, 0.166, 0.358, 0.290, 0.043)$$

C 滨海空间的评价模型为：

$$B_C = (0.2362, 0.0819, 0.6817) \cdot \begin{Bmatrix} 0.000, & 0.120, & 0.275, & 0.473, & 0.132 \\ 0.225, & 0.479, & 0.214, & 0.069, & 0.013 \\ 0.031, & 0.245, & 0.334, & 0.275, & 0.123 \end{Bmatrix}$$

$$= (0.040, 0.235, 0.310, 0.306, 0.116)$$

D 景观空间的评价模型为：

$$B_D = (0.3333, 0.6667) \cdot \begin{Bmatrix} 0.202, & 0.328, & 0.305, & 0.114, & 0.051 \\ 0.055, & 0.134, & 0.488, & 0.238, & 0.085 \end{Bmatrix}$$

$$= (0.104, 0.199, 0.427, 0.197, 0.074)$$

E 交通设施的评价模型为：

$$B_E = (0.6491, 0.2790, 0.0719) \cdot \begin{Bmatrix} 0.000, & 0.162, & 0.388, & 0.372, & 0.078 \\ 0.000, & 0.240, & 0.445, & 0.272, & 0.043 \\ 0.046, & 0.142, & 0.388, & 0.332, & 0.093 \end{Bmatrix}$$

$$= (0.003, 0.181, 0.404, 0.341, 0.069)$$

F 公共服务设施的评价模型为：

$$B_F = (0.7049, 0.2109, 0.0841) \cdot \begin{Bmatrix} 0.089, & 0.302, & 0.491, & 0.119, & 0.000 \\ 0.084, & 0.151, & 0.443, & 0.253, & 0.069 \\ 0.077, & 0.162, & 0.450, & 0.247, & 0.064 \end{Bmatrix}$$

$$= (0.087, 0.258, 0.477, 0.158, 0.002)$$

G 民宿文化的评价模型为：

$$B_G = (0.3333, 0.6667) \cdot \begin{Bmatrix} 0.054, & 0.128, & 0.380, & 0.360, & 0.078 \\ 0.051, & 0.185, & 0.510, & 0.167, & 0.086 \end{Bmatrix}$$

$$= (0.052, 0.166, 0.467, 0.231, 0.083)$$

H 管理服务的评价模型为：

$$B_H = (0.75, 0.25) \cdot \begin{Bmatrix} 0.000, & 0.042, & 0.262, & 0.516, & 0.180 \\ 0.000, & 0.089, & 0.321, & 0.483, & 0.103 \end{Bmatrix}$$

$$= (0.000, 0.054, 0.277, 0.508, 0.161)$$

游客满意度的模糊综合评价模型为：

$$B = (0.106, 0.077, 0.172, 0.033, 0.300, 0.233, 0.026, 0.053) \cdot$$

$$\begin{Bmatrix} 0.103, & 0.236, & 0.333, & 0.330, & 0.000 \\ 0.142, & 0.166, & 0.358, & 0.290, & 0.043 \\ 0.040, & 0.235, & 0.310, & 0.306, & 0.116 \\ 0.104, & 0.199, & 0.427, & 0.197, & 0.074 \\ 0.003, & 0.181, & 0.404, & 0.341, & 0.069 \\ 0.087, & 0.258, & 0.477, & 0.158, & 0.002 \\ 0.052, & 0.166, & 0.467, & 0.231, & 0.083 \\ 0.000, & 0.054, & 0.277, & 0.508, & 0.161 \end{Bmatrix}$$

$$= (0.055, 0.206, 0.389, 0.288, 0.058)$$

假设相对于各评价等级 V；规定的参数列向量为：

$$C = \{C_1, C_2, C_3, C_4, C_5\}^T = (5, 4, 3, 2, 1)^T$$

则模糊综合评价结果为：

$$p = B \cdot C$$

得到 A 街巷空间综合评价得分 p_A 为 3.12，广场空间 B 综合评价得分 p_B 为 3.07，C 滨海空间综合评价得分 p_C 为 2.80，景观空间 D 综合评价得分 p_D 为 3.07，E 交通设施综合评价得分 p_E 为 2.71，公共服务设施 F 综合评价得分 p_F 为 3.23，G 民宿文化综合评价得分 p_G 为 2.87，管理服务 H 综合评价得分 p_H 为 2.22。对较场尾民宿区公共空间的综合评价得分 p 为 2.90。

综上所述，将评价结果由图 6-43 表示，按照各个评价指标的评价得分由小到大进行排序，依次为管理服务 H、交通设施 E、滨海空间 C、民宿文化 G、景观空间 D、广场空间 B、街巷空间 A、公共服务设施 F。该结果与问卷满意度排序结果一致。由于较场尾民宿区公共空间综合评价得分 2.9，对照评语集可知其等级为"一般"。

5. 游客满意度评价结果与现状分析

基于对较场尾民宿区公共空间进行游客满意度评价，对较场尾民宿区的客观现状进行分析，对比评价结果与客观现状之间的异同点，试图解释产生这种评价结果的原因。

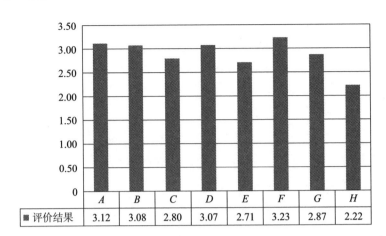

图6-43　一级指标模糊综合评价结果

结合游客特征及游客需求与行为，总结较场尾民宿区公共空间存在的优缺点，并为后文的游客满意度提升策略提供依据。

（1）街巷空间 A

从游客满意度评价结果来看，街巷空间 A 的综合评价结果为3.12，街巷节点空间 A_1 满意度平均值为2.92，沿街建筑风貌 A_2 满意度平均值为3.50，可见游客对街巷节点空间满意度低于对沿街建筑风貌 A_2 满意度。

①街巷节点空间：通过现场调研发现较场尾民宿区街巷节点空间分布比较散乱、没有形成系统及规模，很多可利用的空间均处于无人管理或垃圾堆放处，大部分节点空间还处于荒废状态，与周围风格迥异的民宿风格不融合。但其中也有少数节点空间通过植物种植及设置休憩座椅为游客提供休闲场地。

②沿街建筑风貌：游客对沿街建筑风貌的评价较为满意，满意度均值达到3.50。通过实地观察发现由于经营者均各尽所能，因此较场尾民宿区沿街建筑风格迥异，展现丰富多彩的沿街建筑风貌。

（2）广场空间 B

从游客满意度评价结果来看，广场空间 B 的综合评价结果为3.07。其中广场休闲设施 B_1 满意度平均值为2.62，广场地面铺装 B_2 满意度平均值为3.35，广场尺度 B_3 满意度平均值为3.15。从以上数据可以看出游客除对休闲设施满意度较低外，对广场空间现状总体是比较满意的。

①广场休闲活动设施：游客对广场休闲活动设施满意度较低，说明游客对此需求大。在实地调研中发现广场仅有的两台供儿童乘坐的玩具车经常供小于求，很多带小孩前来的游客均排队等在一旁，如图6-44所示。

②广场尺度及地面铺装：游客对广场尺度及铺装满意度普遍良好，广场面积约 3450m^2，即使在旺季时也能满足最大量游客需求。广场的边界位置分别有社区自治中心、问询服务中心及交通调度中心，这3个体量相似且风格一致的小型建筑不仅提供民

图 6-44　等待坐车的儿童

宿区的旅游服务功能，在广场上也形成一定的空间围合感。此外，广场上硬质铺砖及绿化相结合形成富有变化的设计，也使广场具有空间层次感。

（3）滨海空间 C

从游客满意度评价结果来看，滨海空间 C 满意度综合评价结果为 2.80，其中滨海开敞空间 C_1 满意度平均值为 2.54，滨海建筑界面 C_2 满意度平均值为 3.50，通向海边视觉廊道 C_3 满意度平均值为 2.69。由此可见滨海空间作为较场尾民宿区较为主要的公共活动空间，其满意度较低。

①滨海开敞空间：游客对滨海开敞空间满意度较低，在实地调研中也发现很多问题。首先，由于自然条件造成较场尾沙滩进深较小，又有很多海上运动经营者将大量船只停靠在沙滩上，这使得本就狭窄的沙滩空间变得更加拥挤；且沙滩上也缺少遮阳设施及休憩设施，如图 6-45。其次，在滨海步行空间基本没有设置相关休憩设施或景观小品，有些区域地面还没有铺装，不能营造出较为舒适宜人的海滨步道空间，如图 6-46。

②滨海建筑界面：游客对滨海建筑界面满意度较高，在现场调研中也可发现沿海一侧建筑多为两三层，建筑风格较为统一。滨海一侧建筑界面品质明显优于其他区域。

③滨海视廊：游客对滨海视廊满意度较低，由于较场尾民宿区是由村落演变而来，房屋土地权属较为复杂，不能随意拆迁或改变其空间肌理，故其建筑布局并没有形成足够的视觉廊道。在民宿区北部建筑排列较为紧密的区域或行走在除第一排建筑以外的民宿区区域中，并不能很直观地看到滨海景观。

（4）景观空间 D

从游客满意度评价结果来看，景观空间 D 的综合评价结果为 3.07 水平。其中景观多样性 D_1 满意度平均值为 3.35，景观分布 D_2 满意度平均值为 2.88。说明游客虽然对景观空间整体较为满意，但对较场尾民宿区的景观分布状况满意度欠佳。

图6-45 沙滩空间现状

图6-46 滨海栈道现状

（5）交通设施 E

从游客满意度评价结果来看，交通设施 E 满意度综合评价结果为2.71。其中外部交通便捷性 E_1 游客满意度平均值为2.73，停车空间 E_2 游客满意度平均值为2.85，慢行系统连续性 E_3 游客满意度平均值为2.69，可见游客对这3项空间评价指标满意度均很低。

①停车空间：较场尾民宿区主要有3个较大型的停车场，停车场虽经过扩建，但在旺季使用时仍存在停车位不足的现象。位于较场尾北路的停车场由于没有进行停车位的设计使得车辆停放杂乱无序，大大降低了空间利用率。

②慢行系统：较场尾民宿区为游客提供了游览自行车，但在实地调研中发现本应作为滨海主要休闲步道的海滨路经常有机动车驶入，严重影响游客安全。

（6）公共服务设施 F

从游客满意度评价结果来看，游客对公共服务设施 F 的综合评价结果为3.24，属于"一般满意"水平。其中餐饮设施 F_1、休憩设施 F_2、游览设施 F_3 满意度平均值均达到3.0以上，说明此评价指标为较场尾民宿区的优势。

①餐饮设施：较场尾民宿区主要街道两侧一层建筑空间大部分均提供餐饮服务。除去单独设置的冷饮店或便利店，很多民宿也利用临街的一层空间形成餐饮外卖等业态。此外还有规模较大的美食广场及海鲜饭店。无论从位置分布还是餐饮种类均能较好地满足游客需求。

②休憩及游览设施：通过实地调研发现较场尾民宿区内供游人休憩的座椅等设施较完备，河沿岸也均设有休息座椅。游览指示牌随处可见，能够为游客提供指引。沙滩上设置海边应急服务站，广场上设置社区自治中心、问询服务中心及交通调度中心，尽可能满足游客需求，为游客的出行提供帮助。

（7）民宿文化 G

从游客满意度评价结果来看，游客对较场尾民宿文化 G 的综合评价为2.87，其中提供休闲体验活动 G_1 及民宿产业特色体现 G_2 两项的满意度平均值分别为2.73和2.96，说明此部分还有待提高。在实地调研中可以发现无论是海边还是广场等较重要的空间节

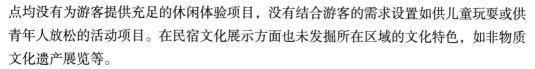

点均没有为游客提供充足的休闲体验项目，没有结合游客的需求设置如供儿童玩耍或供青年人放松的活动项目。在民宿文化展示方面也未发掘所在区域的文化特色，如非物质文化遗产展览等。

（8）管理服务 H

在管理服务 H 方面，游客满意度综合评价结果为 2.24，是所有指标中评价最低的一项，也是问题比较突出的一项。其卫生质量维护 H_1 及配套设施运营管理 H_2 均需要加强及完善。虽然设有垃圾集中处理区域，但很多民宿经营者仍然随意处理垃圾，在较场尾民宿区的街道上经常能看见垃圾随意堆放。

本章小结

在沙湾古镇女性视角下的公共空间游客体验评价中，构建了从女性游客视角出发的沙湾古镇公共空间体验评价体系，得到了女性游客视角下的沙湾古镇公共空间体验评价结果及主要空间问题。

在较场尾民宿区公共空间游客满意度评价中，建立了较场尾民宿区公共空间游客满意度评价体系，总结了各评价指标对于各类游客人群的不同需求特征。

实践篇

第7章 实践应用

本章主要内容包括港城融合视角下的山东龙口经济开发区核心发展区主要街路城市设计和旅游产业导向下的李渡特色小镇城市设计。

7.1 港城融合视角下的山东龙口经济开发区核心发展区主要街路城市设计

作为我国沿海开放的最前沿，环渤海经济圈经过多年快速发展，已成为我国继长江三角洲、珠江三角洲之后的第三大经济增长极、东北亚自由贸易区经济最为活跃的中心区域，也为山东半岛的崛起赋予了先天的优势。山东半岛在环渤海经济圈中的核心地位也日渐凸显。目前龙口经济开发区内部的环海路、振兴路、和平路等主要道路的景观陈旧、基础设施落后、局部环境恶化等问题日益突出，同时对于承担港口产业运输功能的环海路和264省道，其两侧城市发展和景观协调产生了一系列问题，亟须科学规划引导和控制，以提升龙口经济开发区城区的活力与价值，促进滨海城区的景观特色。本次以城市设计为主要内容的建成环境更新正是在这样的背景下展开的。

7.1.1 印象体验与现状分析

1. 区位分析

龙口市地处胶东半岛西北部、渤海湾南岸，东临烟台蓬莱区，南接招远市，与天津、大连、秦皇岛等城市以及朝鲜半岛隔海相望，是中国环渤海经济圈最具发展活力的地区之一。环渤海经济圈狭义上是指辽东半岛、山东半岛和京、津、冀为主的环渤海滨海经济带，延伸可辐射到辽宁和山东全省、山西以及内蒙古中东部。龙口市是典型的环渤海城市，其在环渤海经济圈的优势是山东半岛多数城市无法比拟的。

龙口市具有优越的港口、资源等优势，一直以来龙口市在渤海湾的南岸区域发挥着举足轻重的作用。随着环渤海的发展和崛起，龙口市的辐射影响范围将突破山东半岛向纵深地区推进。由于接受青岛和京津冀经济圈的双重辐射，龙口将发展成为莱州湾区域的中心城市之一。龙口湾海洋装备制造业集聚区为山东半岛蓝色经济区的9个集中集约用海项目之一。根据山东半岛蓝色经济区规划，龙口港的发展重点是海洋工程装备制造业、临港化工业、能源产业、物流业，功能定位是以海洋装备制造为主的先进制造业集聚区。

龙口经济开发区地处胶东半岛西北部沿海，位于东经 120°14′～23′，北纬 37°35′～41′，东起疏港铁路、西至海边，南起河抱河、北至海边（包括规划港区）。龙口经济开发区总面积 67.2km²，建成区面积 45km²。本次城市设计基地为龙口经济开发区核心发展区。

2. 城市设计范围

本次对龙口开发区核心发展区主要道路两侧进行城市设计，分为 3 个部分。一是对环海路、振兴路、和平路、龙港路、牟黄路、北 264 省道、渔港路主要道路两侧用地进行城市设计，规划范围由建筑红线向里约 100m。二是对龙中路、龙海路、步行街、新龙路 4 条主干道两侧用地进行城市设计引导，设计范围由建筑红线向里 100m。三是对主次干道交叉口（景观节点）进行景观规划意向设计。（图 7-1）

3. 资源分析

（1）地形地貌分析

龙口市地处胶东低山丘陵北部，地势东南高、西北低，呈台阶式下降。其东南部为低山丘陵，西北部为滨海平原，具有浅丘宽谷的地貌特征。本次城市设计基地西侧临海，海岸属海侵型平原砂质海岸，海岸带的地形多为海拔 50m 以下的滨海平原，沿海地区土壤多砂土。基地东侧多为耕地，分布有稀疏林带。（图 7-2）

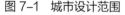

图 7-1 城市设计范围　　　　　　　　图 7-2 现状卫星图

（2）历史文化分析

龙口市历史悠久，商末建莱国。秦时始置黄县，隶属齐郡，是中国最早的县治单位之一。1986 年，经国务院批准，撤销黄县，设立龙口市。5000 年沧桑变幻，为这块物阜民丰的土地留下了诸多历史古迹和人类文明，增添了她的神秘和魅力。先后涌出了春秋战国时期以滑稽擅辩著称、辅佐齐威王建立霸业的淳于髡，秦代率领数千童男童女及五谷、百工扬帆东渡而开创中日韩友好先河的著名方士徐福，三国时代英勇善战的东吴名将太史慈，明朝开国元勋越国公胡大海，为官清正的尚书王时中，内阁首辅范复粹，著名国画家姜隐，清代掌管文衡多年的礼部尚书贾桢，参加国史编修的翰林院学士王守训，民国初期的书法家、金石篆刻和古文学学家丁佛言等一批历史名人，可谓人杰地灵。

目前龙口已经形成以南山大佛旅游景区为基点的高端商务旅游、以莱山为基点的生态旅游、以南山东海为基点的自然生态滨海旅游的特色发展格局。

4. 土地利用分析

研究范围内居住用地多为二类居住用地和三类居住用地；在环海路和龙东路之间多为新开发建设的以多层住宅为主的、基础设施相对完善的二类居住用地，其余的居住用地是以低层住宅为主的、建筑质量尚可，但各项设施不完善的三类居住用地。公共管理与公共服务设施用地主要是以行政办公用地为主，并有一定的医疗卫生用地和教育科研用地、少量的文化设施用地。物流仓储用地主要零星分布在渔港路北侧、龙东路东侧和环海路东侧。核心区现状建筑质量一般，只在海港路与隆基路之间的振兴路两侧及沿环海路和和平路的南段周围有一些质量较好的建筑。

现状重要建筑分为 3 类，包括历史遗址（如龙口居留民会旧址、红光纪念堂等）、建筑质量较好的居住小区（如聚龙家苑、星海社区等）和沿街商业建筑（如海湾大酒店等）。这些建筑在进行城市设计时需要重点考虑，将其融入到整体设计过程中。（图 7-3）

基于此，本次城市设计将基地的土地开发潜力分为 5 种，包括适建区（如耕地、园地、林地、废弃地等）、可建区（如三类居住用地、村镇建设用地等）、限建区（如需要整治的建筑片区）、禁建区（如建筑质量保留较好的或新建的建筑片区、地段内历史价值较高的建筑等）和市政规划用地。（图 7-4）

5. 交通分析

龙口对外铁路交通比较便利。其中，龙烟铁路连接龙口与烟台，总长度 47.5km；大莱龙铁路连接寿光与龙口，距离 175km。龙口距烟台机场车行时间需要 1.5h，距潍坊机场车行时间需要 2.5h。目前，龙口已与天津、秦皇岛、营口、大连、烟台等周边主要海滨城市开辟了航海路线。

目前，公共交通线路少，核心发展区的公共交通压力大。另外，公交停靠站设计不合理。

6. 空间模式分析

龙口经济开发区西临渤海，有两处河道流经现状用地，一条位于海港路与隆基路之间，另一条位于新龙路与丰龙路之间。滨水岸线较长，但公共利用率不高。滨水界面零散、平淡，没有形成优美的滨水天际线。渔港路至丰龙路的海岸线在总体规划中为生产岸线，依据控制性详细规划拟调整为生活岸线，在环海路西侧布置海滨公园商务休闲区，形成沿海岸连续亲水带。（图 7-5）

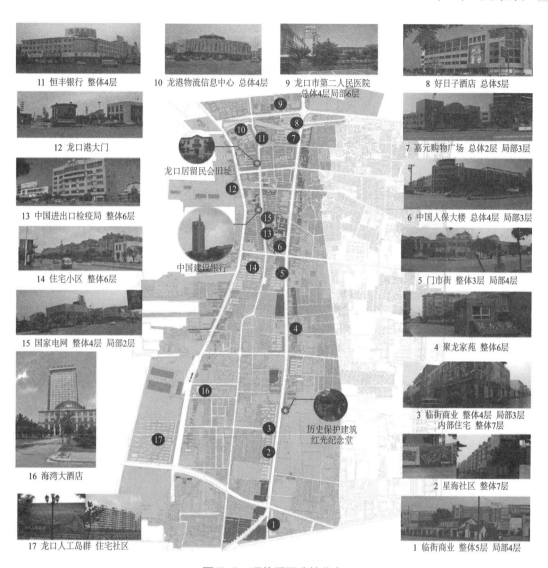

11 恒丰银行 整体4层

10 龙港物流信息中心 总体4层

9 龙口市第二人民医院
总体4层局部6层

8 好日子酒店 总体5层

12 龙口港大门

7 嘉元购物广场 总体2层 局部3层

13 中国进出口检疫局 整体6层

6 中国人保大楼 总体4层 局部3层

14 住宅小区 整体6层

5 门市街 整体3层 局部4层

15 国家电网 整体4层 局部2层

4 聚龙家苑 整体6层

16 海湾大酒店

3 临街商业 整体4层 局部3层
内部住宅 整体7层

17 龙口人工岛群 住宅社区

2 星海社区 整体7层

1 临街商业 整体5层 局部4层

龙口居留民会旧址

中国建设银行

历史保护建筑
红光纪念堂

图7-3　现状重要建筑分布

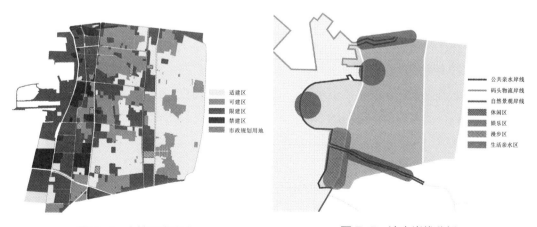

图7-4　土地开发潜力

图7-5　滨水岸线分析

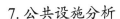

7.公共设施分析

区域内公共设施匮乏，资金投入不足，不能满足人们精神文化生活的需要。

目前有一所小学、两所中学和两所高等职业学校，其中中小学数量基本能够满足需求，但校舍建筑质量较差，缺乏现代化教学设施和设备，教育师资力量不足，教学水平有待提高。

有两所医院设于264省道以北地块，环境较好。

商业服务设施主要集中在264省道与渔港路之间，以及环海路与龙中路交叉口的南部，主要以沿街商业的形式布置在道路两侧，规模小、商品种类不全，不能满足居民日常生活需求。

设计范围内现有4处大型休闲娱乐休闲场地，包括步行街、滨海休闲广场、经济开发区政府前广场以及月下老人雕塑。

8.整体分析

龙口经济开发区具有港口优势、岸线资源雄厚，但同时存在着港口水域开发先行、陆域开发滞后的问题。这些问题具体体现在滨水岸线与核心发展区的城市风貌缺乏统一的引导与控制、岸线的土地利用无序致使功能混杂、水域与陆域缺少紧密的功能联系、缺乏有特色的建筑形态、建筑色彩杂乱、商标广告凌乱以及街道设施质量不高等方面，这些对城市的整体特色带来了消极影响。

对环海路、振兴路、和平路等主要道路的改造，应当借助改造的机会，对龙口经济开发区核心发展区的定位和发展有一个清晰的分析与认知，在此基础上提出功能发展与景观改造的策略才能更有针对性和现实意义。基于这样的认识，本项目运用城市设计的理论和方法，在更大范围内对现状问题与潜力进行分析，提出设计目标、设计概念和功能以及在景观方面的设计构想。

7.1.2 上位规划解读

1.《龙口市总体规划（2005—2020）》

《龙口市总体规划（2005—2020）》在对龙口产业的定位中指出："将港口工业、外向型加工业和现代物流业作为城市的主导产业；进一步增强高新技术产品的制造和研发的能力。第三产业重点发展商业服务业，适度发展房地产业，积极发展旅游观光业"。

以南山北海为依托，以自然山水游、民俗风情游、历史文化游、时尚娱乐游、现代风范游为内容，以北部滨海旅游区和南山旅游区为核心，以莱山风光、高山平湖、丁氏故居、现代化城市建筑、港口、农业科技园区为辅助，构筑点、线、面相结合的生态旅游格局。

2.《烟台市城市总体规划（2006—2020）》

烟台市域产业空间布局：一心（烟台市）两带（北部沿海产业带、"烟—青"产业带）。其中，北部沿海产业带包括北部滨海5城市（烟台、蓬莱、招远、龙口、莱州）。

①重点打造：高新技术产业带、机械制造产业带、港口产业带。

②加快发展：电子信息、新材料、生物工程、新医药等高新技术。

③改造提升：纺织、服装、食品、黄金加工等传统产业。

④加快建设：现代化港口产业，优化和延长产业链，培育和引导龙头带动型产业集群。

3.《山东半岛蓝色经济区发展规划》

山东半岛蓝色经济区总体规划包括 9 大核心区，分别为龙口湾海洋装备制造业集聚区、丁字湾海上新城、潍坊海上新城、海州湾重化工业集聚区、前岛机械制造业集聚区、滨州海洋化工业集聚区、董家口海洋高新科技产业集聚区、莱州海洋新能源产业集聚区、东营石油产业集聚区。其中龙口湾海洋装备制造业集聚区是半岛经济首个打造的重点区域。

7.1.3　港城融合视角下的定位构思

1.发展人群定位

龙口经济开发区预期规划主要有 3 类人口。

（1）产业人口：主要包括港口产业人员以及家属。

（2）外来人员：主要指被港口文化等旅游资源吸引来的外来游客。

（3）科研人员：主要包括研修人员、科研产业人员和因总部经济带来的高端人才。

2.概念构思

（1）城市要素

①重塑滨水城市空间格局：梳理水与城的关系，形成近水区、亲水区、环水区滨水发展模式。

②营造独具特色的滨水休闲带（面）：根据现状分段分区域定位，塑造意向。

③交通系统升级和整合：主要包括城市道路系统、港口、铁路等。

④开发强度和高度控制：主要包括天际线控制（立面、层次、曲面）、建设密度、发展时序、管理手段等。

⑤东西城区的互动与联通：按照选取的最优方案，结合东西港城互动、南北产业配套的宏观定位，整个核心区形成"三轴四区"的整体模式。设计将渔港路作为港口文化轴，有力连通开发区与老城。

（2）关键问题

①水城互动：滨水公共性、可达性。

②东西联通：城、区用地布局。

③南北整合：功能互补、视线景观。

④特色提炼：文化、地标、廊道、符号、色彩。

⑤活力营造：用地、业态、人群、场所。

3.港口产业结构定位

（1）港口产业构成

港口产业是以港口为核心，以巨大的经济腹地为依托，聚集发展起来的多种类、多层次、综合性、开放性的产业体系。港口产业发展往往对于所在地区的经济发展起到引领和带动作用。港口产业对地区经济的贡献很大，是区域经济发展的引擎。港口产业由4类产业构成。

①港口直接产业：为港口的装卸主业，在实际操作上将港口企业所经营的全部产业都划归这一类。

②港口关联产业：是与港口主业有着前后联系的产业，如海运、集疏运、仓储物流等，这些产业分布在以港口主业为核心的产业链不同位置。

③港口依存产业：是设立依据为港口存在的产业，建立在港口及港口区域一定范围内，利用港口布局生产经营的产业，如造船、贸易、钢铁、石化等。

④港口派生产业：建立在一定范围内与港口直接产业、港口关联产业、港口依存产业的经济活动有关的金融、保险、房地产、饮食、商业等，主要是直接或间接与港口关联或依存产业的经营活动有关的其他产业。

（2）港口产业发展阶段

港口产业从低级到高级发展，有自身的演变过程。根据对发达国家港口产业发展路径，以及产业模式构成要素分析发现，尽管各个国家发展阶段和自身条件不同，但是依然可以梳理出港口产业发展的规律性，概括出每一个阶段不同的发展模式，由此构成了动态港口产业发展模式的理论模型。港口产业发展可以分为4个阶段。

①第一阶段——以货物运输为主导的海运服务型港口产业：这是港口产业发展的初级阶段，港口地区开发缓慢，港口产业主要是以港口为核心的海洋运输业。由于港口区位优势明显，因而畜牧、海洋水产品加工业及简单工业开始在港口周围布局，但其产业规模较小并散落在港口地区之中。

②第二阶段——以重制造业为主导的重工业型港口产业：此阶段的港口重制造业逐渐发展起来，成为港口产业重要组成力量，因此港口经济抵御经济风险的能力也进一步加强。采用这种港口产业发展模式的港口分为两种，一种是由"以货物运输为主导的简单海运服务型"港口产业转型升级而来，另一种是在港口建设期间同时规划港口产业园区，吸纳大型钢铁、石化、装备制造等重制造企业进驻园区。

③第三阶段——以重轻工业为主导的混合型港口产业：在重工业为主的港口产业后期，适度地对港口产业进行产业结构调整，将效率低下的、落后的产能淘汰，引进效率较高的、先进的技术。重工业产业升级的同时，发展加工业，或兼容其他轻工业。这一阶段可以看成是第二阶段发展后期的成熟阶段，其主要特征是产业结构的升级调整及科技含量较高的轻工业出现、产品附加值也进一步提高、环境污染得到有效控制。

④第四阶段——以高科技产业为主导的综合型港口产业：随着港口地区经济发展，其地价逐渐上涨至占地巨大的工业企业所不能接受的程度时，经济效率低、科技水平低、污染严重的产业逐渐转移到内陆地区，技术密集型行业逐渐占据港口产业的主导，包括集成电路、海洋生物、电子信息、新能源、新材料等高端产业。与此同时，金融、贸易、旅游等港口第三产业逐渐在港口地区发展壮大。较前面几个阶段而言，这一阶段的港口产业是较为发达的高级阶段，其主要特征是科技领先、经济发达、环境友好、社会和谐。这标志着港口产业发展到高级阶段。

日本横滨港未来 21 项目是处于第四阶段的港口产业的典型案例，其原来是一个典型的以港口运输业、制造业为主的港口，目前已经发展成为集商业、居住、办公、文化等各种功能于一体的城市新区。

（3）推动港口产业发展的主要因素

港口产业发展演变规律是与工业化进程息息相关的，目前世界上发达国家的港口产业都是由初级阶段经过漫长的更新换代逐步升级到高级阶段的。推动港口产业升级换代主要有两个因素。

①经济因素：在港口产业发展初期，利用港口地区的优势区位和一定的基础设施进行货物运输和畜牧、海洋水产品加工业及简单工业的布局。随着港口地区经济实力的增强和基础设施的完善，为能享受海运业"大出大进"的运输便利优势的重制造业企业进驻港口地区创造了条件。重制造业形成一定规模后，便能吸引其他一些轻工业在港口地区形成集聚。随着港口地区的繁荣带动了地价的上涨，港口地区便对原有产业来说失去了成本优势，部分产业选择内迁。而海运业和科技的发展以及良好的基础设施便受到了产品附加值更高的集成电路、海洋生物、电子信息、新能源、新材料等高新技术产业的青睐。与此同时，金融、贸易、旅游等港口第三产业逐渐在港口地区发展壮大。

②政府作用：政府是经济活动的重要主体之一。在经济活动中，一味强调市场的作用往往会出现"市场失灵"的问题。这时候政府对于"纠正"港口产业发展中"市场失灵"的作用尤为重要，港口产业发展需要市场与政府相互配合。政府必须以市场为基础，或以弥补市场机制中出现的缺陷为限度进行"纠正"；政府应制定具体的产业准入和退出指南，利用产业政策来干预和指导发展方向，引导和扶持重点港口产业发展；政府应加强对产业布局的规划引导和空间导向，对不同地域相应采取适当手段，引导产业布局；政府应对现有各种招商引资优惠政策，无论是吸引外资、还是吸引内资，都应适时进行更新，纠正无序竞争、阻碍空间规划实施的混乱状态。

但是，并不是所有港口产业的发展都完全遵循以上规律，港口地区多依据实际情况，选择适合自身的发展路径。有的港口产业发展过程中碰到了由初级向高级阶段发展的障碍，比如一些处在狭小岛屿或者狭长地区的港口，由于其处于主航线上，在由"以货物运输为主导的海运服务型港口产业"向"以重制造业为主导的重工业型港口产业"过渡过程中，发现根本没有供工业发展的大片土地，因此其发展只能停滞不前；还有一些港口由于不在主航道上，港口吞吐量受到影响，想要提升港口地位，只能在港口地区发展重化工业和轻工业，通过原材料和产品的"大进大出"来带动港口的发展，这类港口产业的发展需要政府在政策上的大力支持和正向规划。因此，港口地区应根据自身的区位因素、经济基础、资源因素、政策因素等选择适合自身的港口产业发展模式。在此基础上通过调整港口地区产业结构、空间结构、技术结构和资源利用方式促进港口产业的换代升级，进而带动港口和整个区域的发展。

在发展经济的同时，也应注重环境的保护。在可持续发展理念指导下，通过技术创新、制度创新、产业转型、新能源开发等多种手段，尽可能地减少煤炭、石油等高碳能源消耗，减少温室气体排放。发展低碳经济，一方面是降低能耗，另一方面是提高能源利用效率。港口产业要打造成低碳经济示范区，这就要求它在经济发展的同时，兼顾环境保护。

（4）港口城市发展阶段

发达国家的港口关联产业、港口依存产业和港口派生产业在城市产业结构中占有较大的比例；而发展中国家港口城市的与港口有关的产业，特别是港口关联产业、港口依存产业和港口派生产业在城市产业结构中所占的比例非常小。从发达国家的经验看，可以选择港口依存产业为目标，带动港口派生产业、港口直接产业和港口关联产业的发展，从而提高与港口有关产业的就业、收入比例，这可以使整个城市产业结构得以正向调整。港口城市的发展一般可以概括为4个阶段。

①港城初始联系——商港型经济发展阶段：港城初始联系的发生源于港口的运输中转功能，这是港口最基本的功能。由这一基本功能产生的海运、仓储、集疏运产业等，便为港口直接产业。它们是港城联系的最初媒介，也是港口城市兴起的根本原因。但这些产业，在空间上仍可以游离于城市区域。以这些产业为城市经济活动主体的港口城市处于发展的第一阶段。在这一阶段，城市对港口有很强的依赖性，一旦由于某种原因致使港口衰落，那在没有其他特殊力量参与的情况下，城市发展为"港口城市"的过程就会中断。

②港城相互关联——工业型经济发展阶段：在全球承运人和综合物流时代，港口功能日益多元化，与港口中转运输相关的海运代理、金融、保险等第三产业，即港口关联产业，成为港口经济必不可少的组成部分。当港口发展到能集聚国内外生产要素和联结国内外市场时，港口陆域便成为能够利用港口输入原料、输出产品的港口大工业和出口加工业（即港口依存产业）的优势区位。港口依存产业在港口陆域的集聚是港口城市发展的最强劲动力，也是港城关系的最重要媒体。港口工业的发展绝不仅是本身经济总量的增长，也体现在广泛的产业关联产生的强大带动力上，更重要的是港口有了能够促进城市规模的扩大和功能的多元化的能力。如果港口工业能与城市以及区域的相关产业形成一种密切的传递、接收机制，则必将成为城市和区域经济增长的巨大推动力。在港口

关联产业和港口依存产业发展成为港口城市主要港口产业的同时，港口与城市在空间形态上也相互连接融合，港口与城市的发展开始走向一体化，进入发展的第二阶段。在这个阶段，港口工业的形成标志着港口城市完成了从简单地服务于港口向积极利用港口优势的转变，港口城市不再是被动地受港口驱动而发展，而是通过港城互动实现共同发展。

③港城集聚效应——多元型经济发展阶段：港口直接产业与港口关联产业的发展构成的良好城市基础设施条件产生的空间集聚引力，吸引与港口无直接关系的产业在港口城市集聚；港口大工业的发展产生协作引力，也不断吸引前、后相关联产业在港口城市集聚。随着产业集聚带来的就业和消费的扩大，通过乘数效应促进了城市非经济基础部门的发展。在这一过程中，大力发展第三产业、建设商贸中心是发挥集聚效应的重要保证。同时，港口城市也具有建设商贸中心的区位优势。这是因为商贸中心应是物流、信息流的集结地，港口城市也完全可以提供这些服务。随着不同产业在港口城市的集聚，港口城市的产业体系日趋完善，进入多元型经济发展阶段。

④城市自增长效应——累积型经济发展阶段：城市自增长效应是指城市发展到一定水平以后，其自身的规模通过循环和累积，就能促使城市继续发展。港口城市在进入多元型经济发展阶段以后，其下一阶段发展在很大程度上就取决于这种自增长效应，但这种效应并不能成为港口城市继续发展的强劲动力，还必须求助于新的动力才能实现在原有水平上的飞跃。世界海运业中船舶大型化趋势的日益增强和港口城市发展后港口附近土地的紧张，迫使港口向外迁移，港口城市也随之向外拓展，城市由此进入新的发展循环。

（5）龙口经济开发区产业发展评价

因港得名、依港而兴的龙口，当下的经济发展对港口的依存度越来越高。作为烟台市规划建设中的两个亿吨港区之一，龙口港 2010 年完成吞吐量 2678.7 万 t，同比增长 30.5%。与此同时，港口的快速发展推动了港口产业全面振兴。最明显的一个数据是，龙口海关税收由 2002 年末的 2 亿元，增加到 2007 年的 23 亿元，5 年增长了 11.5 倍。港口兴则龙口兴。眼下，龙口正以十足的底气和清晰的发展思路，在全市吹响了加快发展港口产业的号角，响亮地提出了"打造现代化亿吨大港，建成区域性煤炭分销中心、全省重要的石油化工品储运中转基地、渤海南岸重要的散粮与矿石中转基地"的奋斗目标。

为了谋求更大的跨越，近年来，龙口市把"以港兴市"作为新一轮大发展的战略举措，突出扩建港口和港口产业培育两大重点，举全市之力加快突破港口产业发展。伴随着港口的崛起，龙口市以港口发展、以港口工业发展为主导，将产业战略布局调整为"港口建设规模与产业集聚相配套，产业布局以港口为核心，全面推动港口产业的蓬勃发展"。围绕港口产业发展，龙口市全面实施"产业链招商、集群化发展"的产业发展战略，大力优化资源配置，整合各类生产要素，加快培育以港口为母体，以石油化工、机械制造、电力能源、船舶修造、加工贸易 5 大港口工业集群为支柱，以保税仓库、陆上物流、海上物流、分销物流 4 大港口物流中心为辐射源的港口产业体系。

当前受到港口吞吐能力的限制，龙口港口产业区的派生产业规模很小。未来随着港口吞吐能力的提升，相应的派生产业将获得一个很大的发展空间，与港口经济密切相关的保险、商业服务、金融服务和房地产等产业将有大规模的发展。

（6）产业功能构建

港口产业配套功能主要包括生产服务配套、生活服务配套与智力服务配套 3 类。一是生产服务配套，包括博览会展、金融服务、专业咨询、住宿等；二是生活服务配套，包括娱乐、文化、休闲、居住、健康医疗、旅游观光等；三是智力服务配套，包括产业教育、研发与培训。

（7）产业发展目标与策略

将港口工业、外向型加工业和现代物流业作为城市的主导产业，在此基础上完善港口产业的生产服务、生活服务以及智力服务配套功能，从目前"以重轻工业为主导的混合型港口产业"向港口产业的高级阶段"以高科技产业为主导的综合型港口产业"转型，打造出未来龙口经济开发区的以港口产业主导的，融商务、金融、文化展示、研修培训为一体的综合型龙口城市副中心。

7.1.4 空间组织

1. 基于城市机能目标——新机能

（1）打造有机产业动线。

（2）打造支撑城市经济高效运营的基础交通体系和以生活为主题的内部交通体系。

（3）围绕龙口经济开发区核心发展区的功能定位，开发产业、生活、旅游 3 大功能板块。（图 7-6）

2. 基于现状条件梳理——新生活

（1）鉴别现有城市和环境要素：生活岸线、绿道、铁路客流等。

（2）完善公共服务配套设施：文化、商务、旅游 3 大中心。

（3）确认关键保留元素：设施设备等文化要素、绿道、创意产业等。

3. 基于城市空间打造——新形象

（1）创造南北滨水动线：构建快慢交通层次及城市骨架，打造滨水城市格局。

（2）创造开放空间网络：开放空间、蓝绿空间和活力空间。

（3）强调建筑密度与高度控制：商务中心与旅游中心设置高层建筑地标，工业遗产文化中心和自然水体保护区体现低密度的自然景观。高密度建筑集中在主要交通轴线、绿道两侧，滨水建筑强调适宜的人性化尺度，共同形成疏密有致的建筑空间。

4. 基于城市风貌设计——新色彩

城市色彩一般由城市的自然地理环境和人文地理环境决定。人文地理环境在龙口的城市色彩设计中影响较小，自然地理环境成为龙口的城市总体色彩制定过程中的主要影响因素。

　　龙口在塑造"山、海、城、岛"的地域景观特色时，应进行城市色彩的特色分区，并重点处理城市景观道路的色彩控制。老街周边的新建建筑应沿用白色、灰色墙面与深灰色屋面进行色彩搭配，一般城区主色调应以黄色系、暖灰色系及白色为主。（图 7-7，图 7-8）

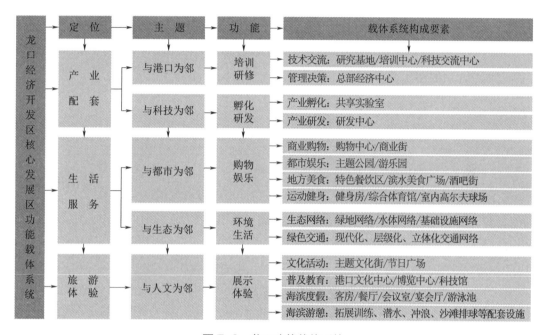

图 7-6　龙口功能载体系统

图 7-7　环海路局部效果

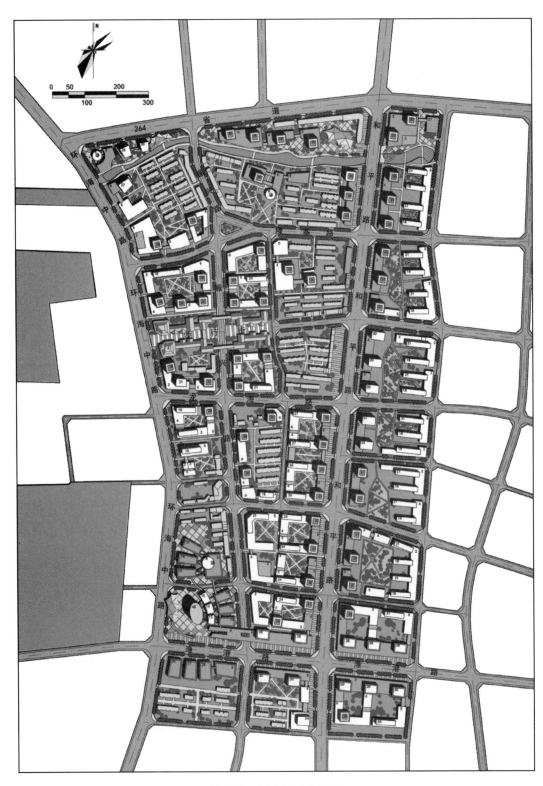

图 7-8　城市设计总平面

（1）商业建筑风貌控制区

商务金融区与商业核心区主要由高层区域和商业金融中心组成，其所在区域是城市风貌展示的重要平台。整体的建筑色彩应尽可能地营造热闹、繁荣、富有活力的城市氛围，进而建构一个明亮、丰富、舒适、富有魅力的商业空间。主色调应选用浅黄色、暖灰色，强调色应选用红色和暗黄色，点缀色可选用正红色、橙色等，不得使用混沌、灰暗的低明度色彩。

（2）居住建筑风貌控制区

建筑色彩主色调多以白色、淡黄色为主，以淡雅、明快的色调为宜，相邻住区间的基调色彩应当彼此协调。强调色应采用浅棕色和暗黄色，点缀色可选用暗红色、褐色等低明度色调。

7.2 旅游产业导向下的李渡特色小镇城市设计

7.2.1 项目缘起与现状分析

1. 区位分析

李渡特色小镇城市设计项目为实现李渡镇申报国家级特色小镇的目标提供前瞻性研究，并为目前开展的李渡镇北区控制性详细规划提供前期分析和借鉴。本次项目基地李渡镇位于江西省南昌市下辖的进贤县，距南昌市 60km^2，途经 G316 和 G70 两条国道。

2. 城市设计范围

基地位于李渡镇老城区，也就是李渡古镇，距离镇政府约 1.8km。李渡古镇有着较深的历史文化积淀，人文、景观资源丰富，如李渡烧酒作坊遗址、万寿宫等为本区域的发展提供了良好条件。

本项目用地面积约 50.00hm^2，包括预留发展用地 13.80hm^2。其中局部重点城市设计用地面积共计 11.84hm^2，包括前街 0.82hm^2、后街 1.60hm^2、翠花街 0.40hm^2、沿抚河街道 3.12hm^2、抚河防汛墙外区域 3.50hm^2、清远桥所在区域 0.40hm^2 及预留发展用地中游客集散区 2.00hm^2。（图 7-9）

3. 资源分析

（1）自然环境

本项目的自然环境特质是远有"山寺"、近有"河塘"。

（2）产业资源

①毛笔：自古以来，李渡一直是中国毛笔的重要产地之一。已有 1700 多年的生产历史。新中国成立后，李渡毛笔产业逐渐衰落，毛笔集散市场已经移往文港镇。

②夏布：李渡历来盛产夏布，与宜黄、万载并列为"江西三大夏布产地"。新中国成立后，李渡夏布受到蓬勃发展的纺织工业冲击，早已退出市场。

图7-9 城市设计范围

③陶器：具有李渡地方特色的传统手工业产品之一便是陶器。但由于长期坚持保守的传艺民俗、采用封闭式的经营方式，有百余年历史的李渡制陶手工业并未有所发展。

④烟花：李渡烟花集团有限公司是亚洲地区最大的烟花生产企业之一，连续参与了2008年北京奥运会、2021年伦敦奥运会、2016年里约热内卢奥运会、G20杭州峰会等大型焰火燃放表演。

⑤李渡酒：李渡古镇酿酒的时间长达千年，李渡酒也在博览会上连获金奖。

⑥医疗器械：李渡医疗器械产业已初步形成集群效应，全镇现有医疗器械生产企业50家，现有经营企业116家。李渡人在外开公司办厂4000多家，并有一支5000多人的医疗器械营销队伍活跃在全国各地。

（3）历史人文景观资源

①李渡烧酒作坊遗址：是中国年代最早、遗迹最全、遗物最多、时间跨度最长且富有鲜明地方特色的大型古代白酒作坊遗址，也是中国酒业的国宝，被评为2002年"全国十大考古发现"，2006年5月被国务院核定为第六批"全国重点文物保护单位"。

②翠花街：李渡古镇翠花街是一条很有商业特色的老街。翠花街18栋古屋南北相向，夹街而建，清一色的木门、木窗、木地脚，有的还有木吊楼，保留着清时古镇、老街的历史风貌，凸显了"前店后坊"的格局。2015年9月翠花街突发大火，大部分古屋受损。

③万寿宫：始建于唐贞观年间，位于李渡古镇翠花街北首的抚河码头口岸处，占地

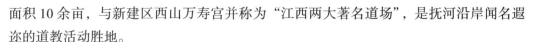

面积 10 余亩，与新建区西山万寿宫并称为"江西两大著名道场"，是抚河沿岸闻名遐迩的道教活动胜地。

④中洲岛：总面积为 500 多亩，南面是一大片沙滩，沙质细腻，东面与李渡万寿宫隔沙相望。传说八仙之一的铁拐李邀另外七仙赴会仙楼、游万寿宫、品李渡酒，并留下了"李渡酒香飘万里"的千古传诵。

⑤朱德行军宿营旧址：在李渡古镇后街洋西湖天主堂内。天主堂为西式两层楼建筑，屋宇整洁、环境幽静。在朱德住过的地方，保留着他当年用过的木床、桌、椅和马灯。

⑥青石桥：始建于明代，距今逾 300 年历史。青石桥属四孔桥，桥面麻石铺路、红石砌墙，至今保存完好，为市级文物保护单位。

（4）江西非物质文化遗产

①李渡酒酿造技艺：李渡烧酒色泽清亮、酒质醇厚、清香四溢、进口甜美、药用价值高，是酒中佳品。早在宋代便以"味醇香清"名噪一时，留下了"王安石闻香下马，晏同叔知味拢船"的千古佳话。

②车仍灯：李渡车仍灯起源于元末明初，有近千年历史。当时作龙灯的陪衬，跟在龙灯后面，听从龙灯的鼓点节奏指挥。到了明末清初，才有了专属于车仍灯的锣鼓点子。清乾隆年间"车仍灯"基本和龙灯分离，形成完整的"车仍灯"灯彩艺术，逢年过节单独游街表演。

③李渡道情：江西省的一种民间曲艺。相传起源于唐末，形成于宋代，明清时期达到鼎盛。主要分布在李渡镇及其所辖的各个村落，亦传及周边乡镇，至今已有 1000 多年的传承历史。

（5）历史名人

①邓椿：画家，一生精研水墨丹青，曾继张彦远《历代名画记》和郭若虚《图画见闻志》之后作《画继》一书，名扬海内。

②叶宋英：音乐家，史称"天性妙悟、精于音律、所作谱曲、流传甚广"。名士赵孟頫很欣赏他的才华，想推荐他到宫廷去谱曲，而叶宋英不幸英年早逝。

③甘瑾：诗人，其事不详，时人张翥称赞他的诗"如美女簪花，曼妙多姿"。

④桂瑞藩：民国期间著名教育家、书法家。1919 年他倾资创办桂桥小学（现为李渡中学），殚精竭力 30 年，为家乡培养了成千上万的人才，被李世璋誉为"江西的蔡元培"。

4. 建筑现状分析

（1）建筑功能

基地建筑以居住建筑为主，有部分工业建筑、宗教建筑及一处幼儿园，缺乏商业服务、文化娱乐等公共设施，在红石桥街零星分布着一些餐饮和零售商店。（图 7-10）

（2）建筑产权

基地建筑产权大部分归居民所有，部分为房管所所有，另有两栋为供销社所有。（图 7-11）

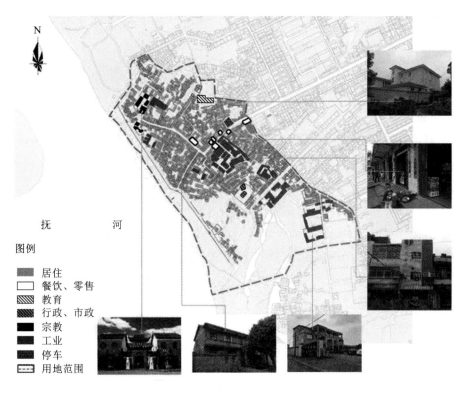

图 7-10　建筑功能分析

图 7-11　建筑产权分析

（3）建筑层数

基地建筑以一层和二层建筑为主、三层建筑为辅，另有少量的四层及四层以上的建筑。（图 7-12）

（4）建筑质量

基地中除了部分保护较好的古建筑以及近年来居民自建房屋之外，大部分建筑质量一般，虽外砌砖墙完整，但内部结构已破损。甚至部分建筑因建设年代久远、保护与修缮力度不够，其质量堪忧。（图 7-13）

（5）历史建筑分析

基地中有大量年代久远的历史建筑，但由于年久失修，很多建筑内部结构坍塌，沦为危房。保存相对较好的历史建筑有李渡烧酒作坊遗址（全国重点文物保护单位）、明代青石桥（市级文物保护单位）、万寿宫（县级文物保护单位）、9 栋清末百年老宅、数栋"前店后家"建筑、数栋"文化大革命"时期公共建筑等。（图 7-14）

（6）建筑综合评价

围绕李渡古镇的现状建筑分析，从其产权、层数、质量和历史 4 个方面入手进行评价，最终得到现状建筑的综合评分，进而将其划分为"建议保留""建议改造"和"建议拆除"3 个等级。

①建议保留建筑：建筑风貌、体量和样式保存相对较好，建筑质量一般或较好符合古镇风貌。建议保留建筑总建筑面积 82041m^2（约占 36.7%）：此类建筑需要保留原有的建筑风貌、体量和样式等，进行必要的修缮，而不做大量改造。

②建议改造建筑：建筑质量较好，但建筑风貌与古镇很不协调。建议改造建筑总建筑面积 71272m^2（约占 31.8%）：此类建筑需进行立面改造以恢复古镇风貌。

③建议拆除建筑：建筑特色价值较低，且结构损坏、质量较差。建议拆除建筑总建筑面积 70508m^2（约占 31.5%）：此类建筑很难再进行修复，原则上可予以拆除。拆除的建筑中，其建筑产权有 15.0% 为房管所所有，1.0% 为供销社所有，其余 84.0% 为居民所有。（图 7-15）

5. 街巷与步道

（1）图底关系

李渡古镇有着独特的传统肌理，空间结构较为清晰，与新镇的空间肌理形成鲜明对比。而且古镇空间布局较为紧凑，尺度宜人，具有丰富的街巷空间与院落空间。在下一步的空间设计中思考如何更好地保留并优化传统的古镇肌理。

（2）街巷空间与路径

李渡古镇内部依据实地调研发掘出大量体现古镇风貌的街巷肌理空间，这些空间展示着古镇独特的慢行路径。

（3）院落围合空间

李渡古镇中不同的建筑组合形式围合出多样的院落空间，尺度大小不一，承担着居民的公共交往等活动。

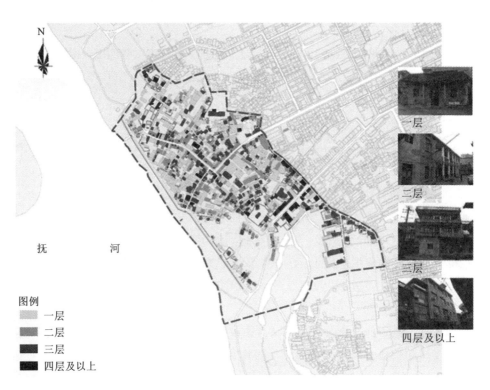

图 7-12　建筑层数分析

图 7-13　建筑质量分析

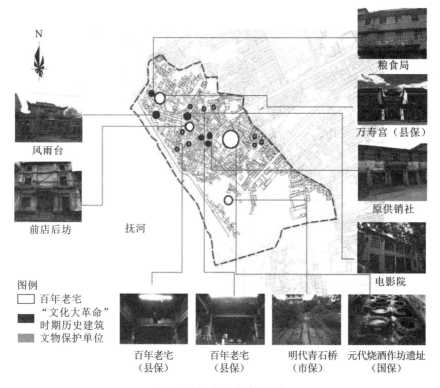

图 7-14　历史建筑分析

图 7-15　建筑综合评价

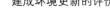
6. 绿地水系与滨河岸线

（1）水系分布

李渡古镇周边有着丰富且充沛的水系资源。抚河毗邻基地西侧，支流水系贯穿基地东南侧，同时基地内外存在多个大小不一的坑塘。在下一步的空间设计中思考如何更好地保留与挖掘现有水系空间，打造水系与古镇肌理呼应的景观公共空间。

（2）绿地分布

李渡古镇内部空间较为狭小紧凑，内部开敞空间较少。古镇外部空间的南北侧主要分布着农田；西侧紧邻抚河，主要分布着林地与草地。在下一步的空间设计中，重新梳理绿地空间布局与联系、并将基地外侧的绿地空间渗透到基地内部空间成为设计关键点。

（3）滨河岸线分析

目前防洪墙将古镇街区与河岸景观割裂开来，且河岸与水面高差较大，没有亲水性。河岸区域也由于防洪墙的阻隔，除了少有的农业种植，基本处于荒废状态。思考如何在保留防洪墙的基础上依靠景观与空间设计手法打通古镇与景观岸线的互动成为下一步空间设计的关键点。

7. 交通组织

（1）车行交通

李渡古镇街区内部的车行交通流线并不顺畅，多处地块存在明显的断头路。道路区域边界线不明确，这导致人行与车行混杂在一起。道路指示牌、路灯等道路相关设施严重匮乏，并且公共停车场与路边停车空间严重缺乏。下一步的空间设计中，需要以慢行交通为导向，重新梳理车行交通流线，完善道路设施，增加停车场等空间。

（2）步行交通

李渡古镇街区的步行交通结合其传统的、尺度宜人的街巷空间肌理逐渐形成了丰富的空间路径。但主街的步行路径与车行路径没有明确的分界，存在安全隐患，且缺少休息设施。街区内部的步行路径较为繁杂，存在较多断头路且衔接不流畅。下一步的空间设计中，以构建步行等慢行交通为目标，保留优化传统的空间路径，打造慢行宜人的古镇街巷。

8. 整体分析

李渡古镇的活力来源可分为两类，一类是外来活力，主要由景点和游客互动引起；另一类是原生活力，主要是来自原有街巷空间和当地居民的依存关系。通过活力分析可以看出，基地内部活力最集中的是前街与后街的交叉口，这是古镇的中心点。

总结来看，李渡古镇旅游产业遇到以下 5 个问题。一是李渡古镇旅游产品定位不够清晰、宣传力度也不够；二是酒产业结构过于单一，尚未形成以"酒"为主打特色的李渡古镇招牌；三是各个景点之间也缺乏联系，没能形成多样化的旅游路线；四是大多数的表演都停留在"自娱自乐"的阶段，未能形成特色鲜明的旅游资源，缺乏与游客互动；五是现存古建大多散落在居民区中，受损程度不同，且尚未采取相应的保护修缮措施。

7.2.2　旅游产业导向下的定位构思

结合李渡古镇特色与基地文化特色，打造以酒文化为核心，以道文化为依托，融汇地方历史文化、戏曲文化、烟花产业文化，具有"酒香道韵"风情的生态慢活小镇。（图 7-16）

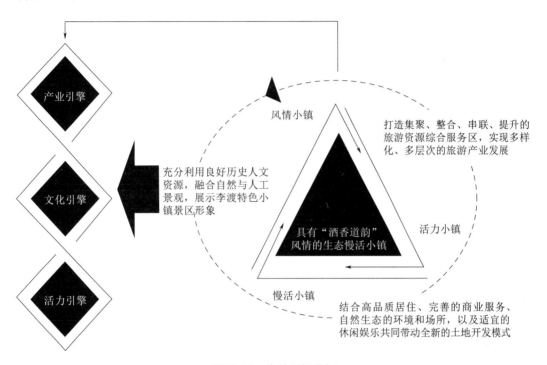

图 7-16　定位目标分析

1.旅游人群定位

依托古镇 5 大主题，按照旅游目的将古镇未来旅游目标人群定位为产业参观、文化体验、养生疗养、产业拓展 4 类。

（1）产业参观

以产业观摩、酒厂参观、医疗器械博览会参展为主的旅游人群，参观目的明确，流线单一。这些产业是古镇应打造的文化传播的重要名片。

（2）文化体验

以文化、景观为参观主题的旅游人群，包括了周末周边城市度假人群、节假日慕名而来的旅游团队等。这些人群参观目标多样，对景观节点布局、观览流线设置和空间尺度控制要求较高。

（3）养生疗养

爱好养生疗养的人群。可以利用扩展用地优良的生态景观环境，分期打造适宜养生休闲的度假生活区。

（4）产业拓展

特色产业带来的输入办公人员、文化工作坊的传统艺人等。养生疗养人群和产业拓展人群对于特色小镇的社区属性要求较高，应突出完善小镇的生活配套设施并打造宜居生态景观环境。

2. 概念构思

在古镇现有产业、历史、人文、景观资源的基础上深入挖掘，形成品酒、问道、怀文、民宿、生态5大旅游产业主题，突出李渡古镇特有的旅游特色，带动旅游产业的整体发展。

3. 旅游产业结构定位

以品酒主题区作为核心区域，依托现有古镇空间肌理和景观资源，合理布置品酒主题区、问道主题区、怀文主题区、民宿主题区、生态主题区5大区域。（图7-17）

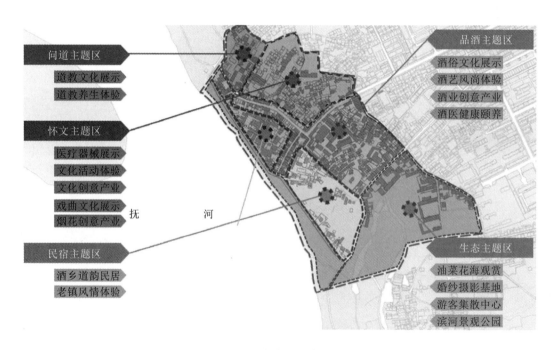

图7-17　旅游产业结构定位

（1）品酒主题区

以李渡烧酒作坊遗址景点为核心，以前街、后街、翠花街为纽带，结合古镇现有街巷肌理，综合设置酒俗文化展示、酒艺风尚体验、酒业创意产业和酒医健康颐养4大功能。

（2）问道主题区

以万寿宫为基础展示道教文化，同时扩展道教养生体验功能，丰富古镇的旅游内涵。

（3）怀文主题区

依托李渡古镇现有的历史人文资源，借助名人效应，主打医疗器械展示、文化活动体验、文化创意产业、戏曲文化展示，同时利用现有的烟花产业资源，发展烟花创意产业。

（4）民宿主题区

保留古镇大部分现有质量较好的建筑和街巷肌理，在基地内引入水系，结合青石桥，营造出具有"小桥流水"意境和"酒香道韵"风情的民宿，还原古镇风情。

（5）生态主题区

在满足游客集散功能的基础上，利用现有生态农田，打造油菜花海景观，未来可作为婚纱摄影基地。在抚河沿岸，对防洪墙进行改造升级，将河岸打造成滨河景观公园，为游客提供休闲之地。同时与中洲岛结合，开展各类水上娱乐活动。

7.2.3　空间组织

基于以上分析，李渡特色小镇城市设计的总平面图与效果展示见图 7-18～图 7-25。

① 李渡烧酒遗址作坊
② 牌楼
③ 青石桥
④ 百年酒庄
⑤ 万寿宫
⑥ 婚纱摄影基地
⑦ 游客集散中心
⑧ 道教养生苑
⑨ 会仙楼戏曲广场
⑩ 花海稻田
⑪ 文创工坊
⑫ 防洪墙
⑬ 电影院
⑭ 星级酒店
⑮ 上码头景点
⑯ 朱德行军宿营旧址

图 7-18　李渡特色小镇城市设计总平面

图 7-19　方案鸟瞰

图 7-20　会仙楼戏曲广场效果

图 7-21　后街效果

图 7-22　前街效果

图 7-23　翠花街效果

图 7-24　青石桥节点鸟瞰

图 7-25　青石桥节点效果

后 记

　　2007 年，在德国魏玛包豪斯大学博士毕业后，笔者来到哈尔滨工业大学（深圳校区）任教，在原来的博士论文基础上，逐渐将城中村的研究拓展到建成环境更新领域，受到国家自然科学基金、国家社会科学基金、教育部人文社会科学研究规划基金、广东省自然科学基金等资助，先后完成"珠江三角洲城市边缘社区的空间演变规律与内源性的城市空间整合策略""基于大数据分析的城边村落群的游客体验评价与空间更新策略""我国城市边缘社区的变迁与更新改造的社会优化整合策略的研究"等研究课题，带领团队完成"深汕特别合作区鹅埠镇、小漠镇片区发展建设规划——专题研究""深汕特别合作区农村居民点规划""李渡镇历史古镇城市设计""福建武夷山市棚户区空间改造行动计划"等实践项目，并指导研究生的论文工作，以上这些为完成本书打下了坚实基础。历时十余年，现将拙作奉献给大家，尽管肯定还存在诸多不足。

　　本书的目的不是要试图对建成环境更新评价方法作一个全面的分析，也不是要提供完整的建成环境更新理论。建成环境更新是一个动态且快速转变的复杂过程，是涉及社会、经济、文化、空间、政治以及制度等多个因素的系统工程。因此，全面地了解建成环境更新评价的体系与内涵是十分困难的。本书的目标主要是试图通过一系列建成环境更新案例的研究，归纳建成环境更新的评价体系和具体方法，为我国建成环境更新研究与实践提供一些启示。

　　本书的撰写和完成要感谢团队成员的大力支持和积极协助。

　　在此一并致谢！

马航